투시도해 미합중국 해병대 공격헬기

AH-1Z 바 … iper)

대전차미사일, 로켓 발사 … 한 무장을 자랑한다!

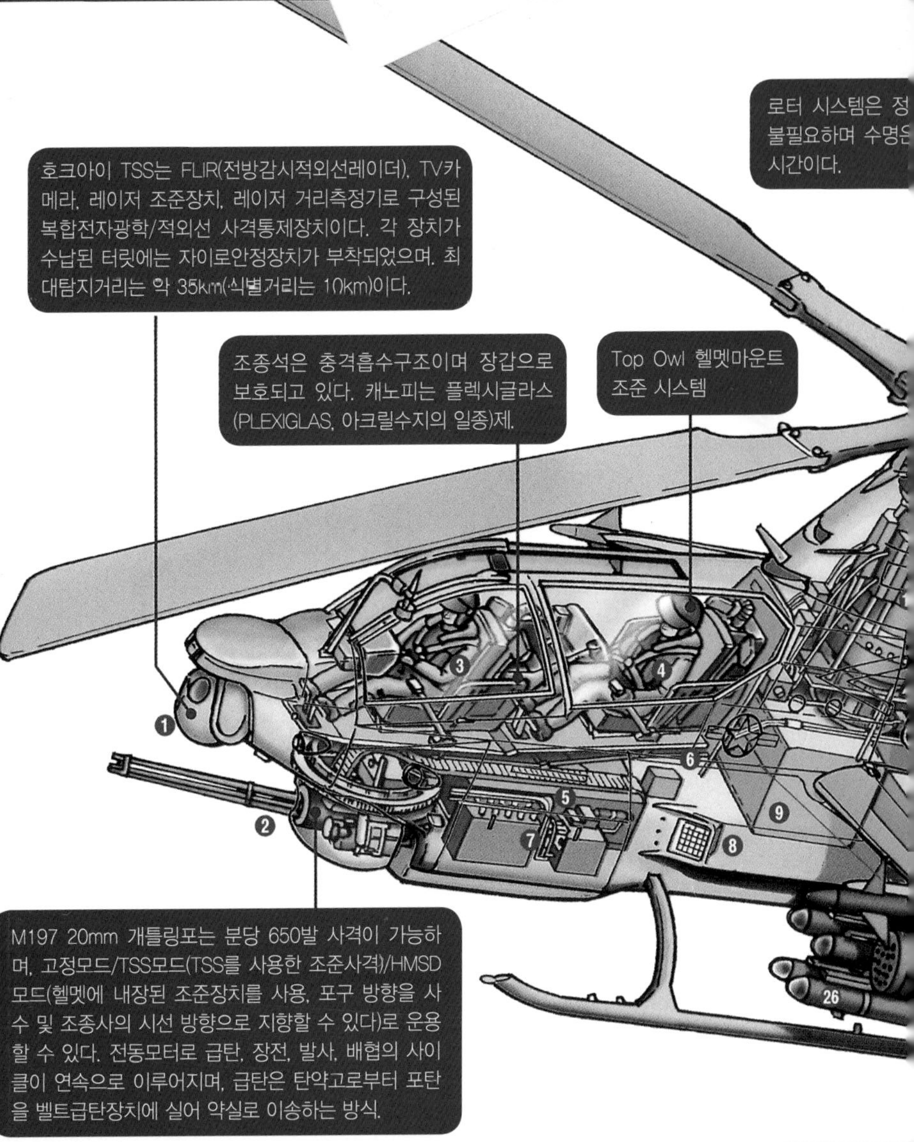
로터 시스템은 정
불필요하며 수명은
시간이다.
호크아이 TSS는 FLIR(전방감시적외선레이더), TV카메라, 레이저 조준장치, 레이저 거리측정기로 구성된 복합전자광학/적외선 사격통제장치이다. 각 장치가 수납된 터릿에는 자이로안정장치가 부착되었으며, 최대탐지거리는 약 35km(식별거리는 10km)이다.
조종석은 충격흡수구조이며 장갑으로 보호되고 있다. 캐노피는 플렉시글라스(PLEXIGLAS, 아크릴수지의 일종)제.
Top Owl 헬멧마운트 조준 시스템
1
2
3
4
5
6
7
8
9
26
M197 20mm 개틀링포는 분당 650발 사격이 가능하며, 고정모드/TSS모드(TSS를 사용한 조준사격)/HMSD모드(헬멧에 내장된 조준장치를 사용, 포구 방향을 사수 및 조종사의 시선 방향으로 지향할 수 있다)로 운용할 수 있다. 전동모터로 급탄, 장전, 발사, 배협의 사이클이 연속으로 이루어지며, 급탄은 탄약고로부터 포탄을 벨트급탄장치에 실어 약실로 이송하는 방식.

전고	4.1m
전장	17.68m
로터직경	14.63m
기체중량	4953kg
최대이륙중량	6690kg
최대속력	시속 281km(수평비행) / 시속351km(급강하)

상승한도	3720m
항속거리	587km
엔진	제너럴 일렉트로닉 T700-GE-401 터보샤프트엔진

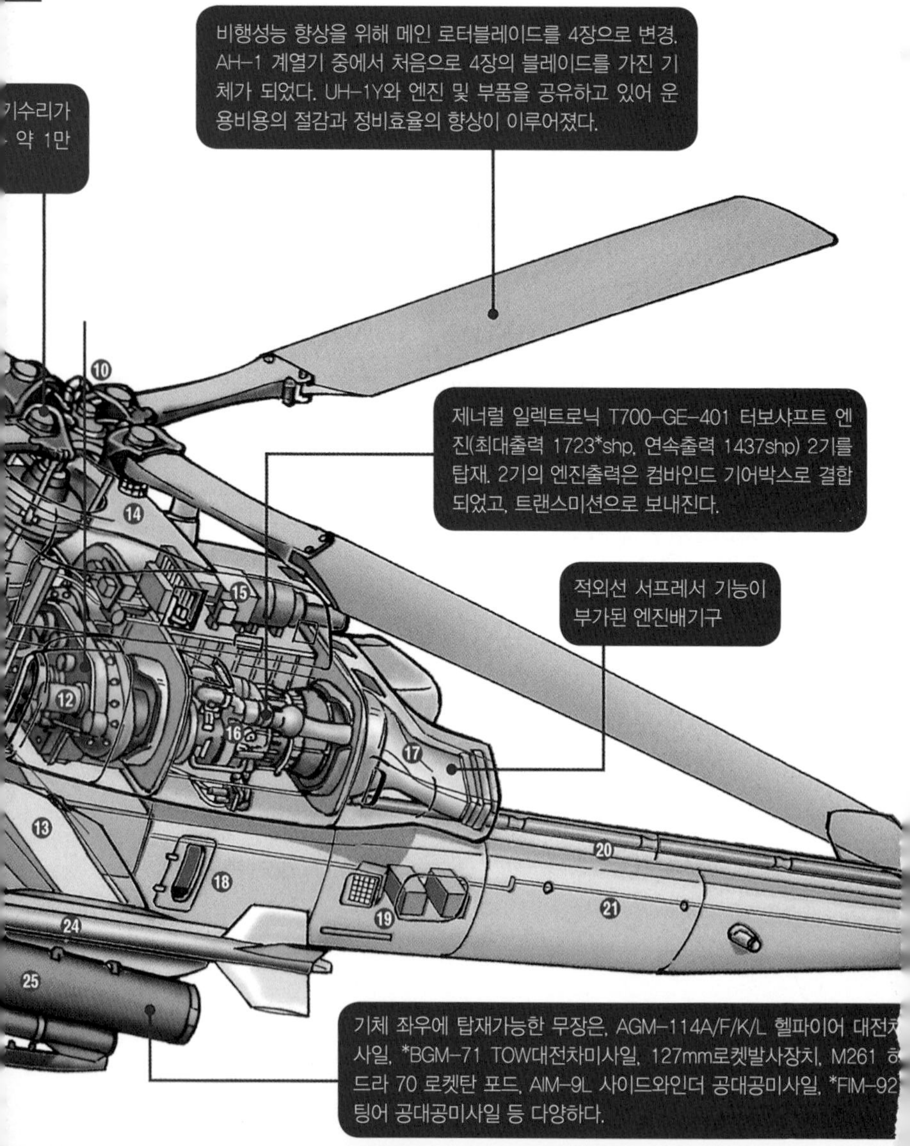

비행성능 향상을 위해 메인 로터블레이드를 4장으로 변경. AH-1 계열기 중에서 처음으로 4장의 블레이드를 가진 기체가 되었다. UH-1Y와 엔진 및 부품을 공유하고 있어 운용비용의 절감과 정비효율의 향상이 이루어졌다.
기수리가
약 1만
10
14
15
12
16
17
13
18
19
20
21
24
25
제너럴 일렉트로닉 T700-GE-401 터보샤프트 엔진(최대출력 1723*shp, 연속출력 1437shp) 2기를 탑재. 2기의 엔진출력은 컴바인드 기어박스로 결합되었고, 트랜스미션으로 보내진다.
적외선 서프레서 기능이 부가된 엔진배기구
기체 좌우에 탑재가능한 무장은, AGM-114A/F/K/L 헬파이어 대전
사일, *BGM-71 TOW대전차미사일, 127mm로켓발사장치, M261
드라 70 로켓탄 포드, AIM-9L 사이드와인더 공대공미사일, *FIM-92
팅어 공대공미사일 등 다양하다.

헬파이어 II 미사일을 발사하는 AH-1Z. 헬파이어는 TOW의 후계에 해당하는 대전차미사일로, AH-64 아파치나 MQ-9 리퍼 등에서 운용된다. AH-1Z과 같은 공격헬기는 지상표적(혹은 해상표적)을 미사일로 공격하는 공중플랫폼으로서 최적이다.

미 해병대가 운용하는 AH-1Z 바이퍼는 다채로운 공격무기를 탑재할 수 있다. 그 중에서도 주무장인 헬파이어Ⅱ 미사일의 위력은 강력하다. 또한, 헬기 간의 공중전까지 상정, AIM-9L/M 사이드와인더 등 자위용 공대공미사일도 장착 가능하게 되어 있다. 덧붙여서 말하면 해병대에서는 쌍발 헬기를 선호하는 특징이 있는데, 엔진이 2기 있으면 해상 비행 중에 1기가 고장나더라도 무사히 귀환할 수 있기 때문이다. AH-1Z 바이퍼에는 터보제트엔진이 2기 탑재되어 있으며, 메인 로터는 4장의 블레이드로 구성되어 있다.

❶AN/AAQ-30호크아이*TSS(표적조준시스템) ❷M197 20mm 3포신 개틀링포 ❸사수 겸 부조종사석 ❹조종사석 ❺탄약고 및 급탄장치 ❻조종링크 ❼에이비오닉스 ❽채프디스펜서 ❾자동봉합기능이 부가된 연료탱크 ❿로터헤드기구 ⓫트랜스미션 ⓬컴바인드기어박스 ⓭스터브윙 및 스터브윙 내부 연료탱크 ⓮*IRCM(적외선방해장치) ⓯엔진보기 ⓰제너럴일렉트릭 T700-GE-401 터보제트엔진 ⓱엔진배기구 ⓲환경제어장치 에어인테이크 ⓳채프디스펜서 및 에비오닉스 ⓴테일로터동력전달 샤프트 ㉑틸트로터 컨트롤로드 ㉒중간기어박스 ㉓테일로터 기어박스 및 구동부(Swash plate) ㉔*AIM-9L 사이드와인더 공대공미사일 ㉕127mm로켓발사장치 ㉖*AGM-114 헬파이어 대전차미사일

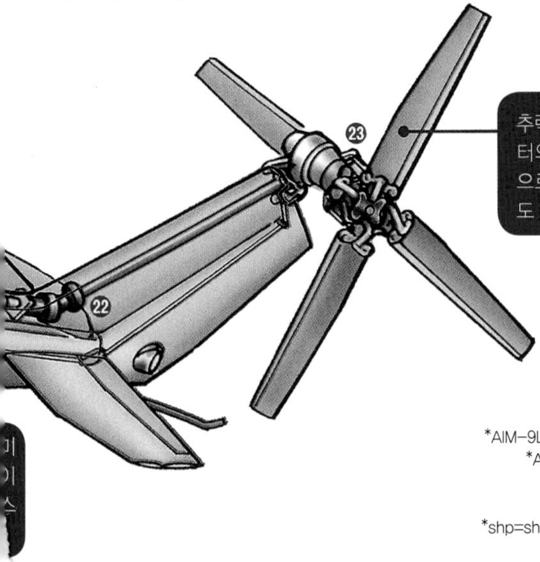

㉓
㉒

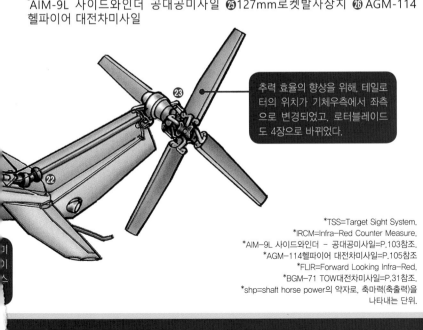

추력 효율의 향상을 위해, 테일로터의 위치가 기체우측에서 좌측으로 변경되었고, 로터블레이드도 4장으로 바뀌었다.

*TSS=Target Sight System.
*IRCM=Infra-Red Counter Measure.
*AIM-9L 사이드와인더 - 공대공미사일=P.103참조.
*AGM-114헬파이어 대전차미사일=P.105참조
*FLIR=Forward Looking Infra-Red.
*BGM-71 TOW대전차미사일=P.31참조.
*shp=shaft horse power의 약자로, 축마력(축출력)을 나타내는 단위.

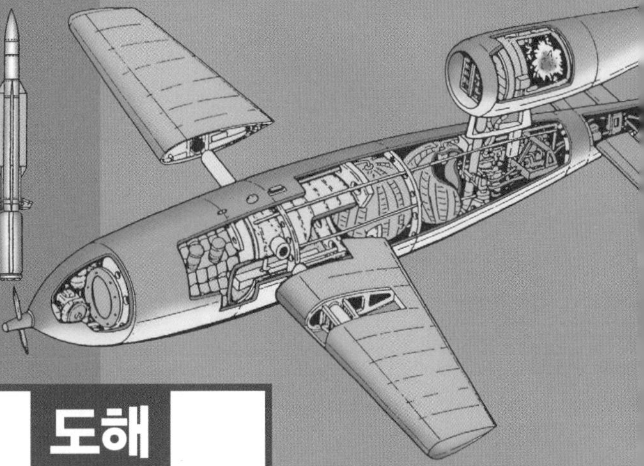

도해
세계의 미사일 · 로켓 병기

The MISSILES & ROCKET WEAPONS of the World

사카모토 아키라 | 지음

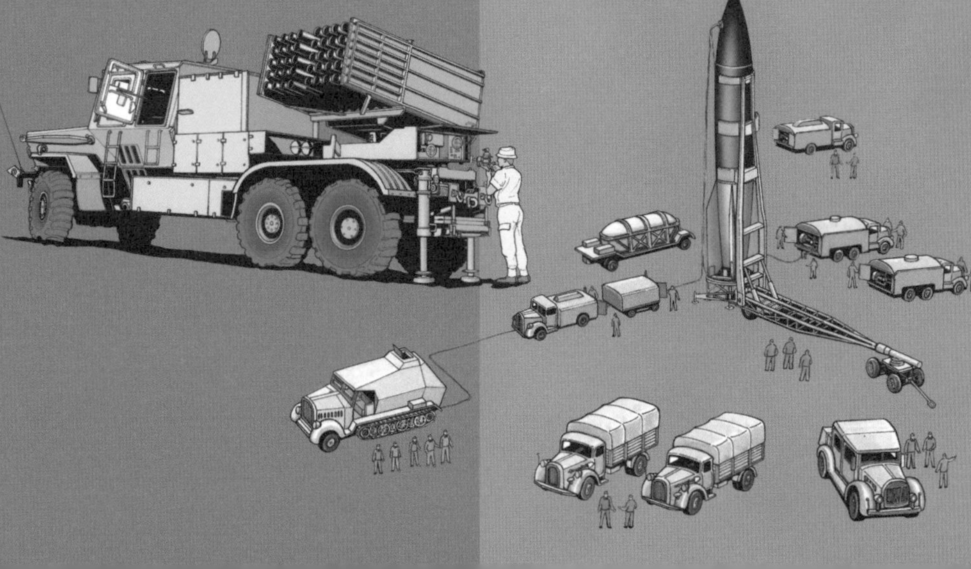

시작하며

제2차 세계대전 종전 이후 로켓과 미사일의 급격한 발달은 전쟁의 형태를 변화시켰다.

특히 핵무기와 결합된 미사일은 오랜 기간 동안 세계를 둘로 가른 동서냉전을 상징한다고 할 정도의 대표적 전략 무기가 되었는데, 대양 너머까지 타격할 수 있는 ICBM이나 SLBM이 그 대표적인 예로, 전자는 정치적인 도구로도 사용되었으며, 후자는 잠수함의 존재의의도 변화시켰다.

이러한 병기의 위협은 냉전이 종결되고 21세기에 들어선 지금도 변함이 없다. 예를 들어 지난 1998년에 북한이 강행한 미사일 발사실험으로 세계는 북한을 주목하게 되었고, 위협을 느낀 일본은 탄도미사일 방위시스템의 도입을 결정했다. 겨우 1발이라 하더라도 미사일이 주는 위협이나 영향은 지대한 것이기 때문이다.

또한 로켓이나 미사일의 발달은 기총을 가지고 교전하던 기존의 공중전 방식을 거의 완전히 바꿨다. 뿐만 아니라, 보병에 있어 가장 큰 위협이었던 전차나 항공기와의 교전도 가능하게 하였고, 제2차 대전 이후에 출현한 공격헬기는 지상전에 있어서 가장 위협적인 전력이 되었다.

잇달아 개발된 로켓과 미사일은 상호 교전거리를 연장시켰고, 적의 유효사정권 밖에서 일방적으로 공격하는 아웃레인지 공격을 실현시켰다. 또한 예전에는 존재 그 자체가 주요 무기였던 항공기나 함정도 이제는 단순히 미사일을 탑재하고 운용하는 플랫폼으로 변해 가고 있다. 이제 현대전의 '진정한 주역'은 로켓과 미사일이라고 말해도 과언이 아닐 것이다.

이 책은 모두 5개의 챕터로 구성되어 있다. 하지만 로켓과 미사일의 종류가 대단히 많고, 같은 미사일이 육해공의 각 군종에서 널리 운용되는 경우도 있어, 엄밀하게 구분하기는 대단히 어려웠다. 그러한 이유 때문에, 각 장마다의 범주는 어디까지나 큰 틀에서 분류되어 있다. 또한, 실제 현재까지 개발되었거나 실전 배치된 모든 미사일을 이 책에 망라할 수는 없었다는 것을 양해해 주기 바란다.

이 책이 로켓과 미사일에 대한 이해를 보다 깊이하는 데 있어 도움이 될 수 있다면 기쁘겠다.

사카모토 아키라

도해 세계의 미사일 · 로켓 병기

CONTENTS

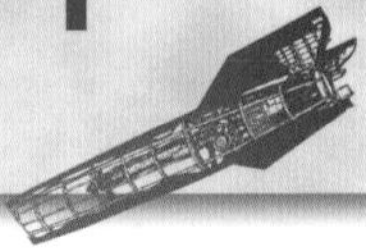

들어가며 · 9

제1장 개인휴대무기 **CHAPTER 1 Portable Weapons**

01 **휴대용 대전차무기** 로켓탄과 미사일의 장점과 단점 · · · · · · · · · · · · · 18

02 **휴대용 대전차로켓탄(1)** 대전차무기에 빠질 수 없는 성형작약탄 · · · · · 20

03 **휴대용 대전차로켓탄(2)** 대전차무기는 보병의 믿음직한 아군 · · · · · · · 22

04 **휴대식 다목적로켓무기** 미 해병대의 로켓발사기 · · · · · · · · · · · · · · 24

05 **로켓과 미사일의 차이** 원리도 구조도 같다면 무엇이 다른 것일까? · · · · 26

06 **휴대용 대전차미사일(1)** 유선유도식 중대전차미사일 TOW · · · · · · · · 28

07 **휴대용 대전차미사일(2)** 대표적인 대전차미사일 TOW와 HOT · · · · · · · 30

08 **휴대용 대전차미사일(3)** 전차의 약점을 겨냥한 대전차미사일 · · · · · · · 32

09 **휴대용 대전차미사일(4)** 제3세대 대전차미사일의 특징이란? · · · · · · · 34

10 **휴대용 대전차미사일(5)** 자체유도기능 탑재로 유도가 불필요 · · · · · · · 36

11 **휴대용 대전차미사일(6)** 우수한 성능의 이스라엘제 대전차미사일 · · · · 38

12 **휴대용 지대공미사일(1)** 보병 혼자서 조작할 수 있는 지대공미사일 · · · 40

13 **휴대용 지대공미사일(2)** 가장 널리 쓰이는 휴대식 SAM은? · · · · · · · · 42

14 **휴대용 지대공미사일(3)** 스팅어의 구조와 조작절차 · · · · · · · · · · · · · 44

15 **휴대용 지대공미사일(4)** 영국군 휴대용 SAM의 유도방식 · · · · · · · · · 46

16 **휴대용 지대공미사일(5)** 레이저빔으로 유도하는 휴대용 SAM · · · · · · · 48

17 **휴대용 지대공미사일(6)** 보다 발전된 제3세대 휴대용 SAM의 특징 · · · · 50

18 **휴대용 지대공미사일(7)** 휴대용 SAM의 자주발사기가 탄생한 이유 · · · · 52

19 **다연장로켓탄발사기(1)** 로켓탄의 장점과 단점은 표리일체 · · · · · · · · · 54

20 **다연장로켓탄발사기(2)** 화포와 로켓탄은 각기 다른 역할을 맡는다 · · · · 56

21 **다연장로켓탄발사기(3)** 다연장로켓의 약점을 보완하는 전투방법 · · · · · 58

22 **다연장로켓탄발사기(4)** 러시아의 대구경 자주다연장로켓 · · · · · · · · · 60

23 **다연장로켓탄발사기(5)** MLRS가 발사하는 보다 발전된 로켓탄 · · · · · 62

24 **다연장로켓탄발사기(6)** HIMARS는 소형경량인 염가판 MLRS · · · · · · 64

25 **다목적미사일탑재차량** 숨은 채 전차나 헬기를 공격할 수 있는 차량 · · · · · 66

제2장 대공미사일 CHAPTER 2 Anti-air Missiles

01 **지대공미사일(1)** 적기를 공격하기 위한 대공미사일의 중요성 · · · · · · 70

02 **지대공미사일(2)** 지대공미사일은 어떻게 진화했나? · · · · · · · · · · 72

03 **지대공미사일(3)** 항공기는 물론 전차에도 사용 가능한 미사일 · · · · · 74

04 **지대공미사일(4)** 가장 많이 사용된 소련의 지대공미사일 · · · · · · · · 76

05 **지대공미사일(5)** 지대공미사일 유도방식의 종류 · · · · · · · · · · · 78

06 **방공미사일시스템(1)** 러시아가 방공미사일에 주력한 이유 · · · · · · · · 80

07 **방공미사일시스템(2)** 대규모 중 · 고고도 방공미사일 · · · · · · · · · · 82

08 **함대공미사일(1)** 대공위협으로부터 함대를 보호하는 미사일 · · · · · · · 84

09 **함대공미사일(2)** 이지스함의 방공미사일시스템 · · · · · · · · · · · · · 86
10 **함정발사미사일** 함정에서 발사되는 다양한 미사일 · · · · · · · · · · · · · 88
11 **탄도탄요격미사일(1)** 핵미사일을 핵미사일로 요격한다?! · · · · · · · · · 90
12 **탄도탄요격미사일(2)** 「애국자」라는 이름의 요격미사일 · · · · · · · · · 92
13 **탄도탄요격미사일(3)** 지속 개량된 패트리어트 미사일 · · · · · · · · · · · 94
14 **탄도탄요격미사일(4)** 보다 높은 궤도의 탄도미사일을 요격한다. · · · · · · 96
15 **탄도탄요격미사일(5)** 종말 고고도 지역방위체계 THAAD란? · · · · · · · 98

제3장 공중발사미사일 CHAPTER 3 Air-Launched Missiles

01 **공대공미사일** 전투기끼리의 교전에 사용되는 미사일 · · · · · · · · · · · 102
02 **공대공/공대지미사일** 항공기에서 발사되는 다양한 미사일 · · · · · · · · 104
03 **대함미사일(1)** 함선을 공격하는 것은 간단한 일이 아니다 · · · · · · · · · 106
04 **대함미사일(2)** 대함미사일에 요구되는 능력이란? · · · · · · · · · · · · · 108
05 **순항미사일(1)** 통상의 미사일과는 다른 순항미사일 · · · · · · · · · · · · 110
06 **순항미사일(2)** 나치 독일의 V-1은 순항미사일의 원형 · · · · · · · · · · 112
07 **순항미사일(3)** 원거리를 정밀유도할 수 있는 토마호크 · · · · · · · · · · 114
08 **순항미사일(4)** 토마호크에 탑재된 복수의 항법시스템 · · · · · · · · · · · 116
09 **순항미사일(5)** 세계의 최신 순항미사일과 그 발전추세 · · · · · · · · · · 118

제4장 탄도미사일 CHAPTER 4 Ballistic Missiles

01 **최초의 탄도미사일(1)** 탄도미사일의 원형은 나치 독일에서 개발 · · · · · 122

02 **최초의 탄도미사일(2)** 현대의 것과 거의 다르지 않은 A4의 제어장치 · · · 124
03 **탄도미사일의 종류** 사거리에 따라 분류되는 탄도미사일 · · · · · · · · · 126
04 **원형공산오차** 미사일 등의 명중 정확도를 나타내는 지표 · · · · · · · · · 128
05 **SRBM의 특징** 야전부대가 운용하는 지대지미사일 · · · · · · · · · · · 130
06 **프랑스의 SRBM** 1발로 적 지상군에 큰 타격을 준다 · · · · · · · · · · · 132
07 **구소련/러시아의 SRBM(1)** 전 세계로 확산되는 스커드미사일 · · · · · · · 134
08 **구소련/러시아의 SRBM(2)** 최신예 SRBM 9K720 이스칸달의 성능은? · · 136
09 **SRBM과 MRBM** 레이더 유도로 낙하궤도를 변화시킨다 · · · · · · · · · 138
10 **IRBM의 특징** 사거리는 짧아도 전략목적은 확실히 달성한다! · · · · · · · 140
11 **ICBM 기술(1)** 대기권 밖으로 쏘아 올려 명중시키기 위해서는? · · · · · · 142
12 **ICBM 기술(2)** 관성유도란 어떤 유도방식인가? · · · · · · · · · · · · · 144
13 **ICBM 기술(3)** 액체연료로켓과 고체연료로켓 · · · · · · · · · · · · · · 146
14 **ICBM 기술(4)** ICBM의 각 비행단계와 탄두의 분리 · · · · · · · · · · · · 148
15 **ICBM 기술(5)** ICBM 핵탄두 탑재 방식의 진화 · · · · · · · · · · · · · · 150
16 **미국의 ICBM(1)** 소련에 대항하기 위해 급박하게 실전 배치 · · · · · · · · 152
17 **미국의 ICBM(2)** 신형미사일은 냉전종결로 백지화 · · · · · · · · · · · · · 154
18 **미국의 ICBM(3)** 아틀라스와 미사일 발사 사일로 · · · · · · · · · · · · · 156
19 **미국의 ICBM(4)** 미군 최대의 파괴력을 지닌 ICBM 타이탄 · · · · · · · · 158
20 **미국의 ICBM(5)** 획기적인 ICBM 미니트맨의 등장 · · · · · · · · · · · · 160
21 **미국의 ICBM(6)** 조약에 따라 퇴역한 피스키퍼 · · · · · · · · · · · · · · 162
22 **타이탄 II 의 발사용 설비** 지휘소와 사일로가 연결된 발사설비 · · · · · · · 164

23 **미니트맨의 발사용 설비** 제어센터와 사일로를 분리한 시설 · · · · · · · · 166
24 **미사일 발사요원** 폐쇄된 공간에서 발사명령을 기다리는 임무 · · · · · · 168
25 **구소련/러시아의 ICBM(1)** 소련도 나치 독일의 로켓을 원형으로 삼았다 · 170
26 **구소련/러시아의 ICBM(2)** 냉전 종결 이후에도 핵미사일을 포기하지 않다 · 172
27 **중국의 탄도미사일(1)** 미 · 러와는 반대로 핵전력 증강을 추진하는 중국 · 174
28 **중국의 탄도미사일(2)** 탄도미사일 개발로 본 중국의 세계전략 · · · · · · 176
29 **중국의 탄도미사일(3)** 고체연료식 미사일과 TEL차량 · · · · · · · · · · 178
30 **중국의 탄도미사일(4)** 탄도미사일을 운용하는 제2포병부대 · · · · · · · 180
31 **북한의 탄도미사일(1)** 동아시아 평화를 위협하는 대포동 미사일 · · · · · 182
32 **북한의 탄도미사일(2)** 스커드를 기반으로 한 탄도미사일 · · · · · · · · 184
33 **이란의 탄도미사일** 이스라엘에 대항하기 위해 개발을 추진 · · · · · · · 186
34 **인도와 파키스탄의 탄도미사일** 대립관계인 인도와 파키스탄의 탄도미사일 · 188
35 **ICBM 발사차량** 적의 공격을 받고 반격하기 위한 방법 · · · · · · · · · 190
36 **핵무기(1)** 핵분열을 이용한 원자탄의 구조 · · · · · · · · · · · · · · 192
37 **핵무기(2)** 원자탄을 상회하는 수소폭탄의 위력 · · · · · · · · · · · · 194
38 **핵무기(3)** 핵폭발의 위력은 어느 정도일까? · · · · · · · · · · · · · 196
39 **핵무기(4)** 중성자탄은 '깨끗'한 핵무기일까? · · · · · · · · · · · · · 198
40 **우주공간에서의 전투(1)** SDI(전략방위구상)의 형태는 지속 변화 중 · · · · 200
41 **우주공간에서의 전투(2)** 중국이 대 위성무기 개발에 매진하는 이유는? · · 202
42 **극초음속활공체** PGS는 ICBM을 초월하는 무기가 될까? · · · · · · · · 204

제5장 잠수함발사 탄도미사일 CHAPTER 5 Submarine Launched Ballistic Missiles

01 **잠수함발사 탄도미사일(1)** 발사 플랫폼이 된 잠수함 · · · · · · · · · · · 208

02 **잠수함발사 탄도미사일(2)** SLBM에 맞춰 대형화한 미 해군의 전략원잠 · · 210

03 **잠수함발사 탄도미사일(3)** 러시아의 SLBM 중에는 액체연료식도 있다?! · 212

04 **잠수함발사 탄도미사일(4)** 미 · 소 이외에 SLBM을 보유한 국가는? · · · 214

05 **SLBM발사(1)** 수중의 원잠이 긴급행동 지령을 수신한다 · · · · · · · · · 216

06 **SLBM발사(2)** 명령을 수신한 원잠이 발사준비에 들어간다 · · · · · · · · 218

07 **SLBM발사(3)** 그리고 미사일 발사 트리거를 당긴다 · · · · · · · · · · · 220

08 **SLBM발사(4)** 잠수함에서 미사일이 발사된다 · · · · · · · · · · · · · · 222

09 **SLBM발사(5)** 미사일이 수중에서 공중으로 날아오른다 · · · · · · · · · 224

10 **SLBM발사(6)** 탄도미사일이 목표를 향해 비행한다 · · · · · · · · · · · · 226

● 주요참고문헌

『ミサイル事典 미사일사전』, 小都 元, 新紀元社
『世界のミサイル 세계의 미사일』, 小都 元, 新紀元社
『兵器の常識 · 非常識 무기의 상식 · 비상식』(上 · 下), 江畑謙介, 並木書房
『ハイテク兵器のしくみ 하이테크 무기의 구조』, (財)防衛奇術協会, , 日刊工業新聞社
『現代のミサイル 현대의 미사일』, 鍛冶俊樹, 綜合図書
『最新版世界のミサイル·ロケット兵器 최신판 세계의 미사일로켓무기』, 坂本 明, 文林堂

● 사진

일본 육상자위대, 항공자위대, 해상자위대, US DOD, US ARMY, US AIR FORCE, US NAVY, Bundesministerium der Verteidegung, Heer, Luftwaffe, Armed Force of Russian Federation, Swedish Armed Forces, Norwegian Armed Forces, Finnish Defence Forces, Ministry od Defence of France, French Army, Ministry of Czech Republic, Polish Armed Forces

CHAPTER 1
Portable Weapons

제1장

개인휴대무기

두 번의 세계대전을 거치면서 발달한 전차와
항공기 앞에 보병은 매우 취약한 존재로 전락하고 말았다.
하지만 로켓무기와 미사일의 출현으로 보병 또한 전차나
항공기에 대항할 수 있는 수단 수단을 손에 넣게 되었다.
제1장에서는 보병이 휴대 · 운용하는 로켓/미사일과 함께
지상전에서 사용되는 다연장로켓발사기 등에 대해서도 소개하고자 한다.

로켓탄과 미사일의 장점과 단점

대전차무기에는 공격헬기에 탑재되는 대전차미사일부터 보병이 휴대하는 대전차로켓탄까지 다양한 종류가 있으며, 위력이나 사거리 또한 제각기 다르다.

예를 들어, 보병용 대전차미사일에는 TOW나 HOT, 밀란 등이 있는데, 이들은 적외선 유선유도방식으로 발사한 미사일이 비행 중에 방출하는 적외선 플레어를 조준기의 센서로 포착하고, 미사일 후미에 연결된 와이어를 통해 표적에 대한 유도를 실시하는 방식SACLOS, 반자동 시선 유도 방식을 취하고 있었다. 이것들이 제2세대 대전차미사일로 1970~80년대의 주류였고, 대전차미사일의 능력을 크게 향상시켰다. 그렇지만 비행속도가 느리고, 사수는 미사일이 명중할 때까지 조준선을 유지하며 표적을 포착하고 있지 않으면 안 되었기 때문에, 명중하기 전까지 적의 반격을 받을 위험이 있었다. 또한 이에 대응하기 위해 전차 장

M47 드래곤 대전차미사일의 조준을 훈련 중인 미 해병대원. 1973년부터 운용이 시작된 드래곤은 발사기를 양각대로 지지하고, 앉은 자세에서 발사한다. 미사일의 후미가 아니라 측면에 있는 60개의 작은 로켓을 1열씩 점화해서 비행하는 것이 특징. 미사일 직경 14cm, 전장 1.1m, 총중량 14.6kg. 사거리 약 1000m. 현재는 재블린으로 교체가 진행되고 있다.

FGM-148 재블린 대전차미사일이 발사된 순간.

갑이 강화되었으며, 전차의 기동력도 향상되었다.

그래서 TOW미사일이 TOW, *I TOW, TOW2, TOW2A, TOW2B로 보다 발전된 것처럼, 제2.5세대 미사일에서는 복합장갑이나 반응장갑Reactive armour, 전차의 기동력 향상에 대응하기 위해 비행추적 시간이 단축되고, 야간이나 악천후에도 전투가 가능하도록 능력이 부여되었으며, 전자방해나 광학적 방해에도 대항할 수 있는 기술이 개발되었다. 또한 반응장갑에 대응하기 위해, 소형과 대형 성형작약을 탠덤tandem식의 2단 구조로 배치하여, 전방의 성형작약이 반응장갑을 폭발시키고, 약간의 시간차를 두어 뒤쪽의 성형작약을 폭발시킴으로서 전차의 주장갑을 관통할 수 있도록 성능이 개량되었다.

그러나, 제2세대나 2.5세대 미사일 역시 자체유도기능Fire and Forget이 없어, 반격을 받을 위험성이 여전히 남아 있었기에, 1980년대 중반에는 자체유도기능을 갖춘 제3세대 미사일이 개발되었다. 재블린FGM-148 Javelin이나 이스라엘의 스파이크Spike 등과 같이 현재 주류를 차지하는 미사일들이 여기에 해당되는데, 재블린은 높은 성능만큼 비싼 무기로, 1발의 가격이 8만 달러 정도라고 한다(물론, 이것으로 수십 배 가격의 전차를 격파할 수 있다면 비용 대 효과는 충분하다고 말할 수 있지만).

한편, 대전차 로켓발사기로는 이스라엘제 로켓발사기를 토대로 미국에서 성능을 개량한 SMAW, 독일의 다이너마이트 · 노벨社가 개발한 판처파우스트 3Panzerfaust 3, 스웨덴의 사브 · 보포스 · 다이내믹社의 AT-4 등이 있는데, 모두 성형작약탄을 탄두로 사용하는 견착식 대전차 로켓발사기로, 제2차 세계대전 당시 개발된 바주카bazooka의 연장선상에 있다(실제 구조는 무반동포에 가까움). 이것은 무유도 로켓탄이지만, 미사일보다 가격이 싼 것이 큰 장점이다.

오늘날 전쟁의 형태가 변화하면서, 정규군 간의 전투보다도 테러리스트나 반정부 게릴라 등과의 전투가 주류를 이루면서, 고가의 미사일보다 낮은 비용이면서 다용도로 사용할 수 있는 로켓발사기가 사용하기 편리해 인기가 많다.

* I TOW = Improved TOW의 약어

02. 휴대용 대전차로켓탄(1)

대전차무기에 빠질 수 없는 성형작약탄

보병이 전차에 대항할 때, 가장 유효한 무기 중 하나가 성형작약탄이다. 성형작약Shaped charge이란, 전방(발사방향)에 원뿔 모양으로 움푹 패인 형상의 작약(폭탄)을 말하고(우측하단 그림에서 작약부의 형상을 참조), 이것을 탄두로 하는 것이 성형작약탄이다. 성형작약 앞에 원뿔모양의 움푹 패인 곳에는 금속 라이너가 설치되어 있고, 탄두 앞부분에는 공기저항을 줄이기 위한 보호캡이 붙어 있다.

탄두가 전차의 강판에 닿는 순간, 캡이 찌그러지면서 기폭약에 의해 작약이 폭발하는데, 이때 발생한 충격파는 작약의 원뿔 모양으로 움푹 패인 중심축에 집중된다. 집중된 충격파의 강력한 압력은 라이너를 용해시키면서 전방에 길고 가느다란 메탈제트metallic jet를 형성, 고압의 금속제트가 초속 6000m의 초고속으로 충돌하여 전차의 장갑을 관통하는 것이다.

1
2
5

● 제2차 세계대전 당시 사용된 로켓발사기

1942년에 미군에 채택된 2.6인치(60mm) M1 로켓발사기는, 성형작약탄을 로켓으로 발사하는 무기이다. 병사 혼자서 휴대할 수 있는 크기와 중량으로 조작도 간단하고, 보병용 대전차무기로서는 혁명적인 존재였다. (발사는 그림처럼 2명(사수와 탄약수)으로 이루어지는 것이 기본). 구경60mm, 전장 1.37m, 중량5.9kg.

❶ 발사장치 본체
❷ 방아쇠 및 권총 손잡이
❸ 로켓탄 접점 걸쇠(전기점화식의 로켓탄과 발사장치의 전기회로를 접촉시킨다)
❹ 로켓탄(로켓탄 후미 분사구에 점화용 와이어가 붙는다)
❺ 개머리판(내부에 전지가 들어있다)

●RPG-7과 RPG시리즈

1961년 제조가 시작된 이래, 오늘날에 이르기까지, 세계의 거의 모든 전쟁 및 분쟁에서 사용되었고, 많은 파생형이 존재하는 로켓무기라고 하면 단연 *RPG-7일 것이다. 발사약에 의해 로켓탄을 발사(후방으로 연소가스를 분사하기 위해 반동이 없다)하고, 로켓탄은 10m정도 날아간 뒤에 고체연료 로켓을 점화, 비행한다. 아래의 그림은 대전차전투용 성형작약탄을 장착한 RPG-7.

RPG-7▶

▼RPG-18

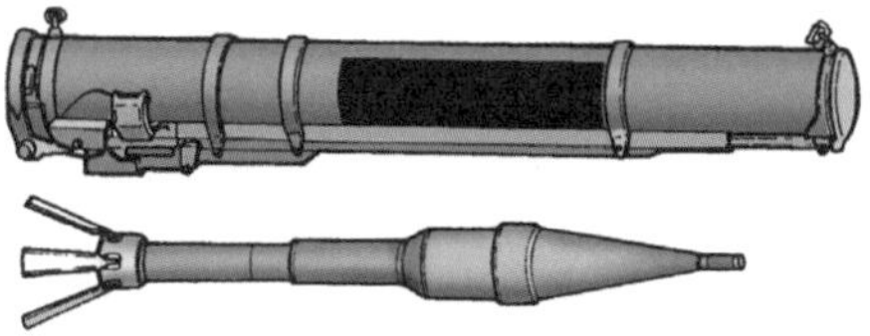

RPG시리즈는 러시아(구 소련)의 대표적인 무기이지만, 대표적인 RPG-7처럼 재장전이 가능한 타입과 RPG-18처럼 1회용인 타입으로 크게 분류할 수 있다.

*RPG=Ruchnoy Protivotankovvy Granatomyot(러시아어의 영어표기)의 약어로, 휴대용 대전차유탄 발사기라는 의미

3
4

●성형작약탄을 사용한 대전차로켓탄

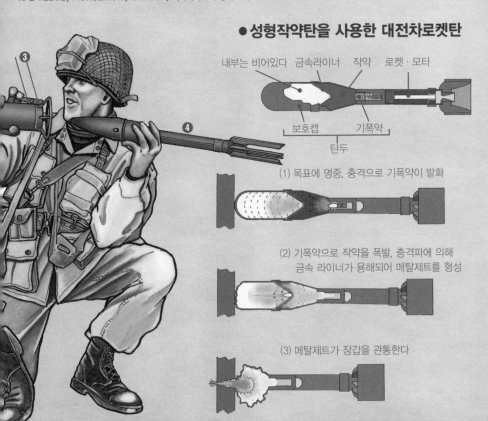

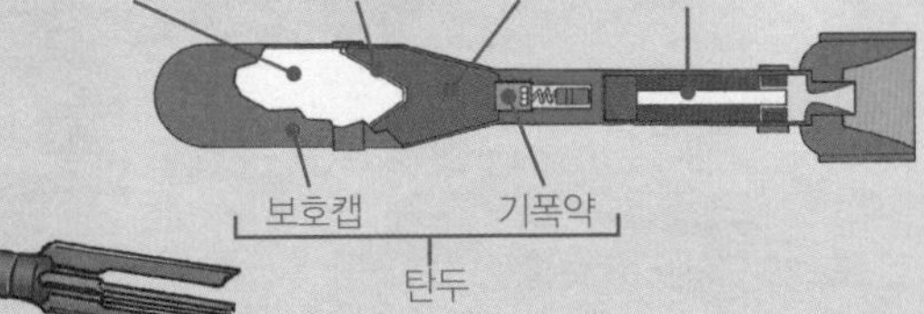
내부는 비어있다
금속라이너
작약
로켓 · 모터
보호캡
기폭약
탄두

(1) 목표에 명중, 충격으로 기폭약이 발화

(2) 기폭약으로 작약을 폭발, 충격파에 의해 금속 라이너가 용해되어 메탈제트를 형성

(3) 메탈제트가 장갑을 관통한다

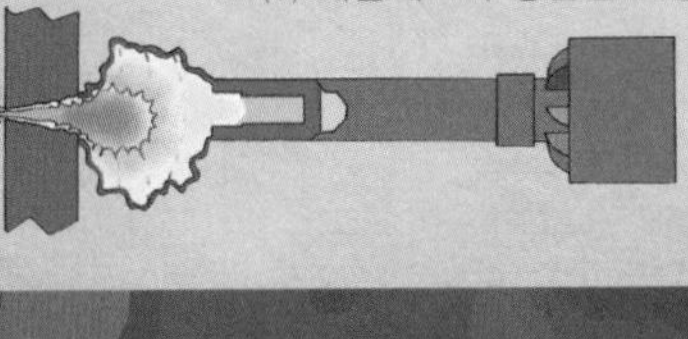

03. 휴대용 대전차로켓탄(2)

대전차무기는 보병의 믿음직한 아군

제1차 세계대전 당시 처음 등장한 전차는 보병에게 있어서 최대의 적이었고, 그것은 현재도 변함이 없다. 제2차 세계대전에 들어서면서 다양한 대전차무기가 개발되었지만, 그 중에서도 특히 유명한 것은 독일군의 판처파우스트였다. 이것은 성형작약탄을 탄두로 하는 유탄발사기였는데, 현대에도 보병이 사용하는 휴대용 대전차무기에 성형작약탄이 사용되고 있다.

● 판처파우스트 3

보병용 대전차무반동포로, 탄두와 발사튜브로 구성된 탄약부분은 1회용. 발사튜브에는 카운터매스 Countermass가 충전되어 있다. 조준기와 발사기를 일체화한 그립부분은 반복 사용할 수 있다. RPG-7과 같이, 탄두는 발사약으로 발사된 다음 추진제가 점화되는 방식. 발사와 동시에 탄두의 질량과 비슷한 카운터매스가 후방으로 방출되면서 후폭풍을 감쇄시킨다(그럼에도 안전을 위해 후방 10m정도의 공간이 필요하다).

전장 1.2m, 중량 12kg인 판처파우스트 3는, 구경110mm의 탠덤식 성형작약탄두(다른 종류의 탄두도 사용 가능)을 장착한 로켓탄을 발사하며, 최대사거리 300m(이동표적), 최대 700mm이상의 장갑 관통력을 지닌다. 독일의 다이너마이트 · 노벨에서 개발, 1992년부터 독일연방군에 배치되었는데, 현재 대한민국 육군에서도 사용 중이다.

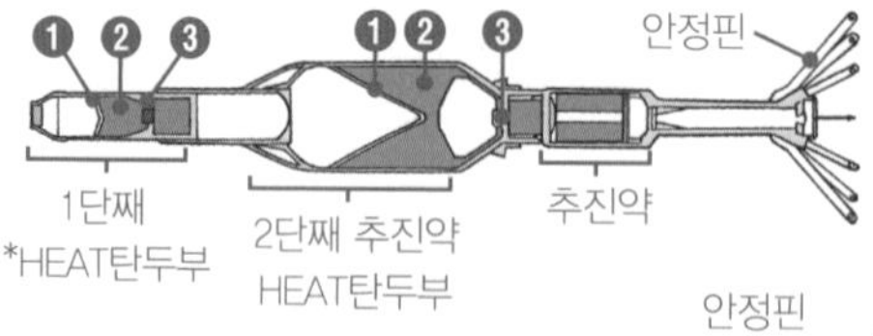
❶ ❷ ❸
❶ ❷ ❸
안정핀
1단째
*HEAT탄두부
2단째 추진약
HEAT탄두부
추진약

◀ 탠덤탄두를 장착한 로켓탄
❶ 라이너
❷ 작약
❸ 점화약

▼ 판처파우스트 3의 구조

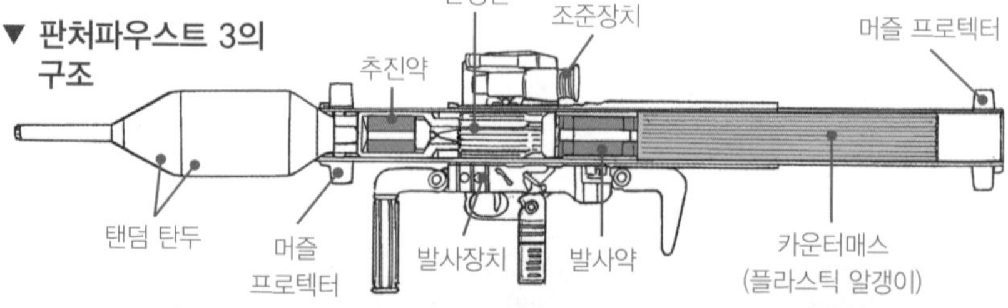
안정핀
조준장치
머즐 프로텍터
추진약
탠덤 탄두
머즐
프로텍터
발사장치
발사약
카운터매스
(플라스틱 알갱이)

* HEAT = High Explosive Anti-Tank의 약어. 대전차 고폭탄.

●AT-4

AT-4는 스웨덴의 *Saab AB에서 개발 · 제조한 개인휴대식 1회용 대전차화기. 1985년에 *M72LAW를 교체하는 대전차무기로 미 육군에 채택되었다. 사용 탄약으로는 HEAT(420mm의 장갑을 관통할 수 있는 성형작약탄), HEDP(신관을 2가지 모드로 설정할 수 있고, 시가전에서 장애가 되는 구조물의 파괴 등에 사용), HP(반응장갑 등을 장착한 장갑차량용으로 성형작약탄두를 강화)가 있다. 구경 84mm, 전장 약 1m, 중량 6.7kg, 유효사거리 300m.

❶ 전방 덮개 ❷ 접이식 가늠쇠 ❸ 가늠쇠 커버 ❹ 가늠자 커버 ❺ 접이식 가늠자 ❻ 접이식 장전 손잡이 ❼ 후방 덮개 ❽ 안전핀 ❾ 발사관(로켓탄이 장전되어 있다) ❿ 접이식 견착 패드 ⓫ 방아쇠 ⓬ 멜빵 ⓭ 탄약(안정핀을 접어서 발사약을 넣은 약협과 같은 케이스에 수납된 상태로, 출하 시에 발사관에 장전되어 있다) ⓮ 탄약(안정날개를 편 상태)

▼AT-4 각 부분

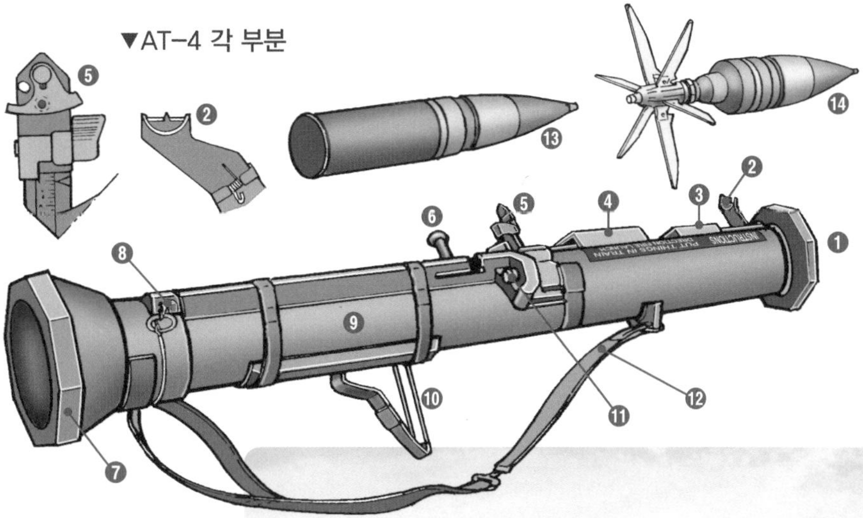

AT-4는 발사약을 사용해서 성형작약탄을 발사하기 때문에 무반동포처럼 반동을 경감시키기 위해 후방으로 강렬한 후폭풍을 분출하는데 이때 사수나 아군이 화상을 입을 위험이 있다. 시가전용으로 설계된 AT-4CS는 판처파우스트3의 카운터매스처럼 발사기 튜브의 뒷부분에 소금물을 넣어 두고, 발사할 때 후방으로 비산시켜 반동을 경감시키고 있다.

*Saab AB = 현재는 Saab Bofors Dynamics에서 제조 및 판매를 맡고 있다.
*M72 LAW = 66mm 성형작약탄을 발사하는 1회용 로켓발사기인 LAW는 Light Anti-tank Weapon의 약어. 후에 Light Anti-armor Weapon이라는 약어로 변경되었다. P.21의 RPG-18은 M72의 카피라고도 불린다.

04. 휴대용 다목적로켓무기

미 해병대의 로켓발사기

●SMAW 각 부분의 명칭

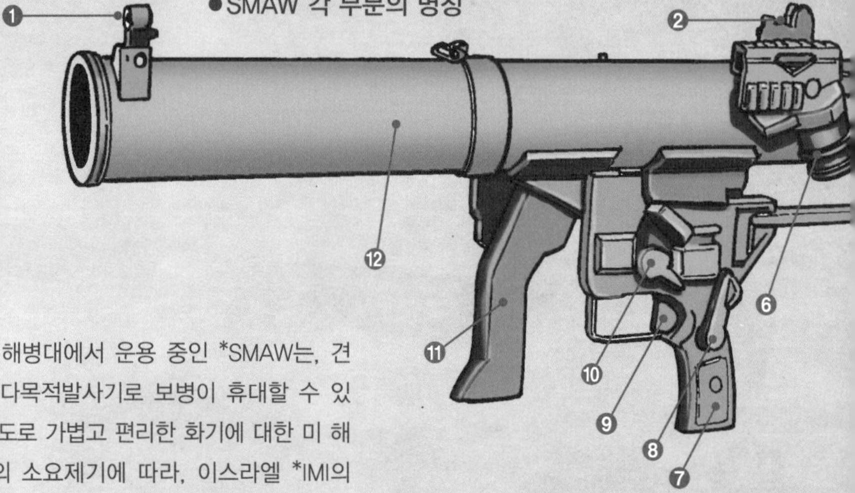
❶
❷
❻
⓬
⓫
❿
❾
❽
❼

측사총Spotting rifle이 설치된 SMAW를 우측에서 본 모습. 측사총은 로켓탄의 사선에 맞춰서 고정되어 있고, 로켓탄을 발사하기 전에 총탄을 발사, 사거리나 조준이 목표에 정확하게 설정되어 있는지를 확인할 수 있다.

❶광학조준기 ❷가늠쇠 ❸측사총총신 ❹측사총 탄약삽입/배출구 ❺측사총 장전 손잡이 ❻가늠자 ❼배터리 ❽멜빵 고리 ❾스프링식 측사총 격발장치

미 해병대에서 운용 중인 *SMAW는, 견착식 다목적발사기로 보병이 휴대할 수 있을 정도로 가볍고 편리한 화기에 대한 미 해병대의 소요제기에 따라, 이스라엘 *IMI의 B300대전차로켓을 미국의 맥도넬 더글라스McDonnell Douglas에서 개량하는 형식으로 개발되었다.

로켓발사기는 대전차전투부터 건축물이나 장애물에 숨어있는 적을 공격하는 등, 다양한 용도로 사용되며, 1발에 수천만원(혹은 그 이상)도 하는 고성능 대전차미사일보다 훨씬 저렴하고 경제적이다. 증가 장갑을 장착한 최근의 전차에 대해서는 위력이 좀 부족할지 모르지만, 보병이 교전 상황에서 빈번하게 사용할 무기로는 로켓발사기 쪽이 편리하다. SMAW는 그러한 로켓발사기 중 하나로, 특히 최근 전개되고 있는 테러단체나 게릴라와의 전투에서 유용하게 쓰이고 있다.

FIRE DIRECTION
DANGER
HIT WITH EAR
PROJECTION

* SMAW = Shoulder-Launched Multipurpose Assault Weapon의 약어 * IMI = Israel Military Industries

SMAW는 로켓탄을 발사하기 위한 발사기와 로켓탄이 장전된 발사관으로 구성되어 있고, 후자는 일회용이지만 전자는 발사관을 교환하면 계속 사용할 수 있다. 구경 83mm, 전장 1.357m(발사관 장착상태), 총 중량은 13.4kg(로켓탄 중량 6.1kg), 유효사거리 500m, 장갑관통력은 600mm라고 한다. 초탄 명중률을 높이기 위해서 측사총이 장착되어 있다.

❶가늠쇠 ❷가늠자 ❸발사관 앞부분 ❹발사관(로켓탄 컨테이너) ❺접이식 어깨패드 ❻광학조준기 ❼권총 손잡이 ❽발사기 안전장치 ❾방아쇠 ❿조정간 ⓫수직 손잡이 ⓬발사기 ⓭고성능 대전차고폭탄 ⓮이중목적 고폭탄

NING
-BLAST

05. 로켓과 미사일의 차이

원리도 구조도 같다면 무엇이 다른 것일까?

로켓과 미사일은
어떻게 다른
것일까?

① 로켓이 추진하는 원리는?

로켓이 추진하는 원리는 부풀어진 고무풍선을 날리는 것으로 증명할 수 있다. 풍선이 전방으로 나아가는 것은, 풍선입구로부터 뿜어 나오는 공기의 힘이 후방의 공기를 밀어낼 뿐만 아니라 풍선내의 공기가 풍선 그 자체를 전방으로 밀어내는 것과 같은 힘이 작용하기 때문이다. 이것은 풍선이 스스로 중량의 일부를 후방으로 분사하고, 그 반작용으로서 전방으로 나아가는 힘(추력)을 얻는 것이다.

로켓이 추진하는 원리도 이와 같다. 로켓은 탑재하고 있는 연료와 산화제를 연소시켜, 그 고온고압의 연소가스를 노즐로부터 후방으로 분출하고, 그 반작용으로서 추진력을 얻는 것으로, 공기가 없는 우주공간에서도 추진력을 얻는 것은 이 때문이다. 로켓이란 추력을 이용한 이동장치 또는 동력장치라고 정의할 수 있다.

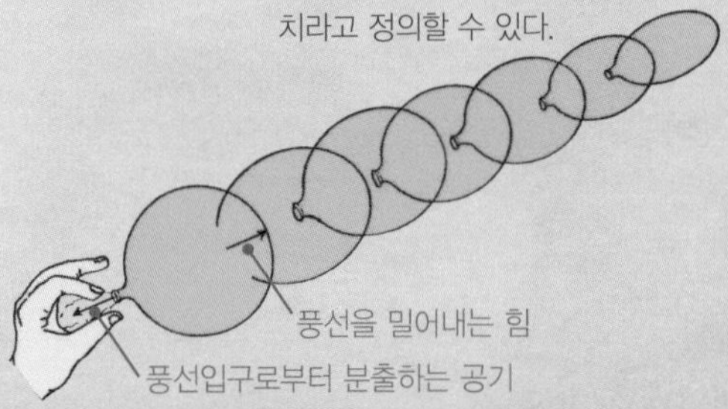
풍선을 밀어내는 힘
풍선입구로부터 분출하는 공기

로켓이란 건
동력을 의미하는
거라구.

② 비행기와 로켓의 추진

비행기는 전진하여 양력을 얻는 방식으로 비행한다. 때문에 기체를 전진시키는 추력이 기체중량(페이로드를 포함한 기체 전체 중량)보다 적더라도 비행이 가능하다. 제트엔진을 쓰는 순항미사일도 같은 원리로 비행한다.

로켓은 양력을 얻을 날개가 없기에, 비행하기 위해서는 기체중량을 넘어서는 추력이 필요하다. 또한 공기가 없는 대기권 밖을 비행하는 로켓은 연료를 연소시키기 위한 산화제가 있으며, 그 덕분에 우주공간에서도 날 수 있다. 비행기와 같은 비행방식인 순항미사일은 당연히 대기권 내에서만 비행이 가능하다.

▼대기중(공기가 있는 곳)
전진
비행기
양력이 작용한다
(날개에 작용하는 공기의 힘이
공중의 비행기를 지탱하고 있다)
순항미사일

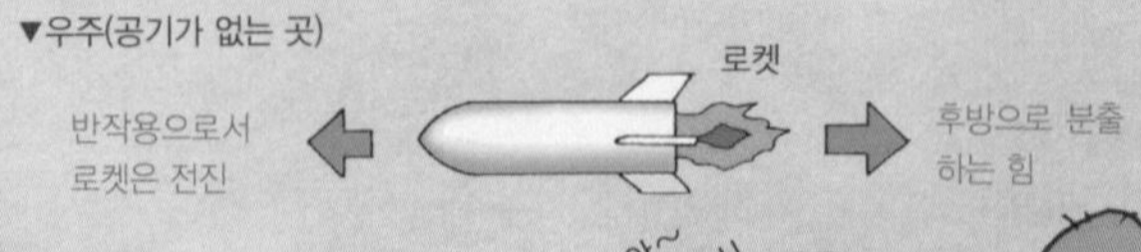
▼우주(공기가 없는 곳)
로켓
반작용으로서
로켓은 전진
후방으로 분출
하는 힘

아~
그렇구나!!

③ 미사일은 어떤 것일까?

그렇다면 미사일은
동력으로 로켓을
사용하고 있네요
그럼, 미사일의
정의는?
《자력비행한다》
관성유도
(항법)장치
《유도장치가 있다》
탄두
《무기를 탑재한다》

● 미사일의 특징

로켓이라 하는 것은 비행을 위한 동력장치로, 인공위성을 쏘아 올리는 로켓은 물론, 미사일에도 사용되고 있다. 미사일은 고체연료나 액체연료로 자력 비행을 실시한다. 또한 로켓을 정해진 위치나 고도에 도달시키거나 표적을 파괴하기 위해서는 유도장치가 필요한데, 특히 미사일의 경우에는 정확하게 표적에 명중시키지 않으면 안 되기 때문에, 복수의 유도장치를 결합, 하나의 시스템을 구성하고 있다. 이런 공통점을 본다면 미사일과 로켓은 크게 다를 것이 없어 보이지만, 결정적 차이가 있다면 미사일에는 「탄두」가 탑재되어 있다는 점이다. 탄두에는 다양한 종류가 있지만, 기본적으로 표적을 파괴하기 위한 폭약 등이 내부에 포함되어 있다. 참고로, 오늘날의 다연장로켓 시스템의 발사체는 일단 「로켓탄」이라 불리고 있지만, 정밀유도가 가능하므로 사실상 미사일에 해당한다. 미 육군의 *MLRS나 *HIMARS에 탑재되는 *ATACMS(육군 전술미사일 시스템)는 그 명칭 그대로 「미사일」이다.

③ 미사일은 어떤 것일까?

미사일에는 여러 가지가 있지만, 그 구조는 개략적으로 오른쪽과 같이 그릴 수 있다. 비행중인 자세나 상태를 검지하기도 하고 표적을 탐지하기 위한 각종 센서, 발사 후 표적을 향해 정확하게 비행시켜, 센서가 탐지한 표적으로 돌입시키기 위한 유도장치(비행제어시스템이나 자세제어시스템), 표적을 파괴하는 탄두와 그것을 폭발시키는 신관, 미사일을 비행시키기 위한 로켓모터이다. 그리고 대기권을 비행하는 미사일의 방향이나 자세를 제어하는 것이 조종익. 대기권 밖을 비행할 경우는 조종날개를 사용할 수 없기 때문에, 가동식 노즐로 분사하는 연소가스의 방향을 바꿔 조종한다.

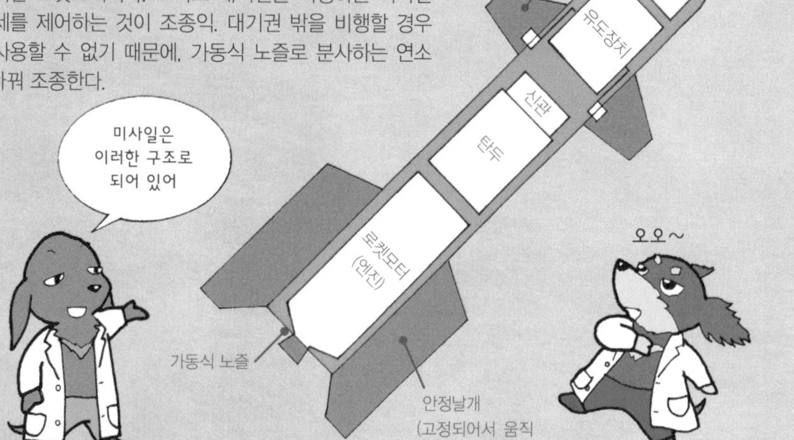
조종날개(움직여서
공기의 흐름을 바꾼다)
각종센서
유도장치
신관
탄두
로켓모터
(엔진)
미사일은
이러한 구조로
되어 있어
오오~
가동식 노즐
안정날개
(고정되어서 움직
이지 않는다)

* MLRS=P.54참조.* HIMARS=P.64참조. *ATACMS=P.62참조.

06. 휴대용 대전차미사일(1)

유선유도식 중대전차미사일 TOW

보병휴대식 중대전차미사일 *TOW발사기는 5개 부분(선회장치, 유도장치, 발사관, 삼각대, 조준기)으로 분리해서 운반할 수 있다. 이것에 미사일 발사장치 컨테이너를 더해서 5명의 병사로 운용이 가능(수송에는 차량이 필요). 발사장치의 분해 · 조립도 단시간에 할 수 있다.

▼ TOW의 유도법

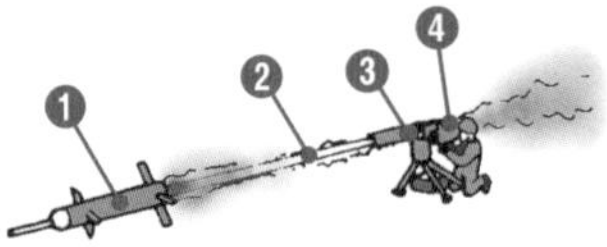
❶
❷
❸
❹

❶*SACLOS방식인 TOW의 유도는, 미사일 후미에서 방출되는 적외선플레어를 조준장치의 ❸적외선센서가 감지, 유도장치가 사수의 ❹조준선과 미사일의 편차를 계산, 미사일에서 풀려나오는 ❷와이어를 통해 수정량을 전달한다. 사수는 ❺표적을 지속 포착하기만 하면 된다.

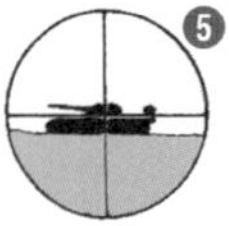
❺

◀ 조준기

▶ TOW발사기(휴대형)의 구조

그림은 보병휴대용 기본 광학조준기를 장착한 TOW발사기(트리거부분만 현재 사용되고 있는 그림식).

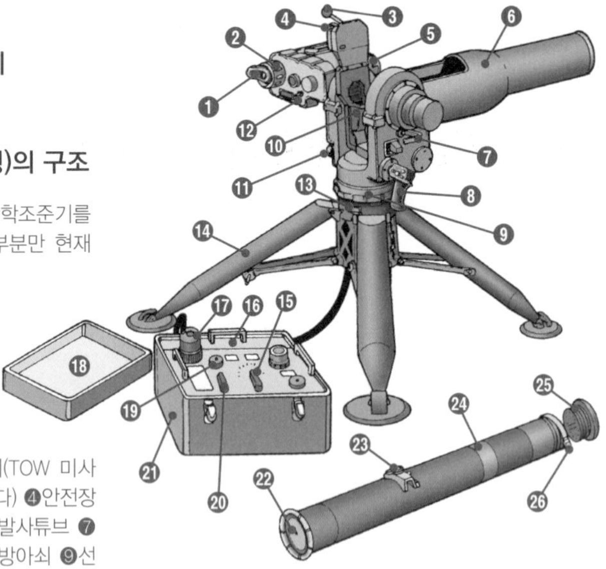
❶ ❷ ❸ ❹ ❺ ❻ ❼ ❽ ❾ ❿ ⓫ ⓬ ⓭ ⓮ ⓯ ⓰ ⓱ ⓲ ⓳ ⓴ ㉑ ㉒ ㉓ ㉔ ㉕ ㉖

❶조준기 접안경 ❷초점 조정용 손잡이 ❸장전 손잡이(TOW 미사일 튜브를 발사기에 고정한다) ❹안전장치 ❺조준기 적외선센서 ❻발사튜브 ❼발사튜브 부앙각 자물쇠 ❽방아쇠 ❾선회장치 ❿대좌 ⓫조작 손잡이(조준선을 표적에 맞추는데 사용한다) ⓬센서스위치 ⓭수준기(발사기를 수평하게 유지한다) ⓮삼각대 ⓯자기 테스트 · 스위치 ⓰배터리 ⓱발사기 접속코드 ⓲덮개 ⓳온도표시기 ⓴테스트 작동스위치 ㉑유도장치 ㉒TOW 발사관 ㉓접속커넥터 ㉔탄종컬러(황색은 실탄, 청색은 훈련탄) ㉕전방 커버 ㉖퀵 릴리즈 클램프

* TOW = Tube-launched, Optically-tracked, Wire-guided의 약어로, 튜브발사, 광학추적, 유선유도의 의미. 보병휴대형 외에, 헬기나 차량의 탑재형 등 다양한 타입이 있다.
* SACLOS = Semi-Automatic Command to Line of Sight의 약어

▼ TOW2 발사기

TOW의 개량형 TOW2는 개략적으로 분리해서 5가지의 구성품으로 되어 있다. 기본적으로 발사기 자체보다는, 유도장치의 디지털화나 조준장치에 암시장치나 레이저 거리측정기가 추가되는 등의 성능개량이 이루어졌다. 그림의 발사기에서 TOW2를 발사할 때 사용하는 열영상 암시장치를 볼 수 있다.

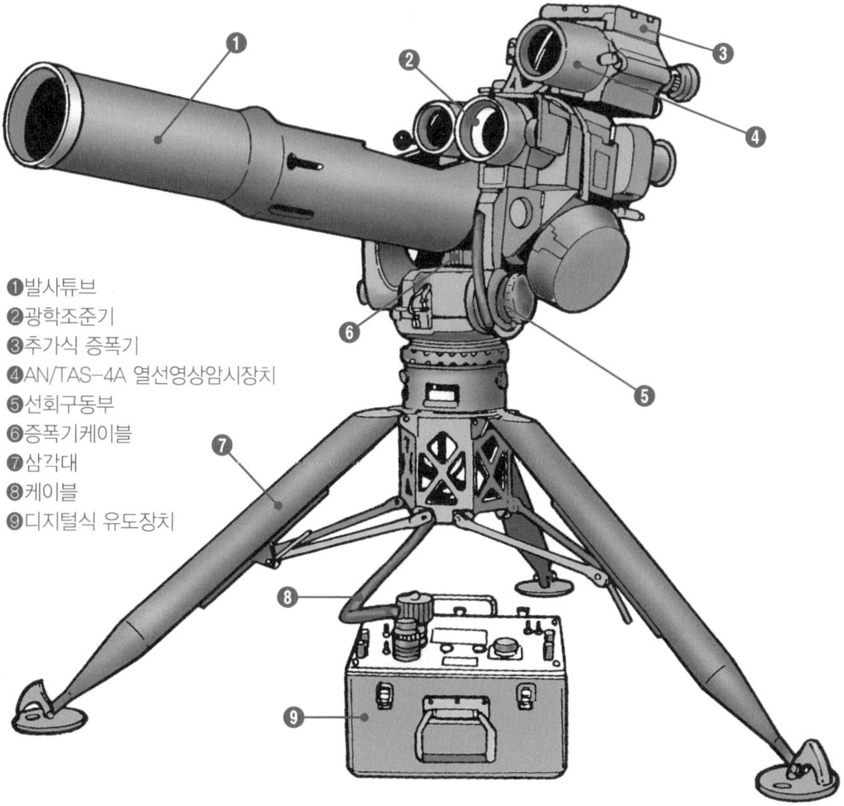
❶
❷
❸
❹
❺
❻
❼
❽
❾

❶발사튜브
❷광학조준기
❸추가식 증폭기
❹AN/TAS-4A 열선영상암시장치
❺선회구동부
❻증폭기케이블
❼삼각대
❽케이블
❾디지털식 유도장치

사진은 조준시스템 M-41 SABER시스템을 장착한 TOW발사기. SABER는 차량에 탑재한 TOW발사기에서도 운용할 수 있다.

❶
❷
❸
❹
❺
❻
❼

❶GPS안테나 ❷*PADS(감시/조준할 수 있는 적외선영상기능, 눈에 들어가도 안전한 레이저 거리측정기, 표적추적기 등을 통합한 조준시스템. GPS를 통해 표적의 위치좌표를 정확하게 알 수 있다) ❸제어장치 ❹그립식 방아쇠 ❺선회구동부 ❻발사튜브 ❼제어그립(SABER시스템의 적외선영상기능 등을 조작한다)

* PADS = Precision Attitude Determination Subsystem의 약어

07. 휴대용 대전차미사일(2)

대표적인 대전차미사일인 TOW와 HOT

대표적인 제2세대 대전차미사일이라고 하면, 세계에서 가장 많이 운용되고 있는 미국의 TOW와 프랑스와 서독(개발 당시)이 공동으로 개발한 HOT이다. HOT의 유도방식도 유선식 SACLOS로, 원리적으로는 TOW와 다르지 않다.

● HOT 미사일

유럽판 TOW라고도 불리는 HOT은 직경 13cm, 전장 1.27m, 사거리 4,000m, 장갑관통력도 800mm로 강력하다. 현재는 탄두부를 보다 강화한 HOT2, 탠덤 탄두를 사용하는 HOT3까지 개발되어 있다. 발사된 HOT는 후미에서 적외선 플레어를 방출하면서 비행, 이것을 조준장치인 적외선센서가 감지한다. 사수는 조준선상에 표적을 지속 조준하는 방식으로 미사일을 유도한다.

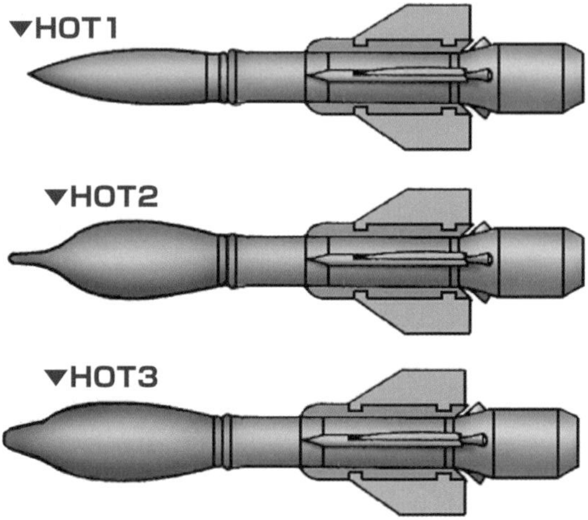
▼HOT1
▼HOT2
▼HOT3

armée de TERRE
AEL

프랑스제 가젤Gazelle 헬리콥터에서 HOT3이 발사된 순간. 튜브형 발사관에서 고체연료 부스터로 사출되었으며, 메인 · 로켓 모터에 점화. 모터 연소시간은 17초로, 이후에는 관성비행한다. 미사일 유도는 조종석의 사수가 수행한다.

● BGM-71 TOW미사일

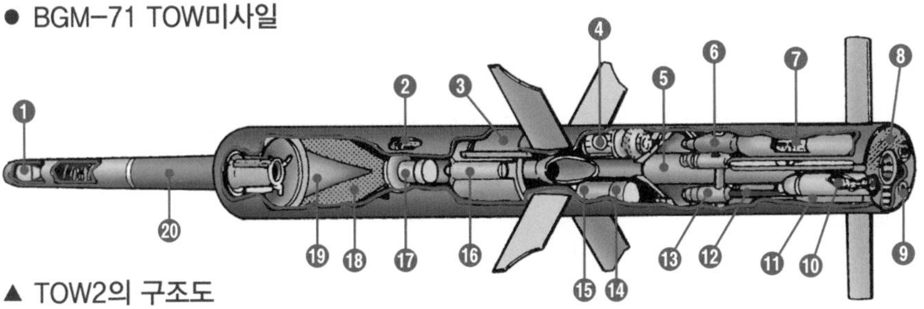
1
2
3
4
5
6
7
8
9
10
11
12
13
14
15
16
17
18
19
20

▲ TOW2의 구조도

❶착발신관 ❷전자유닛 ❸비행용 모터 ❹자이로 ❺발사용 모터 ❻가스보틀 ❼신호전자유닛 ❽적외선신호원 ❾크세논신호원 ❿와이어 · 디스펜서 ⓫조정장치 ⓬컨트롤 · 스프링 ⓭컨트롤 · 시스템 작동기 ⓮C배터리 ⓯A배터리 ⓰점화장치 ⓱안전장치 ⓲작약 ⓳라이너 ⓴연장프로브

▼TOW1(BGM-71B)

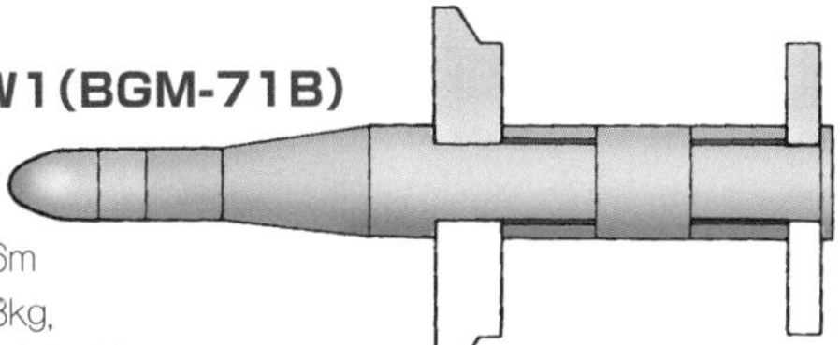

전장 1.16m
중량 18.8kg,
최대사거리 3,000m

▼I TOW(BGM-71C)

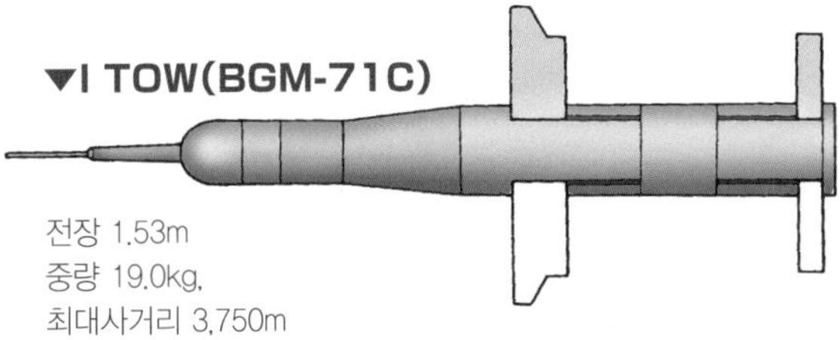

전장 1.53m
중량 19.0kg,
최대사거리 3,750m

▼TOW2(BGM-71D)

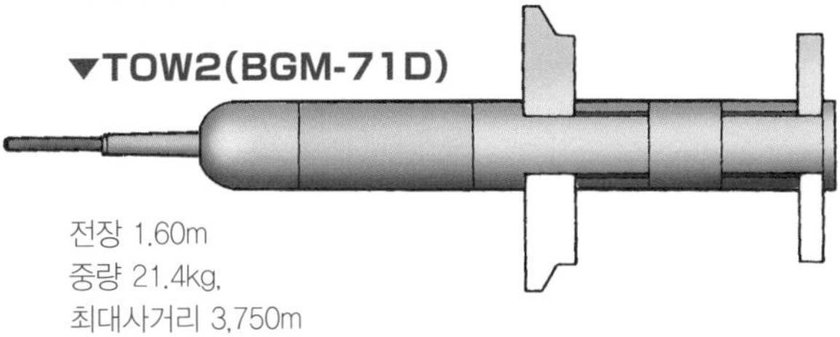

전장 1.60m
중량 21.4kg,
최대사거리 3,750m

TOW미사일은 TOW, I TOW(Improved TOW), TOW2, TOW2A로 성능이 개량되어 왔으며, 현재는 TOW2B Aero까지 등장했다. 적절한 *스탠드오프 확보를 위해 연장식 프로브를 장착한 I TOW는 현대 전차의 강화된 장갑을 무력화시키기 위해 탄두의 격발거리를 개량, 장갑관통효과를 증대시켰다. TOW2는 유도시스템의 디지털화와 조준장치의 열선영상 암시장비 편입에 따른 전천후 운용능력을 가지게 되었고, 로켓모터의 성능개량과 더불어 탄두의 대형화가 이루어졌다.

TOW2A는 전차의 *폭발반응장갑을 무력화시키기 위해, 소형과 대형 성형작약을 2단으로 배치한 탠덤탄두를 장착한다. 소형 성형작약이 반응장갑을 폭발시키고, 약간의 시간차로 대형 성형작약탄이 폭발, 전차의 주장갑을 관통시킨다(이것에 의해 장갑관통력은 800mm에 이른다). 또한 TOW-2B는 장갑이 얇은 전차의 상면을 공격하는 탑 어택Top attack형이 되었다. 이것은 미사일이 전차의 상공을 통과하려는 순간, 장착된 2개의 성형작약을 아래쪽으로 격발시키는 것으로, 전차를 감지하는 센서는 적외선이나 자기磁器탐지 방식이다. 이 외에도, 와이어리스형인 TOW2N, 지중관통탄인 TOW벙커버스터 등이 개발되고 있다.

* 스탠드오프 = 기폭 시 성형작약과 장갑표면까지의 최적거리. 이것이 어긋나면 성형작약의 효과는 반감한다.
* 폭발반응장갑 = Reactive Armour. 장갑 차량용 증가장갑의 일종. 폭발에 의해 날려지는 금속판이 성형작약의 메탈제트 형성을 방해한다.

08. 휴대용 대전차미사일(3)

전차의 약점을 노리는 대전차미사일

스웨덴의 보포스에서 개발한 제2세대 대전차미사일 RBS 56 빌Bill의 특징은, 전차의 차체 상면을 공격하는 탑 어택Top attack방식이라는 점이다.

보포스 대전차미사일 발사기에서 발사된 빌 미사일은 안정핀을 펼치고, 로켓 · 모터를 점화시켜 비행한다. 400m 정도를 비행하면 모터의 연소가 끝나고 자유비행을 실시하는데, 사수는 유선유도 방식인 빌 미사일을 SACLOS방식으로 컨트롤한다. 통상의 미사일은 조준선에 합치해서 비행하지만, 빌 미사일은 조준선보다 75cm정도 높은 위치를 비행한다. 목표에 접근하면 신관이 작동하고, 전차의 상면上面을 통과하는 순간에 성형작약탄이 폭발, 30도 아랫방향을 향해서 초고압의 제트분류를 방출한다. 튼튼한 장갑을 가진 전차라도 차체상면은 장갑이 얇다. 전차의 기동성을 유지하기 위해서는 차체 전체에 균일하게 장갑을 두를 수 없기 때문이다. RBS 56 빌 미사일은 이러한 약점을 노린 미사일이다.

개량형인 빌2는 자기센서를 탑재, 미사일 스스로가 전차의 위치를 감지하고 메탈제트를 방출할 수 있어서, 보다 정확한 탑 어택을 실시할 수 있게 되었다. 탄두도 2기를 탑재하고, 30도 아래 방향과 수직 방향으로 메탈제트를 방출할 수 있도록 성능이 개량되었다.

훈련 중인 오스트리아 육군. 빌2 미사일을 발사한 순간. 미사일은 가스발생기에 의해 발사관에서 사출된 후, 메인 · 모터를 점화. 250m/s까지 가속되어 비행. 발사기로부터 400m만큼 떨어진 곳에서부터는 모터의 연소가 끝나 자유비행하게 된다. 미사일 직경 19cm, 전장 0.9m, 유효사거리 150~2200m.

▼ Bill 대전차미사일의 특징

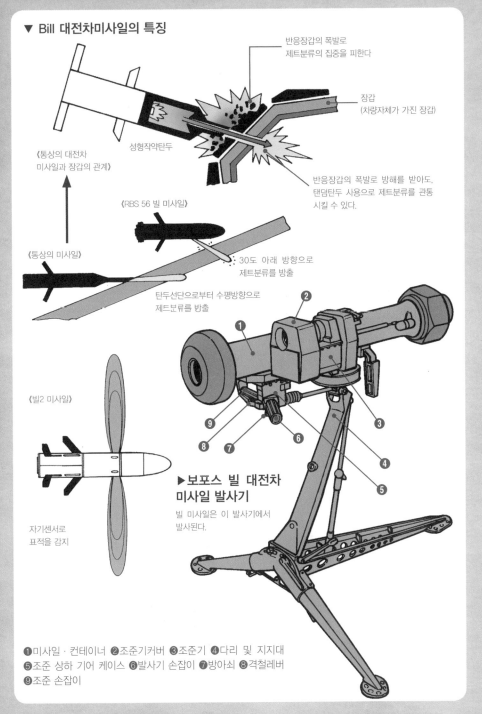

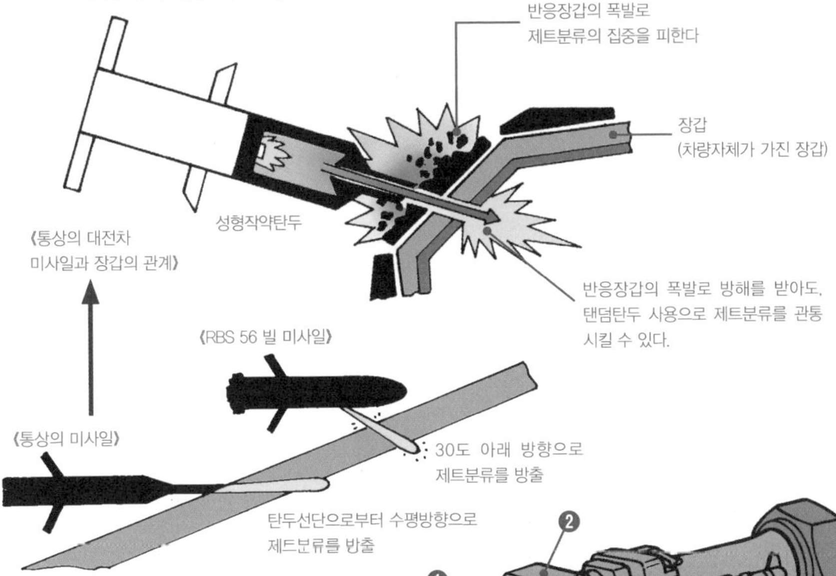
반응장갑의 폭발로
제트분류의 집중을 피한다
장갑
(차량자체가 가진 장갑)
성형작약탄두
《통상의 대전차
미사일과 장갑의 관계》
반응장갑의 폭발로 방해를 받아도,
탠덤탄두 사용으로 제트분류를 관통
시킬 수 있다.
《RBS 56 빌 미사일》
《통상의 미사일》
30도 아래 방향으로
제트분류를 방출
탄두선단으로부터 수평방향으로
제트분류를 방출

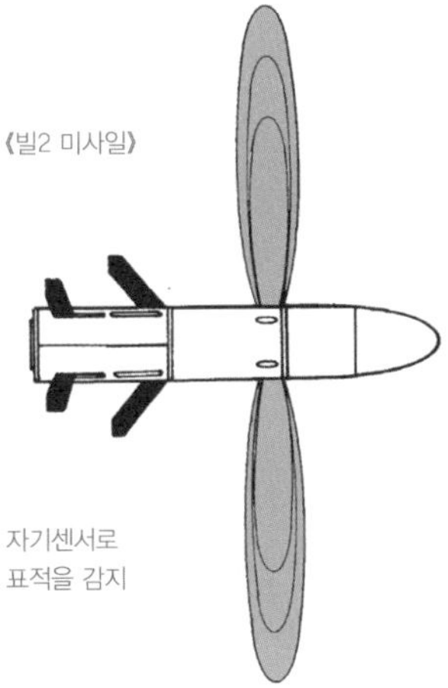
《빌2 미사일》
자기센서로
표적을 감지

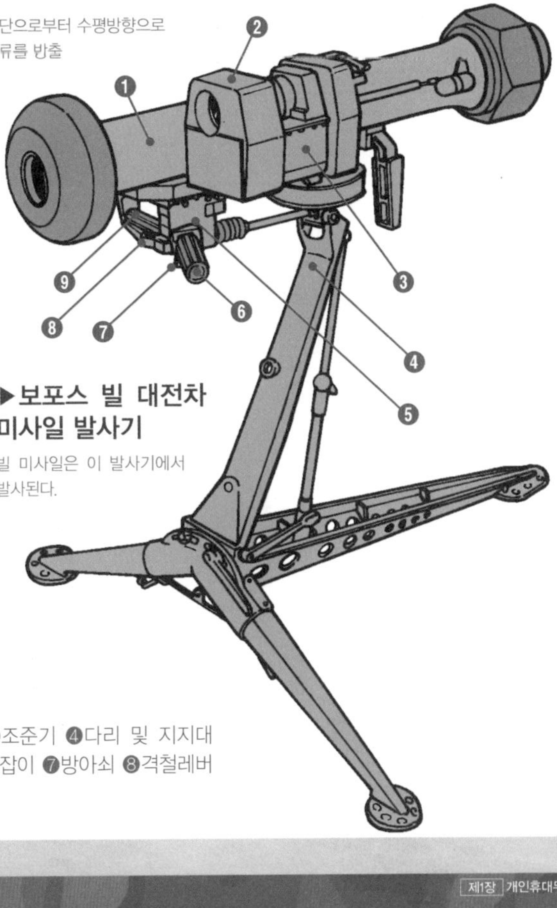
❶
❷
❸
❹
❺
❻
❼
❽
❾

▶보포스 빌 대전차 미사일 발사기

빌 미사일은 이 발사기에서
발사된다.

❶미사일 · 컨테이너 ❷조준기커버 ❸조준기 ❹다리 및 지지대
❺조준 상하 기어 케이스 ❻발사기 손잡이 ❼방아쇠 ❽격철레버
❾조준 손잡이

09. 휴대용 대전차미사일(4)

제3세대 대전차미사일의 특징이란?

미 육군과 해병대가 드래곤 대전차미사일의 후계로 채택한 FGM-148 재블린은, *적외선영상탐색기를 탑재한 제3세대 대전차미사일이다.

발사 전에 사수가 열상조준기로 표적을 조준하면, 미사일의 탐색기가 표적의 적외선 영상을 인식하고, 발사 후에는 자동적으로 추적 · 명중한다. 자체유도기능(Fire-and-forget)을 지닌 미사일로, 장갑차량은 물론 건축물, 저공비행 중인 헬기까지 공격가능하다.

▼ 재블린 미사일의 구조

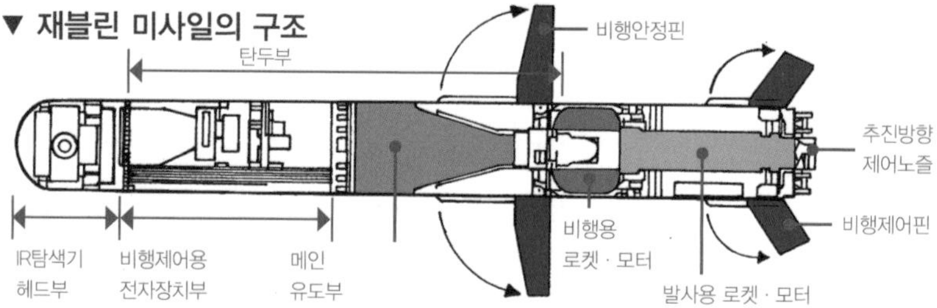
탄두부
비행안정핀
추진방향
제어노즐
비행제어핀
비행용
로켓 · 모터
발사용 로켓 · 모터
IR탐색기
헤드부
비행제어용
전자장치부
메인
유도부

미사일 전장 약 1m, 직경 12.7 cm, 중량 12kg, 탄두는 탠덤식 성형작약탄두, 최대 사거리 2500m. 미사일의 IR 탐색기 냉각은 10초 정도밖에 걸리지 않고, 표적발견에서 조준, 사격까지 필요한 시간은 약 30초정도이다. 2003년 이라크전쟁에서 처음 실전투입되었다.

미사일의 IR탐색기가 표적을 포착한 영상

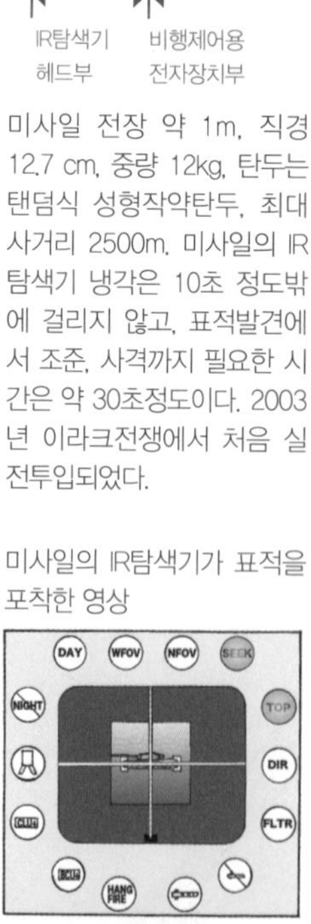
DAY
WFOV
NFOV
SEEK
NIGHT
TOP
DIR
FLTR
HANG FIRE

《탑 어택 모드》 장갑차량을 공격할 때 사용하는 모드. 방호가 취약한 위쪽으로부터 장갑차량에 돌입, 격파한다. 돌입 시에는 60도 이상의 각도로 급강하한다.

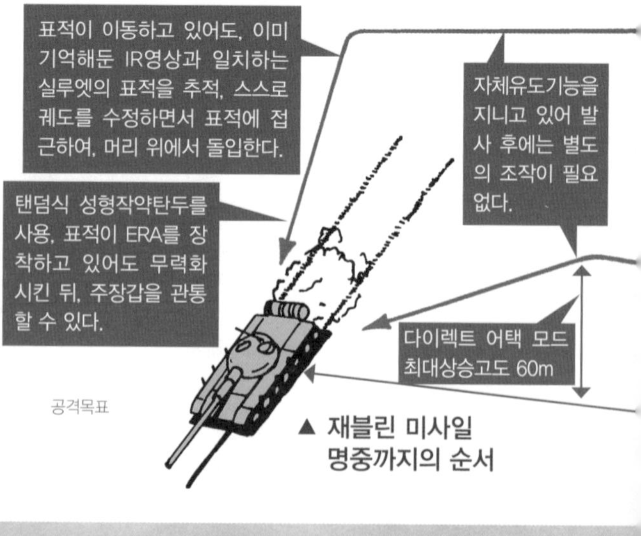
표적이 이동하고 있어도, 이미 기억해둔 IR영상과 일치하는 실루엣의 표적을 추적, 스스로 궤도를 수정하면서 표적에 접근하여, 머리 위에서 돌입한다.
자체유도기능을 지니고 있어 발사 후에는 별도의 조작이 필요 없다.
탠덤식 성형작약탄두를 사용, 표적이 ERA를 장착하고 있어도 무력화 시킨 뒤, 주장갑을 관통할 수 있다.
다이렉트 어택 모드
최대상승고도 60m
공격목표

▲ 재블린 미사일 명중까지의 순서

* 적외선영상탐색기 = 목표에서 방출되는 적외선영상과 그 주변의 적외선영상을 구별해서, 목표만을 탐지 · 식별하는 센서.

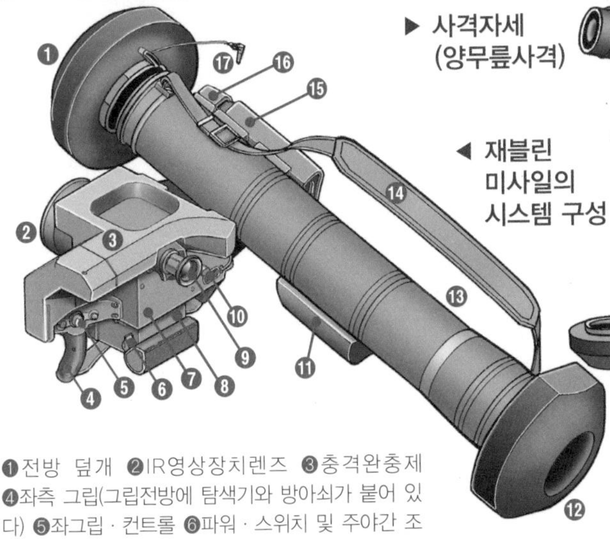

◀ 재블린 미사일의 시스템 구성

▶ 사격자세 (양무릎사격)

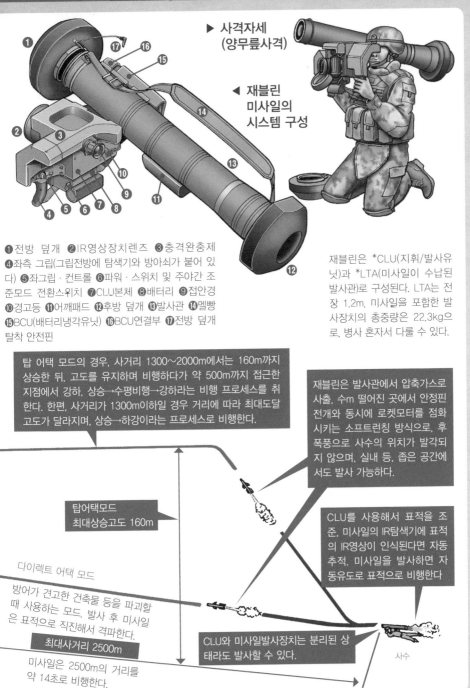

❶전방 덮개 ❷IR영상장치렌즈 ❸충격완충제 ❹좌측 그립(그립전방에 탐색기와 방아쇠가 붙어 있다) ❺좌그립 · 컨트롤 ❻파워 · 스위치 및 주야간 조준모드 전환스위치 ❼CLU본체 ❽배터리 ❾접안경 ❿경고등 ⓫어깨패드 ⓬후방 덮개 ⓭발사관 ⓮멜빵 ⓯BCU(배터리냉각유닛) ⓰BCU연결부 ⓱전방 덮개 탈착 안전핀

재블린은 *CLU(지휘/발사유닛)과 *LTA(미사일이 수납된 발사관)로 구성된다. LTA는 전장 1.2m, 미사일을 포함한 발사장치의 총중량은 22.3kg으로, 병사 혼자서 다룰 수 있다.

탑 어택 모드의 경우, 사거리 1300~2000m에서는 160m까지 상승한 뒤, 고도를 유지하며 비행하다가 약 500m까지 접근한 지점에서 강하, 상승→수평비행→강하라는 비행 프로세스를 취한다. 한편, 사거리가 1300m이하일 경우 거리에 따라 최대도달 고도가 달라지며, 상승→하강이라는 프로세스로 비행한다.

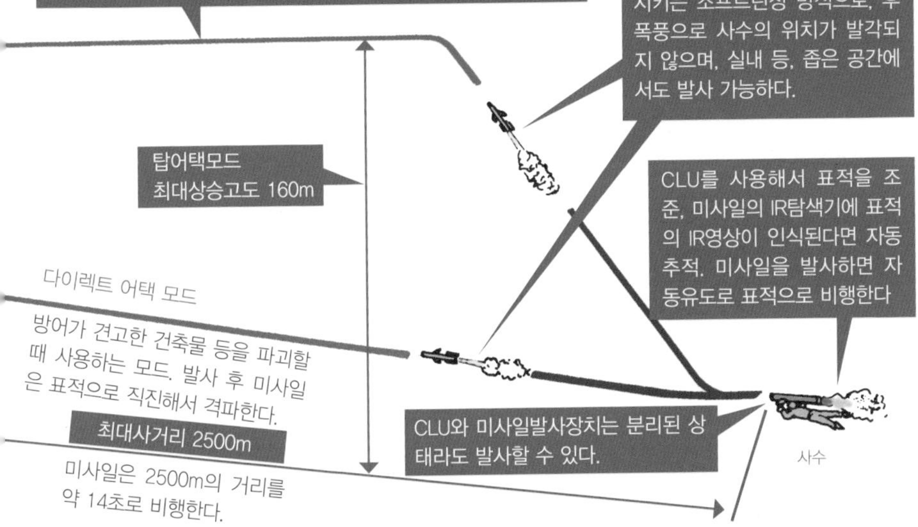
재블린은 발사관에서 압축가스로 사출, 수m 떨어진 곳에서 안정핀 전개와 동시에 로켓모터를 점화시키는 소프트런칭 방식으로, 후폭풍으로 사수의 위치가 발각되지 않으며, 실내 등, 좁은 공간에서도 발사 가능하다.
탑어택모드
최대상승고도 160m
CLU를 사용해서 표적을 조준, 미사일의 IR탐색기에 표적의 IR영상이 인식된다면 자동추적. 미사일을 발사하면 자동유도로 표적으로 비행한다
다이렉트 어택 모드
방어가 견고한 건축물 등을 파괴할 때 사용하는 모드. 발사 후 미사일은 표적으로 직진해서 격파한다.
최대사거리 2500m
CLU와 미사일발사장치는 분리된 상태라도 발사할 수 있다.
사수
미사일은 2500m의 거리를 약 14초로 비행한다.

* CLU = Command Launch Unit의 약어* LTA = Launch Tube Assembly의 약어

10. 휴대용 대전차미사일(5)

자체유도기능 탑재로 유도가 불필요

제3세대에 해당하는 대전차미사일은, 자체유도기능을 탑재, 사수가 미사일을 유도할 필요가 없다. 즉, 미사일 자체가 표적이 방출하는 적외선을 감지 · 인식해서 자동적으로 비행 · 명중하기 때문이다. 또한 소형 및 대형 성형작약탄두를 탠덤 방식으로 탑재하고, 최초 폭발하는 소형 탄두로 폭발반응장갑 등 강화된 증가장갑을 파괴, 2번째 대형탄두로 전차의 주장갑을 노리는 구조로 되어 있다.

▲ 미사일발사기

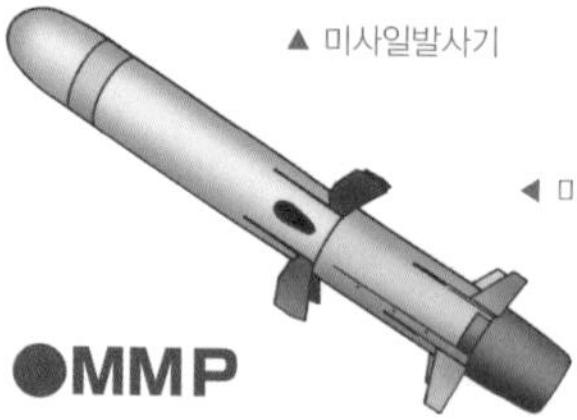

◀ 미사일본체

●MMP

밀란 대전차미사일의 후계인 *MMP(중거리미사일)는 고체연료 2단식으로 최대사거리는 약 4000m. 탠덤탄두가 장착되어 있어 제3.5세대 전차를 격파할 수 있으며 두께 2m의 콘크리트로 견고하게 만들어진 토치카도 파괴 가능하다. 유도장치로 IR영상과 TV탐색기 및 GPS와 자기 컴퍼스가 탑재되어 있으며, 탐색기에 표적을 인식시키면 자체유도기능으로 표적을 향해 날아간다. 또한 조준기 영상을 보면서 광섬유데이터링크에 의한 유도도 가능. 미사일이 수납된 컨테이너 겸 발사관과 조준장치, 지지대로 구성된다. 개발은 *MBDA. 미사일 직경 140cm, 전장 1.3m, 중량 11kg, 총중량 26kg.

에릭스ERYX는 프랑스와 캐나다가 공동개발한 중거리 대전차미사일로, 프랑스군에는 1994년부터 배치가 시작되었으며 노르웨이, 브라질, 말레이시아 등에 수출되고 있다. 유선유도인 SACLOS방식으로, 사수가 조준경을 통하여 표적을 추적하면 유도신호가 미사일로 전달된다. 탄두는 성형작약탄으로 폭발반응장갑을 장착한 전차라도 50m의 거리에서 장갑을 관통할 수 있다고 한다. 최대사거리 600m, 미사일 직경 13.6cm, 중량 10.2kg, 전장 0.9m, 시스템총중량 17.5kg. 현재, 제조판매는 MBDA가 하고 있다.

* MMP = Missile de Moyenne Portée의 약어. 영어로는 Medium Range Missile이다.
* MBDA = 유럽 미사일 제조판매회사

●01식 경대전차유도탄

84mm무반동포를 교체할 대전차무기로 1993년부터 개발이 시작되었고, 2001년에 육상자위대에 제식 채용되었다. 대전차미사일로서는 세계에서 처음으로 비냉각식 적외선영상유도방식을 도입한 것이 특징. 발사시스템은 미사일이 장전된 발사관과 조준과 발사제어를 하는 발사기, 야간 전투에 사용하기 위한 야간조준장치로 구성되어 있고, 사수 혼자서도 운용할 수 있다. 발사기와 야간조준장치는 재사용이 가능하고, 분당 4발을 발사할 수 있다. 탑 어택 모드와 다이렉트 어택 모드의 선택도 가능. 탠덤식 성형작약탄두를 탑재하여 폭발반응장갑에도 유효하다. 미사일 직경 14cm, 전장 0.97m, 중량 11.4kg, 총중량 17.5kg.

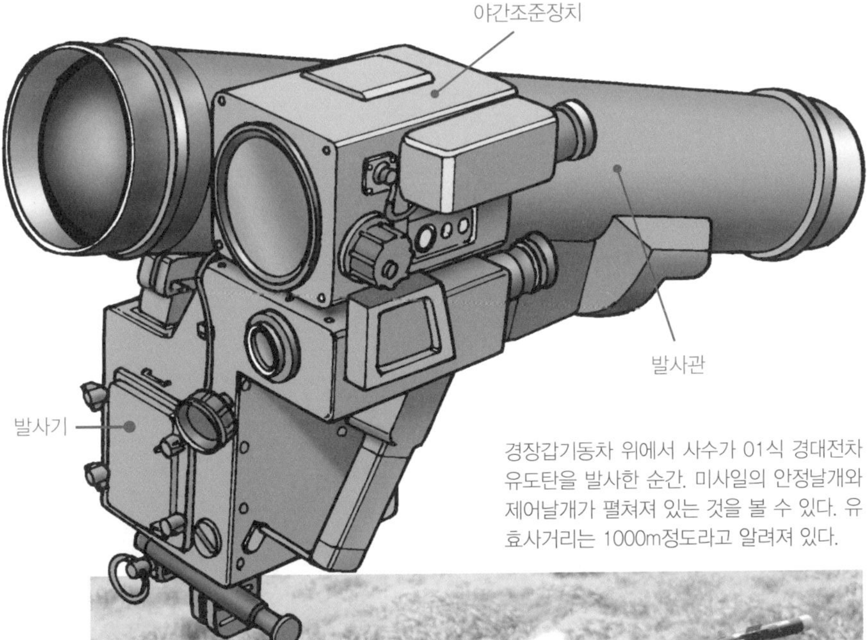
야간조준장치
발사관
발사기

경장갑기동차 위에서 사수가 01식 경대전차유도탄을 발사한 순간. 미사일의 안정날개와 제어날개가 펼쳐져 있는 것을 볼 수 있다. 유효사거리는 1000m정도라고 알려져 있다.

11. 휴대용 대전차미사일(6)

우수한 성능의 이스라엘제 대전차미사일

이스라엘의 RADF에서 개발한 스파이크는 제3세대 대전차미사일로 자체유도기능이 탑재되어 있다. 유도방식으로는 *CCD/적외선영상탐색기를 가진 *IR(적외선)유도 방식이 사용되고 있으며 탑 어택이 가능하여 명중정확도가 대단히 높다. 주야간 관계없이 운용이 가능한 것도 특징이다.

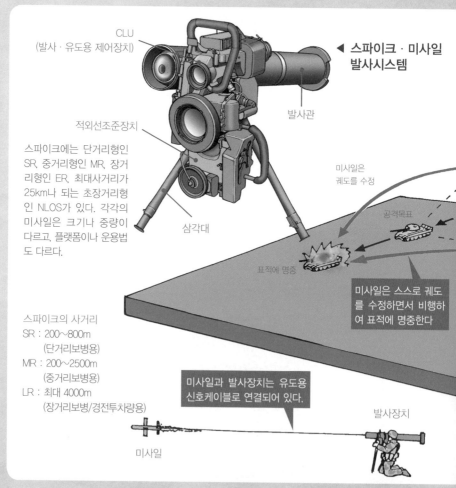

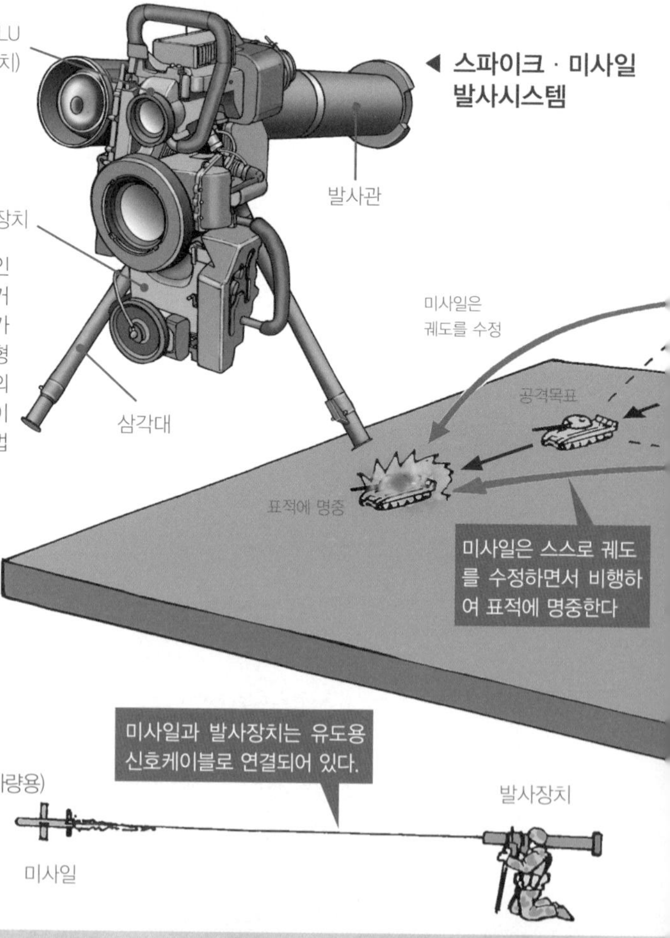
CLU
(발사 · 유도용 제어장치)
◀ 스파이크 · 미사일 발사시스템
발사관
적외선조준장치
삼각대
미사일은 궤도를 수정
공격목표
표적에 명중
미사일은 스스로 궤도를 수정하면서 비행하여 표적에 명중한다
미사일과 발사장치는 유도용 신호케이블로 연결되어 있다.
발사장치
미사일

스파이크에는 단거리형인 SR, 중거리형인 MR, 장거리형인 ER, 최대사거리가 25km나 되는 초장거리형인 NLOS가 있다. 각각의 미사일은 크기나 중량이 다르고, 플랫폼이나 운용법도 다르다.

스파이크의 사거리
SR : 200~800m
(단거리보병용)
MR : 200~2500m
(중거리보병용)
LR : 최대 4000m
(장거리보병/경전투차량용)

* CCD = Charge-Coupled Device의 약어. 전하결합소자.
* IR(적외선) 유도 = 목표의 적외선영상을 미사일의 탐색기에 기억시켜, 미사일 자체가 자동추적, 명중하는 방식

● 스파이크 미사일의 구조

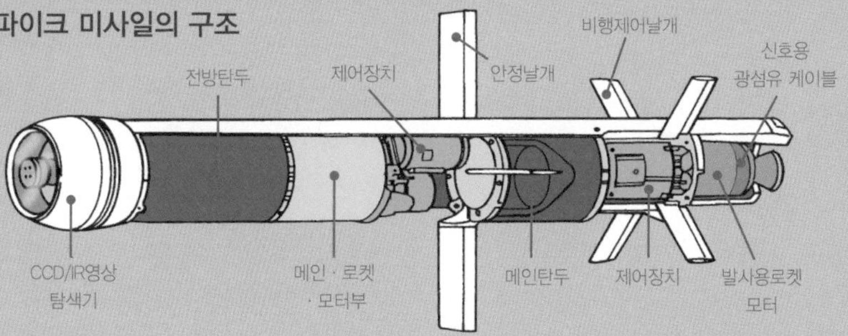
비행제어날개
신호용
광섬유 케이블
전방탄두
제어장치
안정날개
CCD/IR영상
탐색기
메인 · 로켓
· 모터부
메인탄두
제어장치
발사용로켓
모터

성형작약탄두를 2개 겹쳐서 설치한 탠덤탄두 방식으로, 최초의 탄두로 폭발반응장갑과 같은 증가장갑을 파괴, 두 번째 탄두로 표적의 주장갑을 관통한다. 그림은 보병부대 등에서 운용되고 있는 중거리용 MR로, 발사시스템 전체의 중량은 약 26kg. 분해해서 3명의 인원으로 도수 운반 및 운용이 가능.

● 스파이크 미사일 명중까지의 과정

압축가스의 힘으로 발사기에서 사출된 뒤, 수 m 떨어진 곳에서 로켓모터가 점화되는 소프트런칭 방식이므로 후폭풍이 적게 발생하며, 좁은 공간에서도 발사가 가능하다. 미사일의 탐색기가 상온에서 작동하는 초점면 배열(FPA : Focal Plane Array)이기 때문에 발사 전 냉각이 필요 없고, 시스템 준비부터 발사까지 발사까지 30초밖에 걸리지 않는다. 재장전도 15초 만에 할 수 있다.

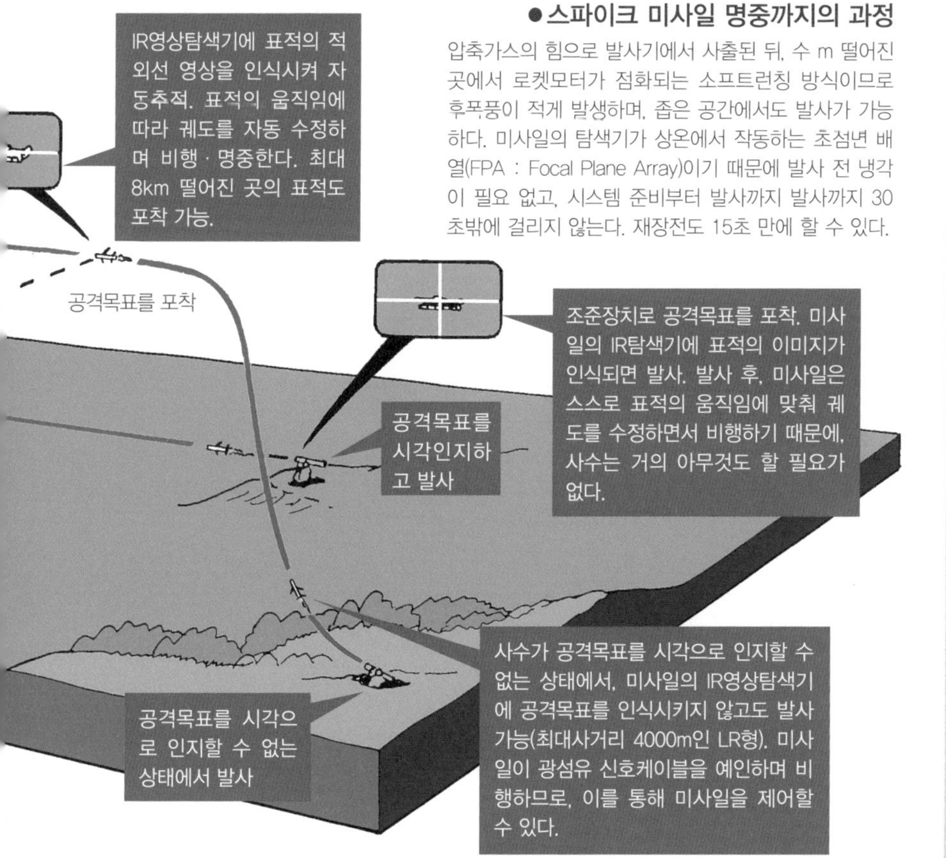
IR영상탐색기에 표적의 적외선 영상을 인식시켜 자동추적. 표적의 움직임에 따라 궤도를 자동 수정하며 비행 · 명중한다. 최대 8km 떨어진 곳의 표적도 포착 가능.
공격목표를 포착
조준장치로 공격목표를 포착. 미사일의 IR탐색기에 표적의 이미지가 인식되면 발사. 발사 후, 미사일은 스스로 표적의 움직임에 맞춰 궤도를 수정하면서 비행하기 때문에, 사수는 거의 아무것도 할 필요가 없다.
공격목표를 시각인지하고 발사
사수가 공격목표를 시각으로 인지할 수 없는 상태에서, 미사일의 IR영상탐색기에 공격목표를 인식시키지 않고도 발사 가능(최대사거리 4000m인 LR형). 미사일이 광섬유 신호케이블을 예인하며 비행하므로, 이를 통해 미사일을 제어할 수 있다.
공격목표를 시각으로 인지할 수 없는 상태에서 발사

12. 휴대용 지대공미사일(1)

보병 혼자서 조작할 수 있는 지대공미사일

레이더나 사격시스템 등과 통합되어 운용되는 고가의 지대공미사일과는 달리, 보병 혼자서 간단하게 조작할 수 있는 것이 *휴대용 지대공미사일(이하, 휴대용 *SAM)이다. 휴대식 SAM이라고는 하지만 결코 경시할 수 있는 존재는 아니다. 신속하게 전개 · 대응할 수 있는 휴대용 SAM은 저고도로 침입해 오는 적 항공기에게 있어 큰 위협이기 때문이다. 휴대용 SAM은 보병이 혼자서 조작할 수 있도록, 미사일이나 발사기 등을 포함한 중량이 10~20kg정도이고, 발사기를 어깨에 얹고 발사할 수 있는 견착식이 일반적인데, 자체유도 기능이 탑재되어 있어 발사 후에는 특별한 유도를 필요로 하지 않는 것이 대부분이다.

이것은 이른바 IR(적외선)유도이라고 불리는 유도방식으로, 미사일의 IR탐색기가 표적이 발하는 적외선(비행기의 엔진에서 방출되는 열적외선)을 감지하여 추적하는 방식이다. 정확하게 다시 말하면 적외선 패시브 유도이라고 불리고, 자체유도방식이기 때문에 편리하지만, 미사일의 열원을 추적하다가 태양으로 향해 버릴 수 있다는 단점도 있다(미사일에 추적된 비행기가 태양을 향해 비행하다가, 급격하게 진로를 변경하면 미사일은 태양 쪽을 향해 날아간다).

● FIM-43 레드아이

1965년부터 배치된 레드아이Redeye는, 미군 최초의 휴대식 SAM이며 당시로는 획기적인 견착식 적외선 유도미사일이었다. 발사가능구역이 제한적이고, 플레어 등에 기만되기 쉬운 한계도 있었지만, 미 육군을 시작으로 19개국에서 사용되었고, 대략 8만5000발이 제조되었다.

▼ 미사일 본체

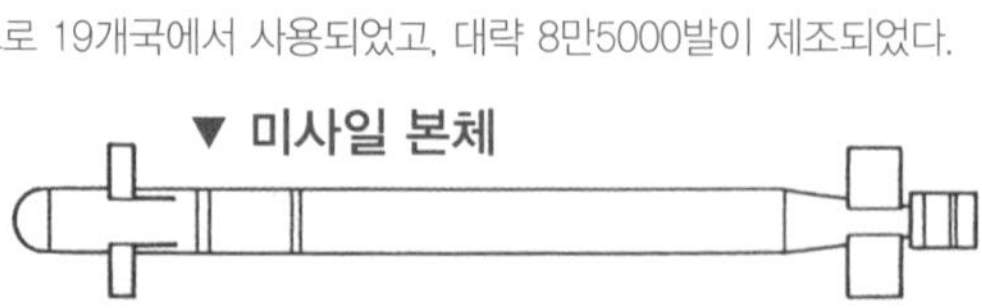

▼ 발사장치

전장 1.28m, 직경 7cm, 유효사거리 500~5000m, 고체연료식, 폭풍/파편탄두탑재

* 휴대용 지대공미사일=MANPADS(MAN Portable Air-Defense System의 약어).
* SAM = Surface-to-Air Missile의 약어

따라서 적외선을 감지하는 IR탐색기를 프레온가스나 탄산가스로 냉각해서 감지감도를 높이는 방법이 채택되었다(휴대용 SAM에 장착하는 *BCU는 이를 위한 냉각장치). 이러한 고안으로 IR유도방식의 휴대용 SAM은 전방향 사격이 가능하게 되는 등 성능이 향상되었지만, 표적이 섬광탄Flare을 방출하거나 두터운 구름 안에 숨어 버리는 경우 추적할 수 없다는 단점도 있다. 이러한 IR유도의 단점을 해결하기 위해, *영상유도방식이나 *레이저광선유도방식 등의 휴대용 SAM도 개발되고 있다.

또한 최근에는 적외선감시기능이 휴대용 SAM의 조준 겸 유도장치에 편입되었고, 야간 교전능력을 가진 것도 등장하고 있다. 이것은 암시장치로 야간 공격능력이 강화된 헬기를 무력화시키기 위한 조치라고 말할 수 있다.

그렇지만, 이와 같이 고도의 유도방식을 가진 휴대용 SAM은 가격의 급등, 발사장치 및 시스템의 대형화로 저렴하고 손쉽게 다룰 수 있다는 휴대용 SAM의 본래 장점을 잃었다고 말할 수 있다.

[오른쪽] 9K32 스트렐라-2(NATO 코드로는 SA-7 그레일Grail를 가지고 사격자세를 취하고 있는 구 소련군의 병사. 미사일 전장 1.44m, 직경 72mm, 중량 9.97kg, 유효사거리 550~5500. 스트렐라Стрела는 러시아어로 「화살」이라는 의미. 구 소련은 스트렐라의 후계로 이글라Игла, 러시아어로 「침」이라는 의미를 개발했다.

[아래] 레드아이를 가지고 사격자세를 취하고 있는 미 해병대원. 견착식 M171 발사기에서 사출된 미사일은 6m 떨어진 곳에서 로켓모터가 점화된다. 제1세대 휴대용 SAM이기 때문에 IR탐색기의 성능이 낮아, 적 항공기의 후방을 노릴 수밖에 없었다.

* BCU=Battery Coolant Unit의 약어. * 영상유도방식=p.51 참조 * 레이저광선유도 방식=p.49 참조

13. 휴대용 지대공미사일(2)

가장 널리 쓰이는 휴대용 SAM은?

1967년에 개발이 시작된 FIM-92 스팅어는 레드아이의 후계로 1981년부터 배치가 시작된 휴대용 SAM이다. 현재, 미국을 비롯하여 유럽, 아시아 등 20여 개국에서 사용되고 있는데, 레드아이와 마찬가지로 광학조준기를 통해 조준, 미사일의 IR탐색기가 표적이 발하는 적외선을 인식하면 발사, 추적하는 적외선유도방식이지만, *IFF피아식별 기능을 가지고 있고, *전방향발사가 가능하다. 또한 미사일은 IRCMInfrared countermass, 적외선 방해 대응 기능을 가지고 있고, 비행속도도 레드아이보다 빨라졌다.

스팅어에는 초기형인 FIM-92A, 적외선/자외선 감지 듀얼시커를 장착한 B(POST형), 저고도를 비행하는 헬기도 무력화시킬 수 있도록 개량된 C(RPM형)가 있고, 차량이나 전투헬기 탑재형인 FIM-92D Block 1도 있다.

FIM-92C 스팅어 발사 순간. 미사일은 미사일 후미부에 있는 부스터에 의해 발사기로부터 사출된다. 부스터는 0.5초간 연소하고, 9m만큼 사출된 지점에서 미사일로부터 분리. 그 후 미사일은 로켓모터를 점화하여 비행한다. 최대속도는 마하 2.2.

* IFF=Identification, Friend or Foe의 약어
* 전방향발사=정면으로 날아오는 적 항공기도 요격할 수 있게 되었다.

●FIM-92B 스팅어

스팅어는 미사일 본체를 수납한 발사관(컨테이너겸 발사기), 조준기 및 발사장치, IFF 질문기를 수납한 그립스톡, BCU(배터리 및 냉각통) 등으로 구성되어 있다. 발사 후 발사관을 교환하면 재발사가 가능하다. 전장 1.52m, 미사일직경 7cm, 발사중량 10.1kg, 유효사거리 200~4000m.

《발사장치》

❶적외선 창 ❷그립스톡 탈착용 잠금쇠 ❸개방스위치 ❹그립스톡 ❺IFF케이블 ❻BCU(밧데리 및 냉각통) ❼방아쇠 ❽IFF송신기 접속케이블 ❾안전장치 ❿IFF송신스위치 ⓫아이실드 ⓬포착지지장치 ⓭조준장치 ⓮IFF안테나 ⓯발사관 ⓰IFF 송신기

▼ 발사장치

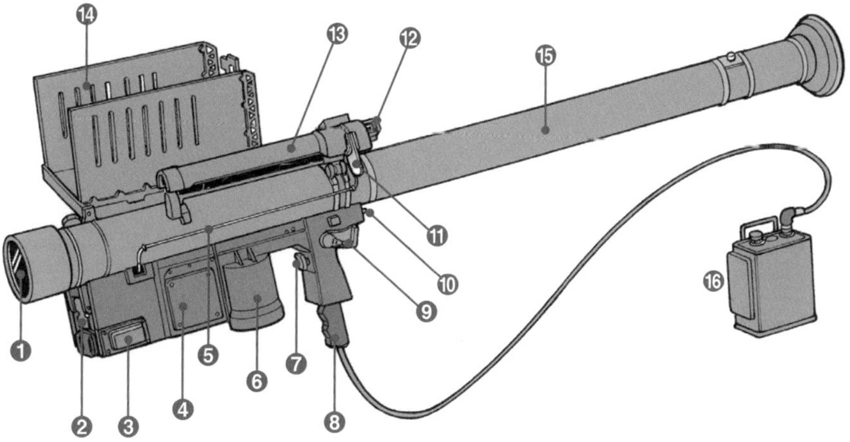
⓮
⓭
⓬
⓯
⓫
⓰
❿
❾
❶
❺
❼
❻
❹
❷
❸
❽

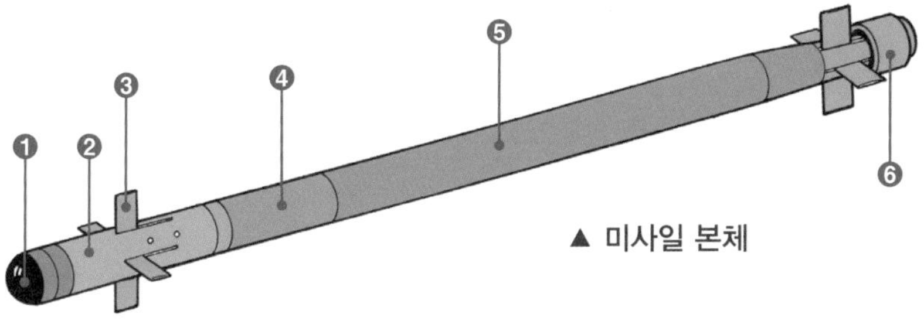
❺
❸
❹
❶
❷
❻

▲ 미사일 본체

《미사일 본체》

❶적외선 탐지기 ❷유도제어부 ❸조종날개 ❹탄두부(폭풍/파편식으로 작약 1kg을 탑재) ❺로켓모터 ❻부스터

14. 휴대용 지대공미사일(3)

스팅어의 구조와 조작절차

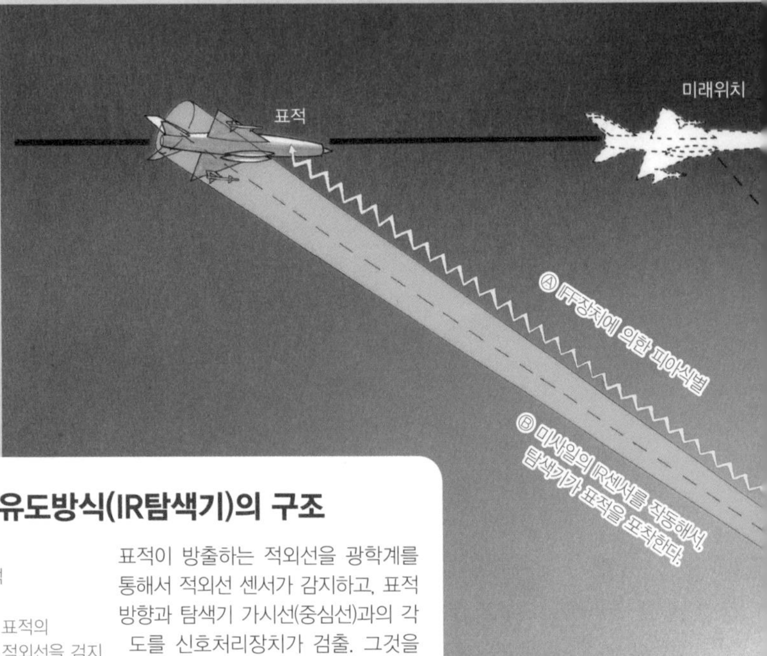
미래위치
표적
Ⓐ IFF장치에 의한 피아식별
Ⓑ 미사일의 IR센서를 작동해서 탐색기가 표적을 포착한다.

● 적외선유도방식(IR탐색기)의 구조

표적이 방출하는 적외선을 광학계를 통해서 적외선 센서가 감지하고, 표적 방향과 탐색기 가시선(중심선)과의 각도를 신호처리장치가 검출. 그것을 추적장치에 피드백하는 것을 통해 탐색기는 표적을 자동추적함과 동시에, 제어장치로 유도신호를 보내어 조종날개를 움직인다.

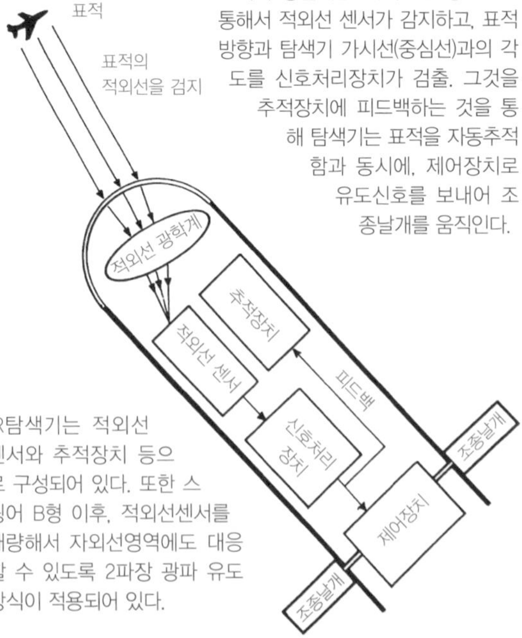
표적
표적의
적외선을 검지
적외선 광학계
추적장치
적외선 센서
피드백
신호처리
장치
제어장치
조종날개
조종날개

IR탐색기는 적외선 센서와 추적장치 등으로 구성되어 있다. 또한 스팅어 B형 이후, 적외선센서를 개량해서 자외선영역에도 대응할 수 있도록 2파장 광파 유도 방식이 적용되어 있다.

《스팅어 발사절차》

❶ 사수는 표적인 항공기를 지정하면 조준장치로 표적을 조준한다.

❷ 표적이 조준장치 내에 들어오면 IFF송신 스위치를 누르는데, 이때 IFF송신기가 전파를 보내서 피아식별을 실시한다.

❸ 안전장치를 해제하고 BCU를 작동시켜, 개방스위치를 누른다. 미사일의 자이로와 센서가 작동해서 탐

FIM–92 스팅어는 그림과 같은 절차로 발사된다. 1980년대의 아프가니스탄 전쟁에서는 미국 정부로부터 현지 게릴라에 공여된 스팅어에 의해 구 소련군의 항공기가 약 200기 이상 격추되었다고 알려져 있다.

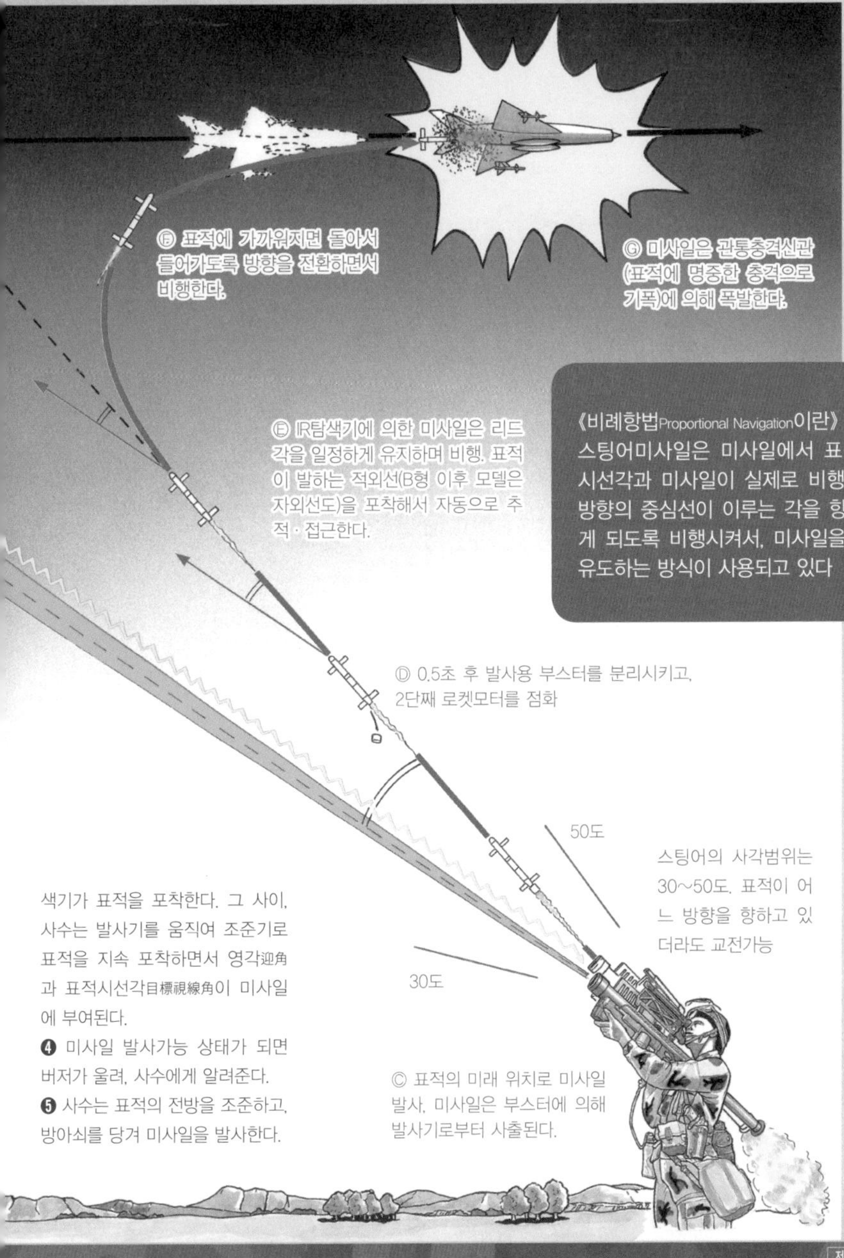
Ⓕ 표적에 가까워지면 돌아서 들어가도록 방향을 전환하면서 비행한다.
Ⓖ 미사일은 관통충격신관(표적에 명중한 충격으로 기폭)에 의해 폭발한다.
Ⓔ IR탐색기에 의한 미사일은 리드각을 일정하게 유지하며 비행. 표적이 발하는 적외선(B형 이후 모델은 자외선도)을 포착해서 자동으로 추적 · 접근한다.
Ⓓ 0.5초 후 발사용 부스터를 분리시키고, 2단째 로켓모터를 점화
50도
스팅어의 사각범위는 30~50도. 표적이 어느 방향을 향하고 있더라도 교전가능
30도
Ⓒ 표적의 미래 위치로 미사일 발사. 미사일은 부스터에 의해 발사기로부터 사출된다.

《비례항법Proportional Navigation이란》
스팅어미사일은 미사일에서 표적을 보는 시선각과 미사일이 실제로 비행하고 있는 방향의 중심선이 이루는 각을 항상 일정하게 되도록 비행시켜서, 미사일을 표적으로 유도하는 방식이 사용되고 있다

색기가 표적을 포착한다. 그 사이, 사수는 발사기를 움직여 조준기로 표적을 지속 포착하면서 영각迎角과 표적시선각目標視線角이 미사일에 부여된다.

❹ 미사일 발사가능 상태가 되면 버저가 울려, 사수에게 알려준다.

❺ 사수는 표적의 전방을 조준하고, 방아쇠를 당겨 미사일을 발사한다.

15. 휴대용 지대공미사일(4)

영국군 휴대용 SAM의 유도방식

영국군의 휴대식 방공미사일시스템은 적외선 유도방식이 아니라, *CLOS시선유도방식을 채택해 왔다. 이러한 방식의 미사일 유도는 적외선유도방식보다 기만당할 위험이 적다는 장점이 있기 때문이다. 현재 운용중인 스타스트릭Starstreak은 스웨덴의 RBS70과 같은 레이저 광선 유도 SACLOS 유도방식을 사용하고 있다.

▼ 스타스트릭 발사기

세로로 3기를 늘어놓은 미사일의 컨테이너 겸 발사관에 조준 및 유도장치를 장착하고, 지지대로 지탱하는 스타스트릭은 초고속미사일로, 그림처럼 구성하면 무게가 약 70kg정도로 견착은 할 수 없지만, 3연속 발사가 가능하다. 미사일 전장 1.39m, 직경 12.7cm, 발사중량 16.8kg, 사거리 300~7000m.

스타스트릭은 2단식 고체연료 로켓모터로 가속해서 최대 마하 3.5의 속도로 비행한다. 미사일에는 다트Darts라고 불리는 자탄子彈이 장착되어 있고, 2단째 로켓이 연소완료된 시점에서 사출되어 운동에너지로 표적을 파괴한다.

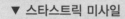

▼ 스타스트릭 미사일

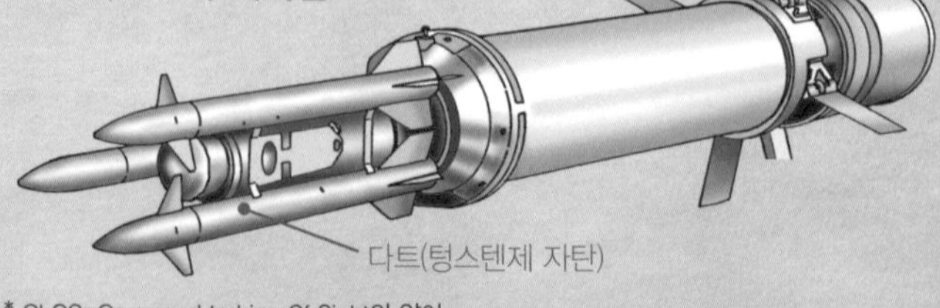
다트(텅스텐제 자탄)

* CLOS=Command to Line Of Sight의 약어

●영국의 휴대용 SAM

▼ 블로우파이프Blowpipe

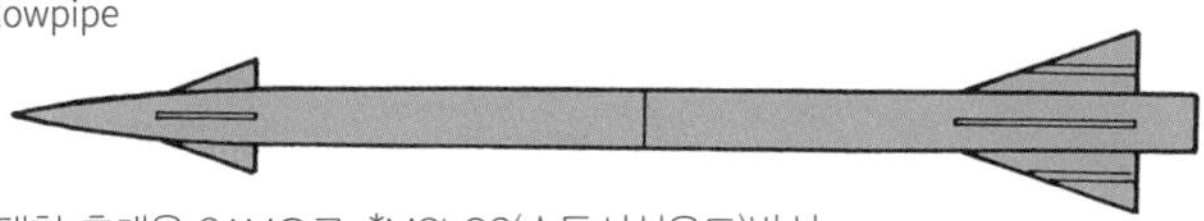

영국육군이 최초로 채택한 휴대용 SAM으로, *MCLOS(수동시선유도)방식.
전장 1.39m, 직경 7.6cm, 발사중량 약 11kg, 사거리 700~4500m.

▼ 재블린Javelin

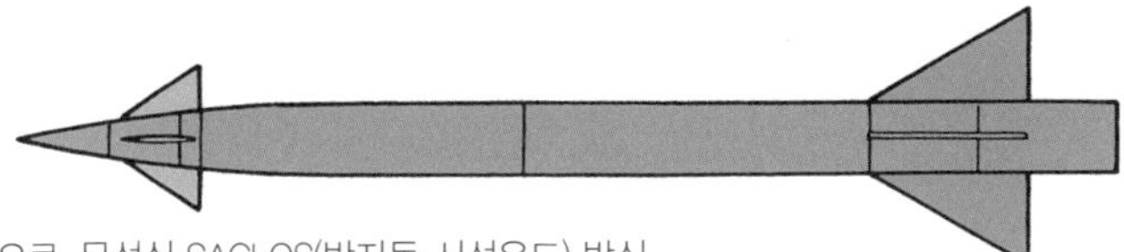

제2세대 휴대용 SAM으로, 무선식 SACLOS(반자동 시선유도) 방식.
전장 1.39m, 직경 7.6cm, 발사중량 11.1kg, 사거리 300~5500m.

▼ 스타버스트Starburst

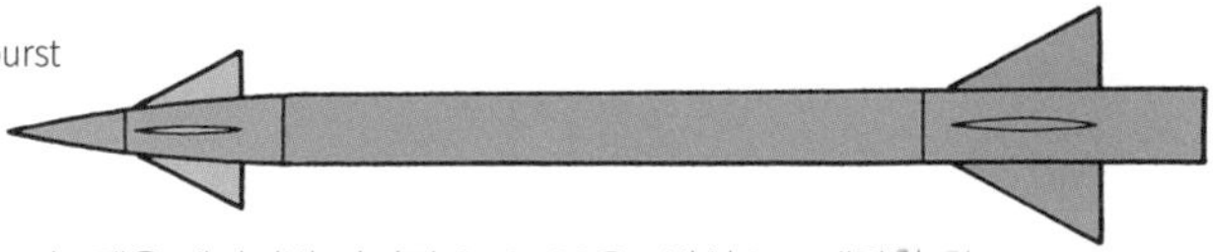

재블린을 바탕으로 유도시스템을 레이저빔 라이딩 SACLOS유도방식으로 개량한 것.
전장 1.39m, 직경 19.7cm, 발사중량 15.2kg, 사거리 500~4000m.

▼ 스타버스트 미사일 발사기

조준기 겸 유도장치
컨테이너 겸 발사관
(미사일의 전방안정날개를 접을 수 없기 때문에, 발사튜브의 앞부분이 굵어진 모습이다)

스타버스트의 발사기는 미사일을 수납한 컨테이너 겸 발사관, 조준 및 유도장치로 구성되어 있고, 야간에도 발사할 수 있도록 적외선암시시스템이 갖추어져 있다. 스타버스트에는 견착식 이외에도 차량탑재형, 함정탑재형 등의 파생형이 있다.

* MCLOS=Manual Command to Line of Sight의 약어. 사수가 표적을 조준기로 포착함과 동시에, 조이스틱으로 미사일의 유도조작을 실시할 필요가 있다.

16. 휴대용 지대공미사일(5)

레이저빔으로 유도하는 휴대용 SAM

많은 휴대용 SAM이 적외선유도방식을 채택하던 시기에, 보포스에서는 레이저빔 라이딩 SACLOS 유도방식의 미사일을 개발했다. 그것이 RBS-70으로, 1977년에 스웨덴 육군이 채택한 이래, 현재까지 20여개국 이상에서 채택하고 있다.

RBS-70은 중량이 80kg이상이기 때문에, 3명의 인원으로 조립 및 발사가 가능하다. 조립에서 발사하는데 필요한 시간은 1분 정도. 탄두는 고성능작약 및 파편효과식. 초기형 외에, Mk.1, Mk.2, BOLIDE, RBS 70 NG 등의 형식이 있고, 최신형인 RBS 70 NG는 유효사거리 220~9000m, 유효고도 5000m, 명중 및 파괴정확도는 90%이상이다.

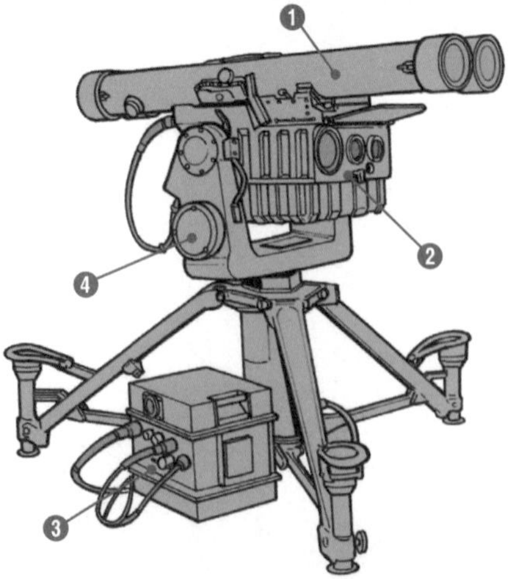
❶
❷
❸
❹

● RBS-90

1990년대 초에 등장한 *RBS-90은, 미사일의 크기(전장 1.32m, 직경 10.5cm)는 RBS-70과 같지만, 중량은 15kg에서 17kg으로 증가했다. 전천후형으로, 사거리 7000m, 유효고도 4000m, 비행속도 마하 1. 조작원이 직접 발사기의 조준 겸 유도장치를 사용해서 발사유도할 수 있지만, 통상적으로는 레이더로 복수의 발사기를 관제하는 방식으로 운용된다.

❶ 컨테이너 겸 발사튜브
❷ 조준 및 유도장치(암시추적기능 부가)
❸ 전원 유닛
❹ 발사기 거치대(원격조작 기능 부가)

* RBS-90=RBS-70의 성능향상형으로, 개발 당시는 RBS-70M이라고 불리웠다.

● 레이저 빔라이딩 SACLOS 유도방식

적외선유도방식은 *플레어Flare를 이용한 기만이나 악천후에 약하다는 단점이 있다. 레이저빔 라이딩 SACLOS 유도방식은 이러한 약점을 극복하기 위해 개발된 것으로, 조준장치로부터 표적을 향해 레이저빔(탄산가스레이저)를 연속적으로 조사, 발사된 미사일이 표적에 조사된 빔을 타고 비행명중하는 방식. 사수가 고속으로 이동하는 공중표적에 명중시키기까지 조준기로 지속 포착할 필요가 있기 때문에, 누구나 간단하게 다룰 수 있는 무기는 아니지만, 적이 미사일의 유도를 방해할 수단이 없다는 장점이 있다. 이러한 유도방식의 미사일은 현재 항공기에 있어서 큰 위협이다.

▼ 레이저빔라이딩 SACLOS 유도방식인 RBS-70의 조작

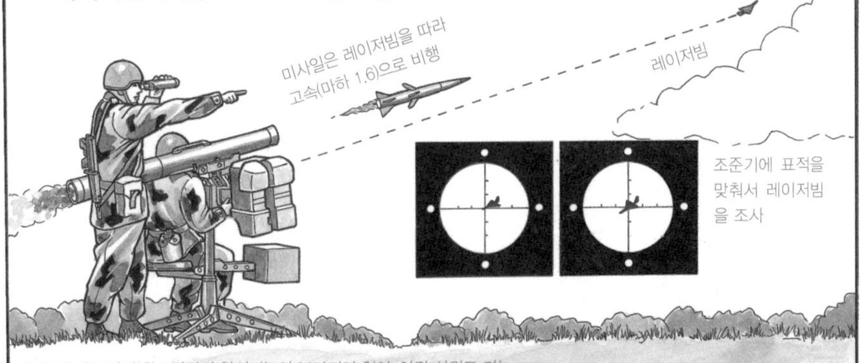
미사일은 레이저빔을 따라
고속(마하 1.6)으로 비행
레이저빔
조준기에 표적을
맞춰서 레이저빔
을 조사

조준 및 유도장치에는 적외선 암시기능이 부가되어 있어, 야간 사격도 가능

조준기로 표적을 포착하고, 조사버튼을 눌러 레이저빔을 표적에 조사하면, 미사일이 발사된다. 미사일은 조준장치로부터 조사되고 있는 레이저빔을 감지, 레이저빔이 지속적으로 조사되는 중에는 계속 빔을 따라 표적으로 유도된다.

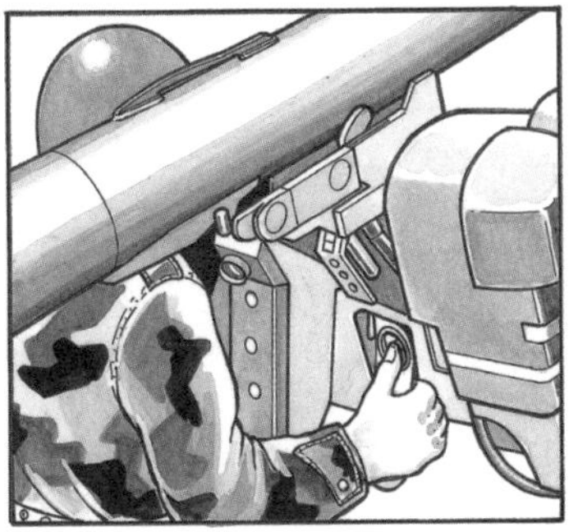

사수는 조준기 안에 표적을 포착하고, 레이저빔 조사 버튼을 지속 누른다.

표적이 비행코스를 변화시켜도, 조준기 내의 조준선에 표적을 지속 포착하고 있으면, 미사일이 자동적으로 진로를 수정한다.

미사일은 유도빔을 따라 표적을 추적, 근접한 곳에서 레이저 근접신관이 작동해서 폭발한다.

*플레어를 이용한 기만이나 악천후에 약하다 = 제3세대 적외선 유도식 미사일에는 적외선 기만에 대한 대비책이 마련되어 있지만, 그렇다고 완전히 기만에서 자유로운 것은 아니다.

17. 휴대용 지대공미사일(6)

보다 발전된 제3세대 휴대용 SAM의 특징

적외선 유도식의 휴대용 지대공 미사일 시스템으로, 제1세대가 FIM-43 레드아이나 9K32 스트렐라2의 초기 모델이었다면, 제2세대 미사일은 FIM-92 스팅어라고 할 수 있다.

그리고 제3세대에 해당하는 것이 바로 프랑스의 미스트랄이나 일본의 91식 지대공유도탄이다. 제3세대 미사일은 플레어 등, 적외선 기만에 대한 대비책이 갖추어져 있다는 특징이 있다.

미스트랄은 견착식이 아니라, 발사관을 거치대로 지지하는 방식이다. 미사일은 2단식 고체로켓모터로 비행하며 IR탐색기로 표적을 자동으로 추적 · 격추하도록 만들어졌다. 공격목표는 비행기, 헬리콥터, 대함미사일 등으로, 지금까지 600발 이상의 미스트랄이 발사되었으며, 명중률은 92%를 상회한다고 한다. 프랑스를 비롯한 유럽 각국과 아시아에서는 대한민국 등, 25개국에서 채택되고 있다. 프랑스군에서는 개량형인 M2도 배치되고 있다.

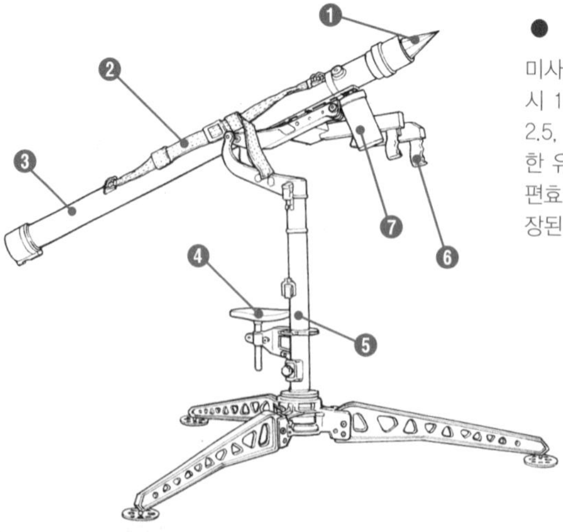
1
2
3
4
5
6
7

● 미스트랄

미사일 전장 1.8m, 직경 9cm (안정핀 전개시 18cm), 발사중량 18kg, 비행속도 마하 2.5, 사거리 5000m(헬리콥터를 대상으로 한 유효사거리 4000m), 고성능작약 및 파편효과탄두를 탑재(작약을 폭발시켜서 내장된 텅스텐 구슬을 비산시킨다).

❶ 미사일 (IR탐색기)
❷ 휴대용 멜빵
❸ 컨테이너 겸 발사관
❹ 사수용 의자
❺ 지지대
❻ 조작그립 및 조준장치
❼ BCU(배터리 및 냉각통)

적외선유도방식의 단점을 보완하기 위해 일본에서 개발된 것이 화상유도방식의 91식 지대공유도탄(SAM-2). 미사일 끝단에 CCD를 사용한 화상인식장치를 탑재하고, 탐색기에 표적의 형태를 기억시켜서 추적한다. 일본이 세계에 자랑하는 화상추적유도식 미사일로, 적외선유도기능도 병용되고 있다. 미사일 전장 1.43m, 직경 8cm, 발사중량 11.5kg, 사거리 약 5000m. 2007년부터 저공표적에 대한 공격이나 야간전투능력을 향상시킨 SAM-2B의 조달이 시작되었다고 한다.

❶IFF안테나 ❷개방스위치(활성화스위치. 미사일로의 전력공급이나 IR탐색기로의 냉각가스공급이 이루어짐과 동시에 자이로가 가동) ❸BCU(배터리 겸 IR탐색기의 적외선센서를 냉각하는 가스 냉각통) ❹그립 ❺방아쇠 ❻화상표시장치(가시광CCD가 포착한 표적의 가시광 이미지를 기억, 추적하는 가시광 이미지 유도 유도에 사용되는 조준장치) ❼조준장치(IR유도를 할 때 사용) ❽안전장치 ❾아이실드 ❿발사장치(컨테이너 겸 발사통) ⓫작동제어부 ⓬로켓모터 ⓭부스터(발사용)

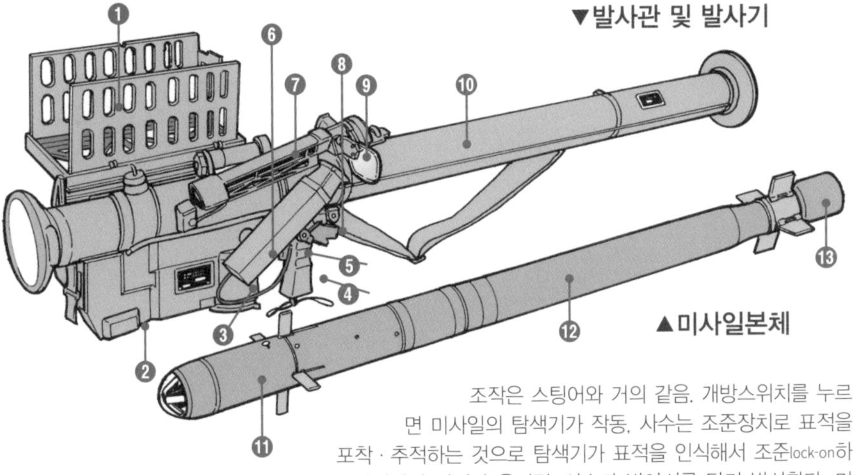
1
2
3
4
5
6
7
8
9
10
11
12
13

▼발사관 및 발사기

▲미사일본체

조작은 스팅어와 거의 같음. 개방스위치를 누르면 미사일의 탐색기가 작동, 사수는 조준장치로 표적을 포착 · 추적하는 것으로 탐색기가 표적을 인식해서 조준lock-on하며 이 상태에서 버저가 울리면, 사수가 방아쇠를 당겨 발사한다. 미사일은 부스터에 의해 사출되며, 사수의 안전이 확보되는 거리에 도달했을 때 로켓모터를 점화하여 비행한다. 최대속도는 마하 1.9. 신관은 착발식.

●91식 지대공유도탄

휴대용 SAM의 자주발사기가 탄생한 이유

1980년대에 저공침투능력이 높은 공격헬기가 출현하면서, 그때까지의 야전방공시스템(야전부대 추종형의 기동방공시스템)으로는 대처할 수 없게 되었다. 그래서 개발된 것이 휴대용 SAM 스팅어를 탑재하는 미 육군의 어벤져나, 일본 육상자위대의 93식 근거리지대공유도탄 등과 같은 자주발사기였다. 이것은 미사일의 사거리보다도 기동성이나 즉응성이 더 요구되기 때문이다.

알비스 스토머 장갑차에 스타스트릭 지대공미사일을 탑재한 영국육군의 스토머 HVM

고기동차를 개조, 91식 지대공유도탄 4연장 발사기 2기를 탑재한 일본의 93식 근거리 지대공유도탄. 발사 직후, 부스터가 분리되고 있다.

● 어벤저 야전방공시스템

전선 후방에서의 야전방공이나 중장비 운용이 어려운 공수부대 등의 방공무기로 미 육군이 채택한 것으로, M998 험비에 스팅어 4연장 발사기를 2기 장착한 선회식 터릿을 탑재했다. 차량 자체는 장갑 방어력이 거의 없지만, 기동력은 우수하다. 전투의 기본단위가 되는 방공소대는 어벤져 6량과 지휘차 1량으로 편성된다.

어벤져가 스팅어를 발사한 순간. 일본 자위대의 93식 근거리 지대공유도탄과 비슷하지만, 93식과 달리 발사기 터릿 안에 사수가 들어가는 구조이다.

회전식터릿
(회전은 매초 60도,
내부에 조작원이
들어간다)
4연장 스팅어미사일발사기
(미사일 4기 수납. 발사기의
부앙각은 마이너스 10~70도)
50 M3P
12.7mm
기관총수납부
조준장치
(광학 및 적외선조준방식)
데이터입력장치
차종은 M998 험비
미사일발사
원격조작용
리모콘 장치

통상은 미사일발사기 사이에 설치된 사수석에서 발사 조작하지만, 그럼처럼 미사일발사 원격조작용 리모콘 장치로, 차량으로부터 최대 50m 떨어진 장소에서도 발사할 수 있다.

19. 다연장로켓탄발사기(1)

로켓탄의 장점과 단점은 표리일체

야전포병 무기체계의 하나로, 최근 자주포보다 2배 이상의 사거리와 파괴력을 가진 다연장로켓시스템은, 1991년 걸프전쟁에서 M230 *MLRS가 큰 활약을 보인 이래, 큰 주목을 받아, 오늘날에는 러시아의 구경 300mm급 다연장로켓시스템인 9A52-2 스메르치Смерч, 회오리바람 BM-30처럼 대형화된 것도 개발되고 있다.

다연장로켓은 발사한 로켓탄 자체가 비행할 수 있도록 추진력을 발생시킬 수 있는 로켓모터를 가진다. 로켓모터는 연료와 산화제를 섞어서 고형화한 고체추진제를 금속제 통상케이스에 수납한 것으로, 로켓탄은 그 끝단에 탄두를 장착한 것이다(케이스의 후미부분에는 효율이 좋은 추진제를 연소시켜 추진력을 낼 수 있도록, 연소가스를 방출하는 구멍과 노즐이 설치되어 있다).

로켓탄은 그 자체가 로켓모터의 연소에 의해 비행해 가기 때문에, 화포처럼 발사 시의 강렬한 충격과 반동이 없고, 발사기도 화포처럼 튼튼하지 않아도 좋다. 발사 시에 로켓탄을 지탱하고, 탄의 발사방향만 잡아줄 수 있다면 레일이건 단순한 금속제의 통이건 상관이 없는 것이다. 하지만 화포는 그렇지 않다. 포신 안에서 발사약(장약)을 연소시켜 운동에너지를 포탄에 전달해 주지 않으면 안 되기 때문이다. 때문에 포신은 강렬한 압력에 견딜 수 있도록 튼튼하게 만들 필요가 있으며, 무

사진은 폴란드의 자주다연장로켓탄 발사기 WR-40 Langusta로, 러시아제 BM-21 Grad의 파생형으로, 폴란드제 6륜 트럭에 40연장 122mm 로켓발사기와 사격통제장치를 탑재한 사양이다. BM-21는 세계적으로 널리 사용되고 있으며, 각국에서 수많은 파생형이 만들어지고 있다.

* MLRS=Multiple Launch Rocket System의 약자. * 로켓포=로켓발사기와 화포는 엄밀히는 다른 것이지만, 러시아군(구 소련)에서는 로켓포라고 부르고 있다. 또한 구 일본군은 로켓탄 발사기를 분진포噴進砲라 호칭했다.

96-6002

미 육군이 개발한 M270 MLRS는 세계 각국에서 채용되었는데, 일본 육상자위대에서는 1992년, 대한민국 육군의 경우에는 1998년부터 도입이 시작되었다. 일본의 경우에는 발사기 차량을 면허생산하고 있다고 한다(단, 한국과 달리 로켓 탄약은 미국에서 구입). 전장 7.6m, 전폭 2.97m, 전고 32.6m, 중량 2만 4756kg, 최대속도 시속 64km

겁고 복잡해진다.

다연장로켓은 화포보다도 간단한 구조로, 보다 큰 구경의 로켓탄을 만들 수 있으며 이를 통해 탄두의 중량을 크게 늘려 파괴력의 증대를 노릴 수 있다. 또한 생산비용도 훨씬 저렴하다.

하지만, 이러한 다연장로켓(다른 로켓포도 포함)의 장점은 모순적이지만 단점이 되기도 한다. 발사된 로켓탄은, 화포의 포탄에 비교해서 발사속도 · 비행속도가 느리고 풍압면적도 크다. 달리 말하면 명중 정확도가 화포보다 나쁘다. 화포의 경우, 명중 정확도를 올리기 위해서는 사격을 위한 복잡한 산정작업(사격 전에 화포를 조절하기 위해서 제원데이터를 계산)이 필요하지만, 다연장로켓이 화포와 같이 복잡한 절차를 밟아 조준을 한다고 해도 그 성과는 거의 기대할 수 없다.

또한, MLRS와 같은 특수한 다연장로켓을 제외하고, 일반적으로는 화포와 비교해서 다연장로켓의 사거리는 짧다. 화포의 최대사거리는 30km정도이고, 다연장로켓은 최대 20km정도, 유효 사거리는 10km정도이다.

227mm 로켓탄을 발사하는 미군의 M270 MLRS.

20. 다연장로켓탄발사기(2)

화포와 로켓탄은 각기 다른 역할을 맡는다.

다연장로켓의 최대 장점은 짧은 시간동안에 대량의 화력을 집중 투사할 수 있다는 점이다. 공격목표가 되는 어느 일정 지역에 얼마만큼의 탄을 투사할 수 있는지를 뜻하는 단어로 화력Fire power이라는 말을 쓰게 되는데, 「탄두중량×연장발사수」 혹은 「시간당 몇톤」이라는 양으로 표현된다. 이것은 화포의 경우도 같다. 예를 들어 화포라면 155mm 클래스의 곡사포로 분당 6~8발까지 발사 가능한 것이 고작이지만, 다연장로켓이

●다연장로켓과 화포의 차이는?

높은 정확도와 긴 사거리로 화력을 지속적으로 제공하는 것이 화포의 운용목적이라면, 다연장로켓은 대량의 포탄을 단시간에 일정 지역에 투사하는 것에 있다. 그림은 제2차 세계대전 당시, 독일군 야전포병의 주력이었던 15cm sFH18 견인식 곡사포와, 거의 같은 구경의 15cm *Nb41 다연장로켓탄 발사기의 비교이다.

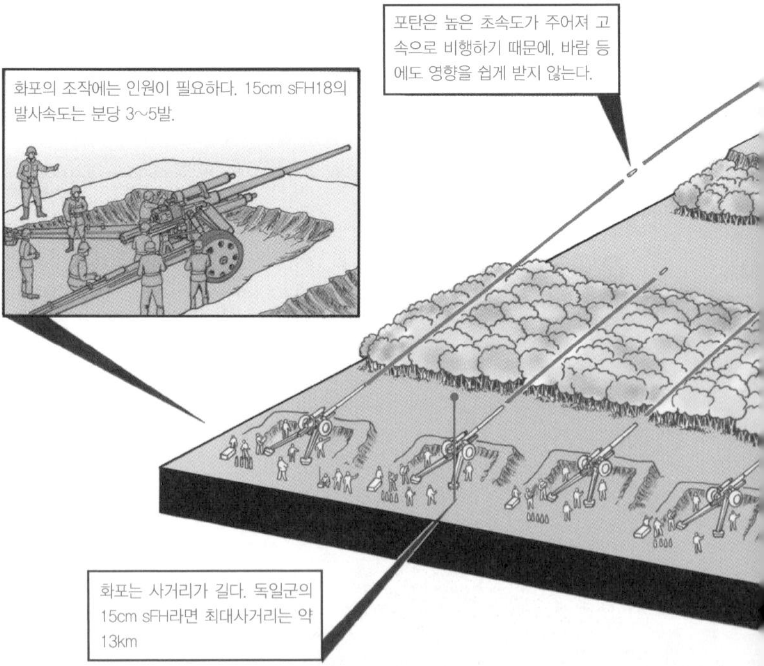
포탄은 높은 초속도가 주어져 고속으로 비행하기 때문에, 바람 등에도 영향을 쉽게 받지 않는다.
화포의 조작에는 인원이 필요하다. 15cm sFH18의 발사속도는 분당 3~5발.
화포는 사거리가 길다. 독일군의 15cm sFH라면 최대사거리는 약 13km

* NbW4=네벨베르퍼Nebelwerfer의 약칭으로 여러 종류가 개발 · 배치되었다.

라면 40연장 발사기라도 *일제사격을 실시했을 때, 모든 탄을 발사하는데 1분도 채 걸리지 않는다.

그러나 다연장로켓은 탄도가 불안정하고, 발사된 로켓탄은 일정한 범위 내에서 여기저기 흩어져 착탄하도록 되어 있다. 일반적인 화포처럼 정확도를 노리는 것이 아니라, 다수의 로켓탄을 투사하여, 일정 지역을 제압하는데 사용되는 것이다.

화포가 높은 명중 정확도를 가지고 지속적으로 전장의 제압에 사용된다고 하면, 다연장로켓은 순간적으로 많은 화력을 투사하여 선제 공격이나 역습을 위해 집결 중인 적 부대 격멸에 사용되는 식으로 보완적 성격을 지닌다.

긴급한 전투상황에 투입되어, 단시간에 대량의 화력을 투사하고 국지적인 지역을 제압하는 것이, 다연장로켓의 임무라고 말할 수 있다.

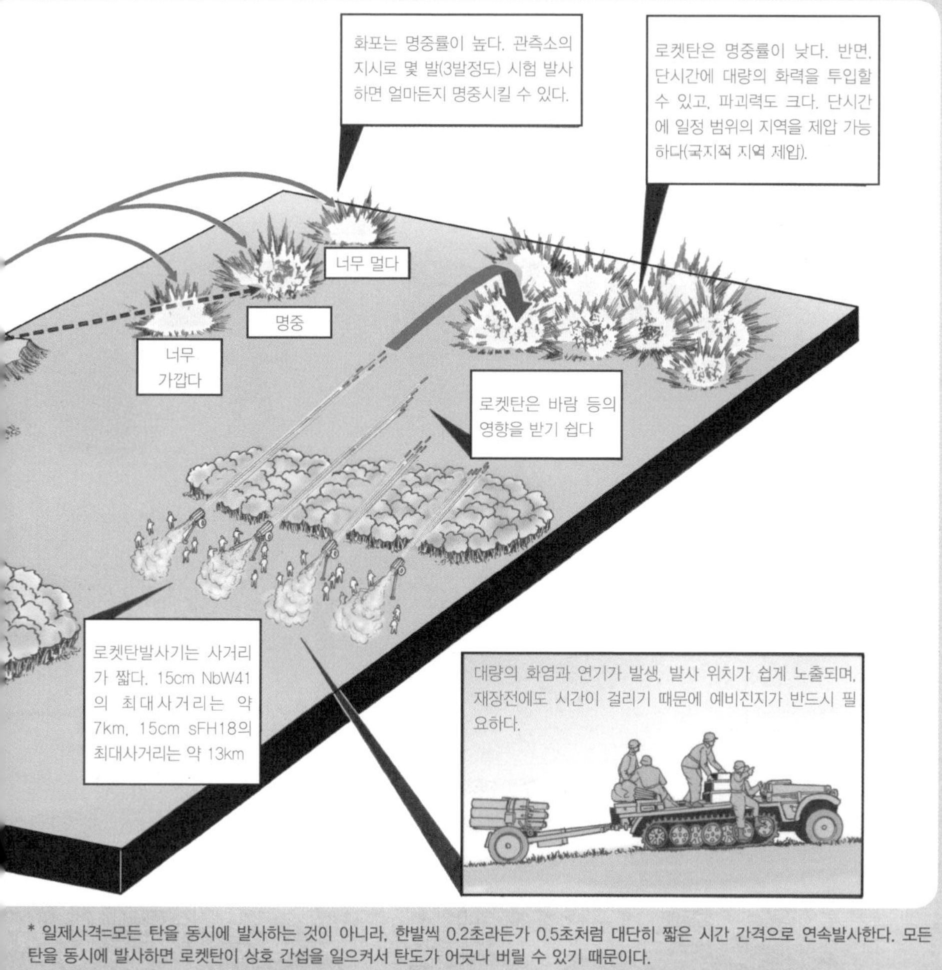
화포는 명중률이 높다. 관측소의 지시로 몇 발(3발정도) 시험 발사하면 얼마든지 명중시킬 수 있다.
로켓탄은 명중률이 낮다. 반면, 단시간에 대량의 화력을 투입할 수 있고, 파괴력도 크다. 단시간에 일정 범위의 지역을 제압 가능하다(국지적 지역 제압).
너무 멀다
명중
너무 가깝다
로켓탄은 바람 등의 영향을 받기 쉽다
로켓탄발사기는 사거리가 짧다. 15cm NbW41의 최대사거리는 약 7km, 15cm sFH18의 최대사거리는 약 13km
대량의 화염과 연기가 발생, 발사 위치가 쉽게 노출되며, 재장전에도 시간이 걸리기 때문에 예비진지가 반드시 필요하다.

* 일제사격=모든 탄을 동시에 발사하는 것이 아니라, 한발씩 0.2초라든가 0.5초처럼 대단히 짧은 시간 간격으로 연속발사한다. 모든 탄을 동시에 발사하면 로켓탄이 상호 간섭을 일으켜서 탄도가 어긋나 버릴 수 있기 때문이다.

21. 다연장로켓탄발사기(3)

다연장로켓의 약점을 보완하는 전투 방법

다연장로켓이 단시간에 대량의 화력을 투사할 수 있다고 해도, 그것은 연속적인 것이아니다. 일제사격으로 발사기에 장전해 있던 다수로켓탄을 발사할 수 있지만, 한번 발사해 버리면 다음 발사까지 꽤 시간이 걸린다. 로켓탄을 인력으로 1발씩 발사기에 장전하는 경우는 물론이고, 장전장치를 사용하고 있다고 해도 다음 발사까지는 수 분 이상이 걸린다.

게다가 로켓탄은 1발이라도 발사하면 대량의 화염과 연기를 발생시킨다. 다수의 로켓탄을 일제사격하면, 그 섬광과 연기의 양은 엄청나다. 이는 자신의 위치가 적에게 드러난다는

1970년대에 체코슬로바키아가 개발한 자주다연장로켓 RM-70은 122mm 40연장 로켓발사기와 재장전장치를 탑재한 것이 특징. 첫 번째 일제사격 후, 캐빈과 발사기 사이에 적재되어 있던 예비 로켓탄을 2분만에 장전해서 2번째 일제사격을를 할 수 있다.

남아프리카 공화국의 데넬에서 1980년대에 개발한 자주다연장로켓. 6륜구동 사밀SAMIL 트럭(차체하부에 지뢰 방어 대책이 갖춰져 있다)에 40연장로켓탄 발사기를 탑재, 장기간에 걸친 연속작전능력이 있다. 발사하는 127mm 로켓탄은 최대사거리 22km, 8500개의 강구가 들어가 있고, 1발당 1500㎡의 범위까지 확산된다. 작전 시에는 재장전용 로켓탄을 적재한 지원차량이 동행한다.

●발키리Valkiri 자주 다연장로켓 발사기

것을 의미하며, 곧바로 반격을 받을 수도 있다. 따라서, 다연장로켓은 사전에 다음 사격진지를 설치해 두고, 로켓탄 사격직후 이동, 다음 진지에서 다음 탄약의 장전과 발사(혹은 전혀 다른 지역으로 진출)하는 운용법이 채택되어 왔다.

로켓탄 성능이 향상되고 다연장로켓에 다양한 임무가 부여되면서 가격급등은 물론, 본래의 장점이 크게 퇴색된 것은 사실이나, 다연장로켓 특유의 순간 제압능력에 대한 수요는 어전하기에, 상대적으로 저가인 다연장로켓발사기의 개발도 진행되고 있다. 사진은 브라질의 Avibras에서 개발한 ASTROS.

22. 다연장로켓탄발사기(4)

러시아의 대구경 자주다연장로켓

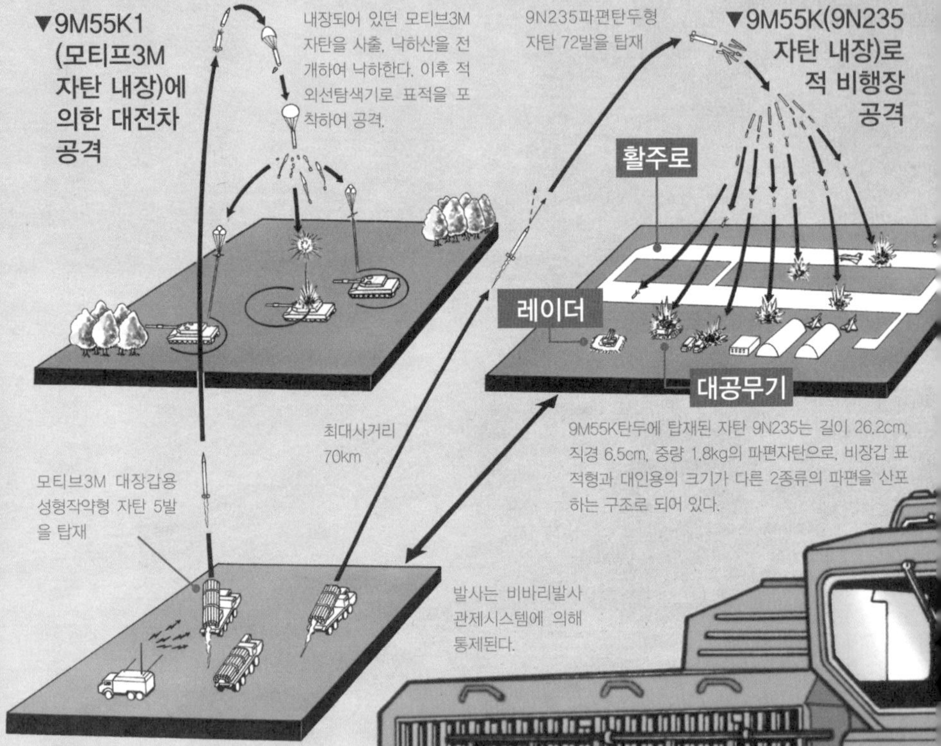
▼9M55K1
(모티프3M
자탄 내장)에
의한 대전차
공격
내장되어 있던 모티브3M
자탄을 사출, 낙하산을 전
개하여 낙하한다. 이후 적
외선탐색기로 표적을 포
착하여 공격.
9N235파편탄두형
자탄 72발을 탑재
▼9M55K(9N235
자탄 내장)로
적 비행장
공격
활주로
레이더
대공무기
9M55K탄두에 탑재된 자탄 9N235는 길이 26.2cm,
직경 6.5cm, 중량 1.8kg의 파편자탄으로, 비장갑 표
적형과 대인용의 크기가 다른 2종류의 파편을 산포
하는 구조로 되어 있다.
최대사거리
70km
모티브3M 대장갑용
성형작약형 자탄 5발
을 탑재
발사는 비바리발사
관제시스템에 의해
통제된다.

《모티브3M 자탄》

모티브3 M자탄에는 원통형 인 폭탄본체의 우측에, 표적을 탐지하기 위해 적외선탐색기가 붙어 있다.

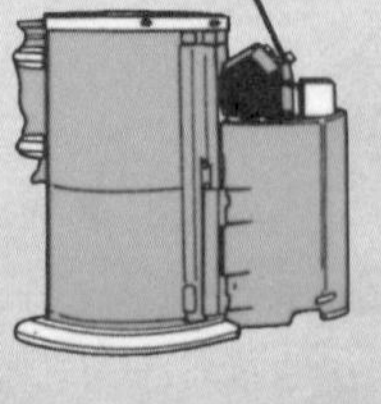

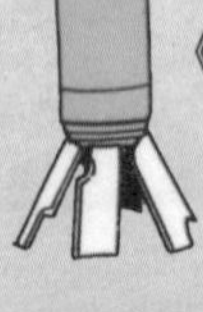

《9N235 파편자탄》

8륜구동인 *MAZ543A 트럭에 300mm 로켓탄 12발의 발사기를 탑재한 러시아가 자랑하는 자주식다연장발사기가 9A52-2 스메르치이다. 발사하는 9M55로켓탄은 내장식 *비행제어시스템에 의해 종래의 무유도로켓보다도 착탄점을 집중시킬 수 있고, 명중 정확도도 3배나 향상되었다고 한다.

로켓탄에는 9M55K탄두(비장갑 표적용), 9M55K1탄두(장갑 표적용), 9M55F탄두(경장갑 표적용 파편탄)의 3종류를 탑재가능. 셋 모두 발사 후 2분 내에 자폭하는 시한장치가 붙어 있다.

* MAZ543A트럭=20톤 급의 대형트럭으로, 탄도미사일의 이동플랫폼으로 사용되기도 한다.
* 비행제어시스템=스핀안정방식으로 탄도를 안정시키는 로켓탄이지만, 부스터연소 중 가스분사장치로 종방향과 횡방향의 자세제어를 실시, 궤도를 수정할 수 있다.

▼9A52-2 스메르치 M

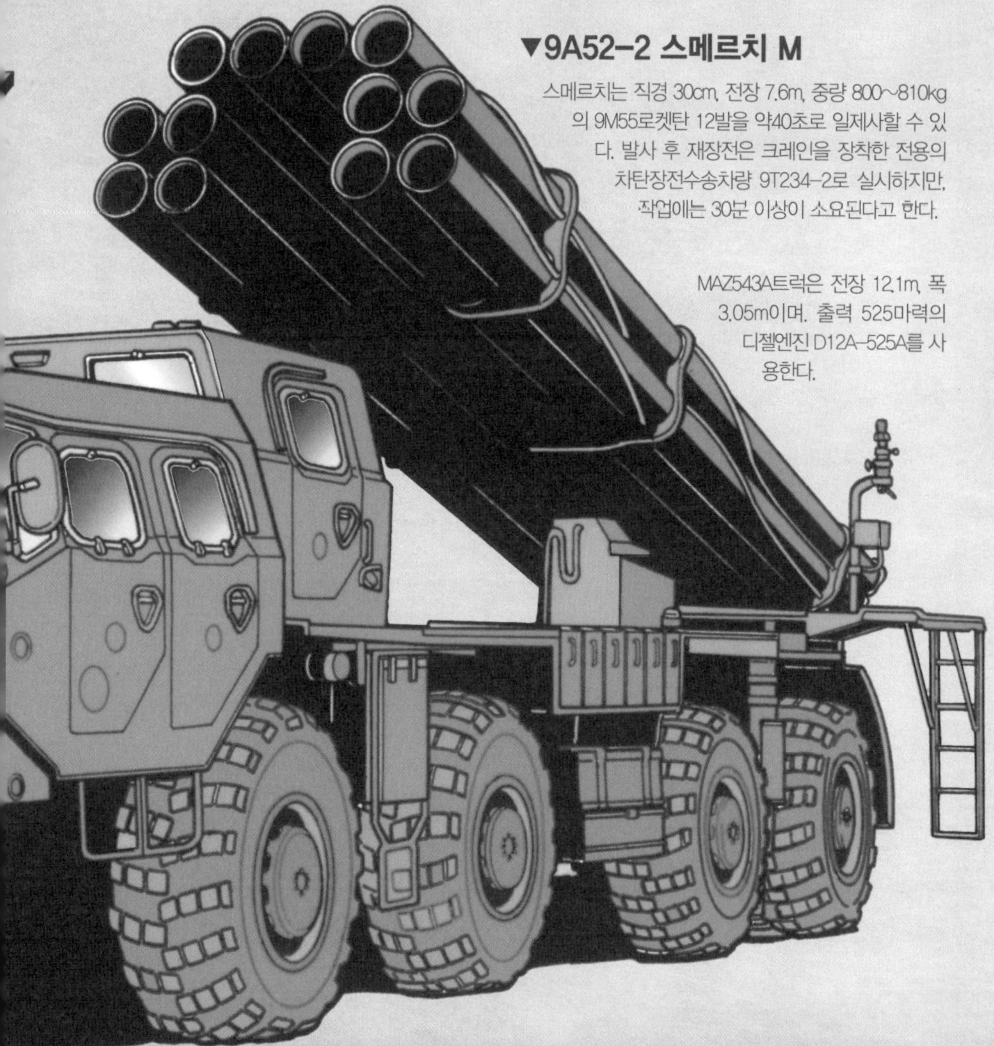

스메르치는 직경 30cm, 전장 7.6m, 중량 800~810kg의 9M55로켓탄 12발을 약40초로 일제사할 수 있다. 발사 후 재장전은 크레인을 장착한 전용의 차탄장전수송차량 9T234-2로 실시하지만, 작업에는 30분 이상이 소요된다고 한다.

MAZ543A트럭은 전장 12.1m, 폭 3.05m이며, 출력 525마력의 디젤엔진 D12A-525A를 사용한다.

23. 다연장로켓탄발사기(5)

MLRS가 발사하는 보다 발전된 로켓탄

다연장로켓의 공격대상은 역습이나 공격을 위해 집결하는 적 부대로, 주로 비장갑 혹은 보병부대였다.

그러나, 공격표적이 충분한 장갑 방어력을 갖추었다면 생각대로는 되지 않는다(오늘날에는 보병조차 장갑차량으로 이동한다). 기갑부대에 효과적인 타격을 주기 위해서는, 대장갑 탄두를 탑재하고, 적의 화력이 도달하지 않는 장사정이 요구된다. 이를 위해 사용하는 로켓탄은 보다 대구경으로 위력있는 탄두를 탑재하게 되었는데, 로켓탄 자체의 대형화는 다연장로켓의 연장수 감소로 이어졌다. 이렇게 되면 로켓탄 자체의 명중률을 향상시켜서 1발당 유효성을 높일 수 밖에 없다.

로켓탄에 그다지 높은 명중률을 기대할 수 없다면, 탑재하는 탄두를 성능개량해서, 줄어든

● ATACMS(육군전술미사일시스템)

ATACMS는 MLRS의 위력증대와 사거리의 연장을 겨냥해 개발된 로켓탄. Block ⅠA는 사거리 165km로 관성유도시스템을 장착. 게다가 Block ⅡA에서는 사거리가 300km로 대폭 증대됨에 따라, 명중률의 저하를 방지하기 위해 GPS가 도입되고 있다. 유도시스템을 장착한다는 점에서 로켓탄이라기보다는 미사일에 가깝다. Block ⅠA는 탄두부에 M-74자탄을 950개 탑재. 이 미사일 1기로 500㎡에 M-74를 산포할 수 있다. Block Ⅱ는 이동중인 적전차나 장갑차량을 공격 · 격파하기 위한 무동력활공형인 유도자탄 *BAT(Brilliant 대장갑 자탄)을 탑재(BAT자탄 13발 탑재, 최대사거리 140km). 그 사거리를 최대 300km으로 연장한 것이 Block ⅡA이다.

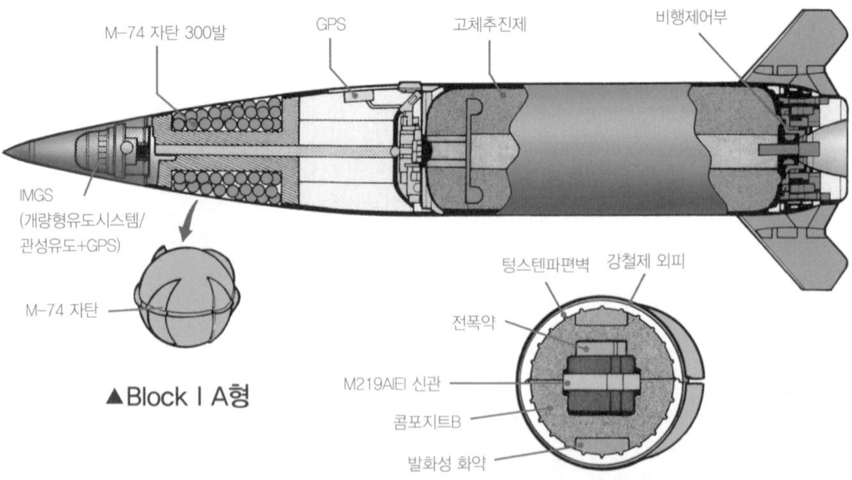
M-74 자탄 300발
GPS
고체추진제
로켓노즐 및
비행제어부
IMGS
(개량형유도시스템/
관성유도+GPS)
M-74 자탄
텅스텐파편벽
강철제 외피
전폭약
M219AIEI 신관
콤포지트B
발화성 화약

▲Block Ⅰ A형

*BAT = Brilliant Anti-Tank의 약어.

명중탄만큼의 파괴력과 떨어지는 명중률을 커버하기 위한 노력이 경주되었다. 예를 들면 탄두에 장갑 관통력을 가진 자탄을 다수 장착하고, 그것을 표적 상공에 확산하면, 상대가 기갑부대라도 넓은 지역을 적은 수의 로켓탄으로 커버할 수 있다. 이러한 발상에서 탄생된 것이 미군의 M270 MLRS이다.

1991년 걸프전쟁에서 MLRS로부터 발사된 M-26로켓탄의 위력은 이라크군을 공포에 빠뜨렸다. 그 MLRS가 현재 탑재하고 있는 것이 *ATACMS(육군 전술 유도탄 체계)이다.

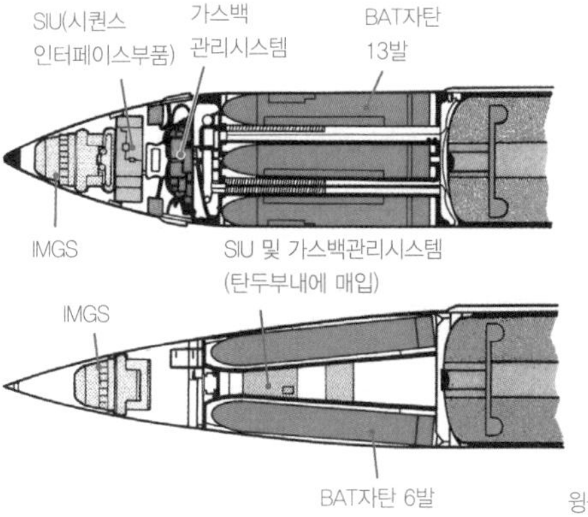
SIU(시퀀스
인터페이스부품)
가스백
관리시스템
BAT자탄
13발
IMGS
SIU 및 가스백관리시스템
(탄두부내에 매입)
IMGS
BAT자탄 6발

▼Block II 및 IIA형

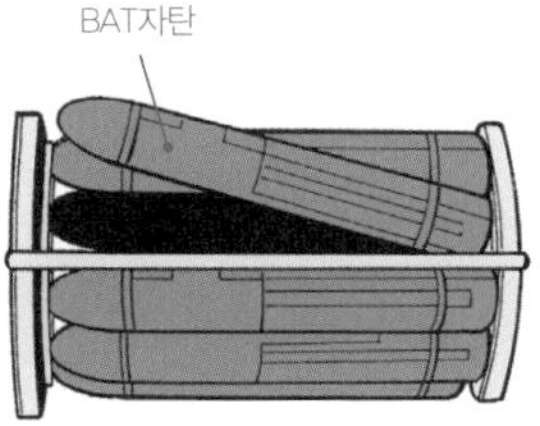
BAT자탄

▼BAT자탄(날개 전개 시)

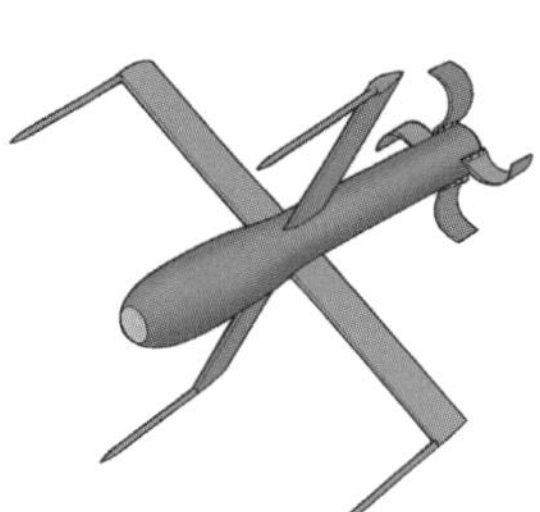

▼BAT자탄의 구조

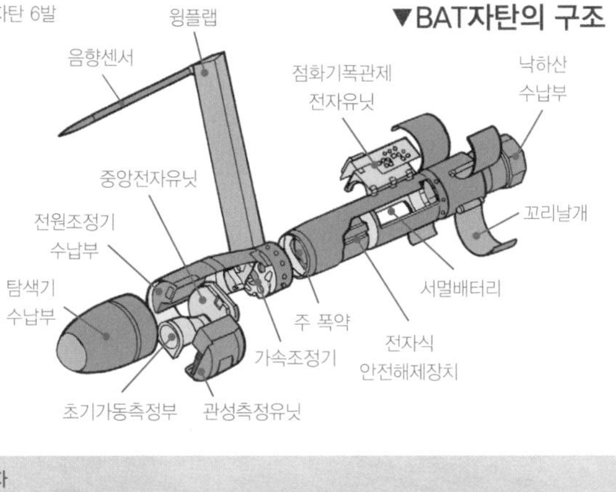
윙플랩
음향센서
점화기폭관제
전자유닛
낙하산
수납부
중앙전자유닛
꼬리날개
전원조정기
수납부
탐색기
수납부
서멀배터리
주 폭약
전자식
안전해제장치
가속조정기
초기가동측정부
관성측정유닛

* ATACMS=Army Tactical Missile System의 약자

24. 다연장로켓탄발사기(6)

HIMARS는 소형경량의 염가판 MLRS

MLRS처럼 강력한 원거리 화력투사능력을 *긴급전개부대에 부여한다는 개념 하에, 1998년부터 시험적으로 운용이 개시된 것이 *HIMARS(고속기동용 포병로켓시스템)이다. 전차와 같이 강력한 기동화력을 보유하기 어려운 긴급전개부대를 위한 무기체계인 HIMARS는, 범용성이 높은 *C-130수송기에 탑재해서 세계 어디라도 즉각 전개할 수 있도록 설계되어 있다. HIMARS는 미 육군이 1990년대 후반에 채택한 *FMTV(중형전술차량계열) 5톤트럭에 발사기를 탑재한 것으로, MLRS와 동등한 원거리 화력투사능력을 지니면서 생산비용도 운용비도 훨씬 저렴하다. 다연장로켓의 본래 모습으로 돌아온 무기라고 말할 수 있다.

● HIMARS의 내부배치

❶캐빈(승무원보호용 장갑이 갖추어져 있다 ⓐ사수 ⓑ조종수 ⓒ차장 ⓓ무선기 및 사격통제장치 등 전자장치) ❷라디에이터 ❸캐터필러3126 엔진(290마력) ❹프런트서스펜션 ❺앨리슨 MD3070 트랜스미션 ❻트랜스퍼 ❼에어필터 및 에어인테이크(엔진용 흡기장치) ❽유압용 액체 컨테이너 ❾에어탱크 ❿수납스페이스 ⓫프로펠러샤프트 ⓬리어서스펜션

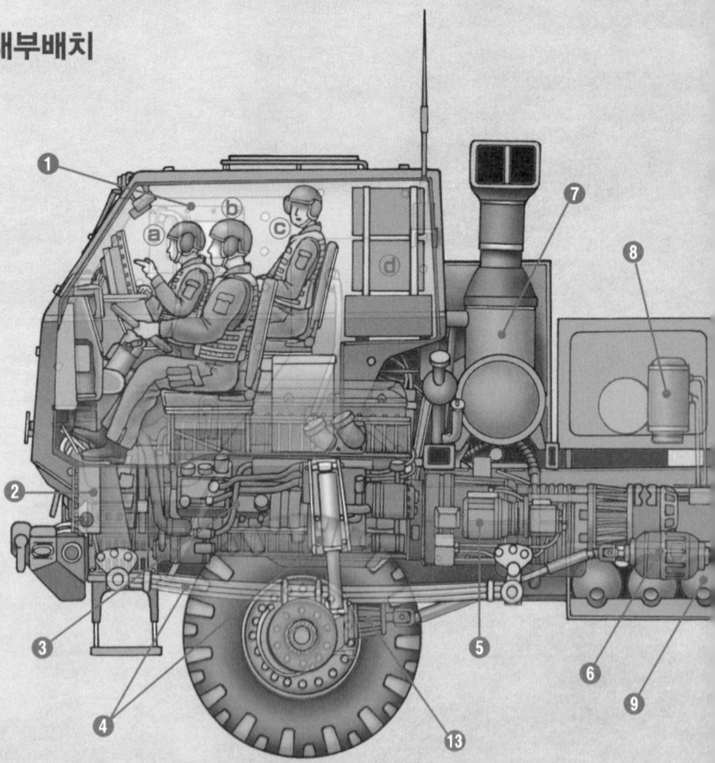

1
2
3
4
5
6
7
8
9
13
a
b
c
d

* 긴급전개부대=공수사단, 경보병사단, 해병대 등, 해외의 분쟁이나 전쟁에 긴급하게 전개 · 배치되는 부대.
* HIMARS=High Mobility Artillery Rocket System의 약자. 「하이마스」라고 불리운다.
* C-130수송기=차체중량이 무거운 MLRS는 C-130에는 탑재할 수 없어, 대형수송기가 필요하게 된다.
* FMTV=Family of Medium Tactical Vehicles의 약자

▼HIMARS

전장 7m, 전폭 2.4m, 전고 3.2m, 중량 1만 3700kg, 최대속도 시속100km, 최대행동반경 480km. 탑재하는 로켓발사장치는 MLRS로 운용가능한 각종 로켓과 미사일(ATACMS를 포함한 *MFOM라고 불리는 무기군)을 모두 발사할 수 있다. 단, 탑재할 수 있는 로켓탄의 컨테이너는 1개뿐. 사거리를 비밀로 하기 때문에 컨테이너는 M-26로켓탄용 컨테이너를 사용하여, M-26로켓탄이 탑재되어 있는지 ATACMS이 탑재되어 있는지 알 수 없도록 되어 있다.

⑩
⑪
⑫
⑬
⑭
⑮
⑯
⑰
⑱

⑬디퍼런셜기어 ⑭발사기 회전대 ⑮회전용 모터 ⑯ATACMS ⑰발사장치 기동용 액츄에이터 ⑱로켓발사장치(MLRS의 M-26로켓탄이나 ATACMS 등을 발사할 수 있다)

* MFOM=MLRS Family Of Munition rockets and artillery missiles의 약자

25. 다목적미사일탑재차량

숨은 채 전차나 헬기를 공격할 수 있는 차량

발사지점이 발각되지 않게 적의 기갑부대나 헬기를 공격할 수 있다면, 지상전에서 대단히 유리하다. 그것을 실현한 것이 미사일 탑재차량이다.

●*FOG(광섬유유도)미사일

미사일의 후미에 이어진 광섬유케이블로 비행을 제어한다
CCD-TV센서
미사일의 끝에 설치된 CCD-TV센서의 영상(위치정보를 GPS와 INS로 보완한다)을 보면서 오퍼레이터가 미사일을 조종하기 때문에 명중 정확도가 높다.
MGM-157의 최대사거리는 15km으로, 적 시인거리 밖에서 공격 가능하다.
오퍼레이터가 조종할 수 있도록 시속 360km와 비교적 느린 속도로 비행
미사일의 조종은 영상을 보면서 조이스틱으로 실시한다

미국이 개발한 FOG미사일은, 영상전달유도 방식의 대전차미사일이다. 이동발사 플랫폼인 차량으로부터 발사된 FOG미사일은, 끝에 탑재한 TV카메라(혹은 적외선영상장치)로 촬영한 영상을 광섬유케이블로 송신하는 방식으로 조작원이 유도한다.

이 유도방식에는 표적을 시각으로 인지하기 어려운(반대로 말하면 적이 이쪽을 시각으로 인지할 수 없는) 곳에서도 공격 가능하다는 장점이 있어, 사거리가 긴 대전차미사일이나 대공미사일 등에 사용되었다. 미 육군은 1990년대 후반, 험비에 MGM-157미사일을 탑재, *EFOGM으로 운용했으며, 일본의 96식 다목적탄 유도시스템도, 이와 같은 방식이다.

* FOG=Fiber Optic Guidance의 약자 * EFOGM=Enhanced Fiber Optic Guided Missile의 약자

● 대전차/대공격헬기 전투차량

사진은 서독 육군(당시)이 1980년대 중반에 개발했던 대전차/대공격헬기 전투차량 「기라페Giraffe, 기린」. 레오파르트1 전차의 차체에 미사일발사기 4기를 장착한 크레인을 탑재하고 있다. 차체를 수목 등의 차폐물 뒤에 숨기고, 크레인만을 나무 위로 아슬아슬하게 올려, 적이 접근해 오면 미사일을 발사해서 공격한다는 구상이었다. 이 차량과 같은 생각으로 시험제작된 것이 선회하는 터릿을 장착한 크레인을 8륜 트럭에 탑재한 *EPAL이다. 터릿에 HOT미사일 4기를 탑재, 조준시스템은 Bo105/PAH-1대전차헬기와 같은 것을 장착하고 있다.

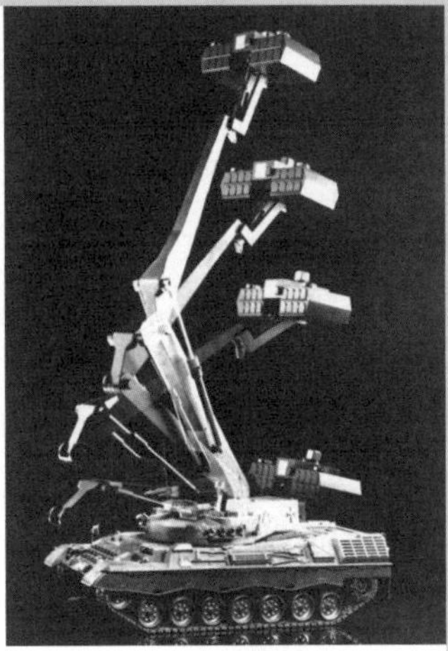

▼EPLA 터릿 내부

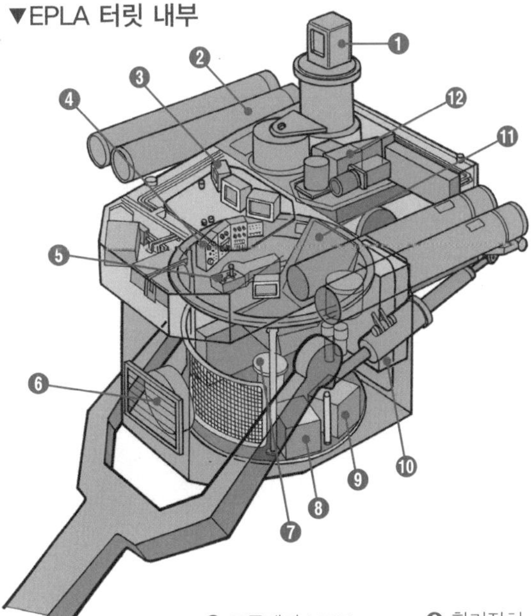

크레인 암을 신축, 터릿을 나무나 건물 위로 올려 공격하며, 공격 기회가 올 때까지는 터릿을 차폐물 뒤에 숨길 수 있도록 되어 있다.

❶ 조준페리스코프
❷ HOT미사일
❸ 페리스코프
❹ 포탑 및 미사일 발사 조작 패널
❺ 미사일유도장치
❻ 환기장치
❼ 터릿선회모터
❽❾ 전자장치
❿ ABC방호장치
⓫ 사수석
⓬ 조준 및 발사장치

CHAPTER 2

Anti-air Missiles

제2장

대공미사일

지상군에 있어 가장 큰 위협이 되는 것은 항공기이다.
공중에서 3차원 운동을 하는 항공기를 포격으로 격추하는 것은
어려운 일로, 이것은 수상함정도 마찬가지이다.
대공미사일은 바로 이런 이유에서 탄생한 것으로,
항공기의 우월성을 크게 약화시킨 무기라고도 말할 수 있을 것이다.
이번 장에서는 대공무기로서의 미사일을 해설하도록 하겠다.

01. 지대공미사일(1)

적기를 공격하는 대공미사일의 중요성

지상군에 있어 항공기(미사일도 포함해서)는 *큰 위협이고, 그것은 전차나 장갑차량의 기동력과 방어력이 향상된 현대에도 변함없는 사실이다.

강력한 무기를 장착하고 하늘로부터 고속으로 습격해 오는 공격헬기나 대지공격기 앞에,

●SAM의 종류와 역할

SAM의 종류에는 ①휴대용 SAM(보병 단독 조작가능한 지대공미사일), ②저고도방공용SAM(아군 레이더탐지를 피해 저공 침입한 적기에 대응하는 지대공미사일. 저고도에서 높은 기동력을 발휘하는 공격기나 공격헬기에 대응 가능한 속도와 정확도, 신속 전개능력이 요구된다), ③중 · 고고도방공용SAM(요격기를 보완하는 지대공미사일. 요격기가 고고도로 침입한 적기에 대응하기까지의 간격을 커버하는데, 최근에는 항공기 요격보다 탄도미사일 요격 임무로 주목을 받고 있다)로 크게 구분할 수 있다. 오른쪽 그림은 각각의 운용상 구분을 나타내고 있다.

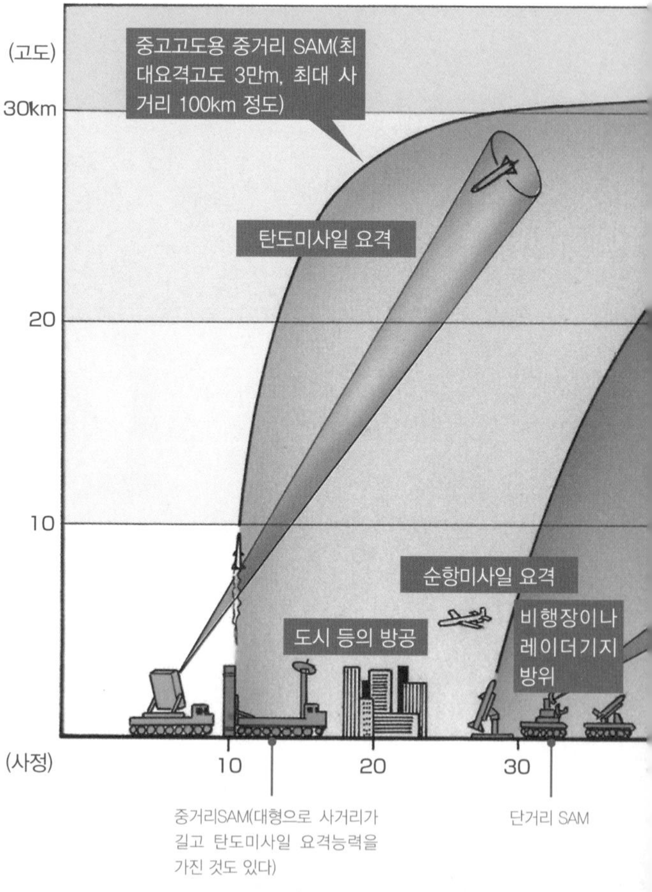
(고도)
30km
20
10
(사정)
10
20
30
중고고도용 중거리 SAM(최대요격고도 3만m, 최대 사거리 100km 정도)
탄도미사일 요격
순항미사일 요격
도시 등의 방공
비행장이나 레이더기지 방위
중거리SAM(대형으로 사거리가 길고 탄도미사일 요격능력을 가진 것도 있다)
단거리 SAM

* 큰 위협=제2차 세계대전 시에도 항공기의 대지공격은 위협이었지만, 현대에는 대지공격기나 공격헬기의 성능이 높아졌고, 무장의 명중 정확도나 탑재량도 격차가 커지고 있다. 또한 대지공격 전술도 확립되고 있다.

지상군은 잠시도 버티기가 어렵다. 물론 수상함정에 있어서도 항공기나 미사일은 큰 위협이다.

적 항공기에 대항하기 위해서는, 방공레이더나 SAM(지대공미사일), *AAA(대공화기) 등을 조합한 강력한 방공시스템을 구성하게 된다. 이 방공시스템에는 요격기도 포함(적항공기에 대항하기 위해서는 아군도 항공기를 사용하는 것이 가장 효과적이다)되지만, 전선의 야전부대가 언제나 *요격기의 지원을 받을 수 있으리라는 보장은 없다.

야전부대가 독자적으로 운용할 수 있는 SAM이나 AAA를 중심으로 한 야전방공시스템의 중요성이 강조되고 있는 것은 바로 이런 이유에서이다.

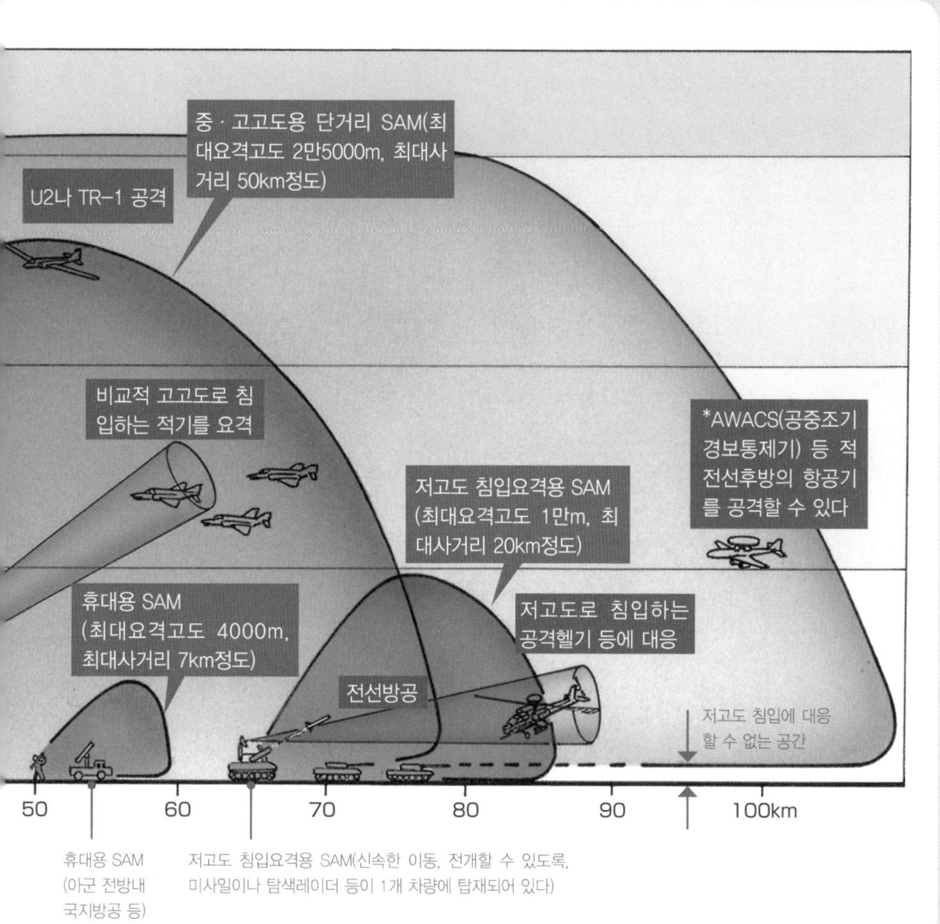
중 · 고고도용 단거리 SAM(최대요격고도 2만5000m, 최대사거리 50km정도)
U2나 TR-1 공격
비교적 고고도로 침입하는 적기를 요격
*AWACS(공중조기경보통제기) 등 적 전선후방의 항공기를 공격할 수 있다
저고도 침입요격용 SAM (최대요격고도 1만m, 최대사거리 20km정도)
휴대용 SAM (최대요격고도 4000m, 최대사거리 7km정도)
저고도로 침입하는 공격헬기 등에 대응
전선방공
저고도 침입에 대응할 수 없는 공간
50
60
70
80
90
100km
휴대용 SAM (아군 전방내 국지방공 등)
저고도 침입요격용 SAM(신속한 이동, 전개할 수 있도록, 미사일이나 탐색레이더 등이 1개 차량에 탑재되어 있다)

* AAA=Anti-Aircraft Artillery의 약자. * 요격기의 지원을 받을 수 있으리라는 보장은 없다=요격기가 후방 기지로부터 날아와도 늦을 수도 있고, 공중초계를 하고 있어도 적기 모두를 요격할 수는 없다. 또한 지휘 계통의 차이 등의 트러블로 지원을 받을 수 없는 경우도 있다.* AWACS=Airborne Warning And Control System의 약자.

02. 지대공미사일(2)

지대공미사일은 어떻게 진화했나?

제2차 세계대전 이후, 경이적으로 발달한 항공기에 대항하기 위해 지대공미사일도 크게 발달했다. 종전 직후부터 1960년대 초기까지는, 대공포로는 요격할 수 없도록 고공으로 침투하는 핵무기 탑재 폭격기가 최대의 위협이었다. 이것을 격추하기 위해서는, 폭격기가 비행하는 고고도까지 도달할 정도의 사거리와 도달고도를 가진 대공미사일이 있으면 충분했지만, 정점방어 기능밖에 가지고 있지 않았다. 나이키 에이잭스나 허큘리스가 그러한 초기의 지대공미사일의 대표적인 예이다.

하지만 고고도를 비행하면 레이더에 탐지되어 곧장 미사일이 날아오기 때문에, 이번에는 탐지되기 어려운 저고도를 고속으로 비행하도록 되었으며, 이에 대항하기 위해서는 대공미사일도 이동 · 전개해서 운용할 필요가 있었고, 미사일의 자주화(혹은 견인에 의한 이동)와 함께 레이더나 지휘통제장치도 이동할 수 없으면 안 되었다. 또한, 미사일의 유도는 기존의 지령유도방식으로는 대응할 수 없기 때문에, 세미액티브유도방식이 사용되었다. 이러한 미사일의 대표적인 예는 호크이다.

나이키 허큘리스와 호크는 같은 시기에 개발된 미사일이지만, 전자는 과거의 것이 된 반면, 후자는 개량을 거듭하여 현재도 사용되고 있는 것은 이러한 이유 때문이다.

[왼쪽] 1960년에 실전 배치된 이래, 여러 차례의 개량을 거쳐 일부 국가에서는 여전히 현역인 MIM-23 호크. 호크는 *HAWK라는 그 이름 그대로 세미액티브레이더방식으로 유도되는 저고도용 SAM이다. 직경 37cm, 전장 5.08m, 전폭 1.2m, 발사중량 638kg, 사격고도 약 9000m, 사거리 35km, 고체연료식.
[오른쪽] 발사 직후의 나이키 허큘리스.

* HAWK=Homing All the Way Killer의 약자

● 미국 최초기의 지대공미사일

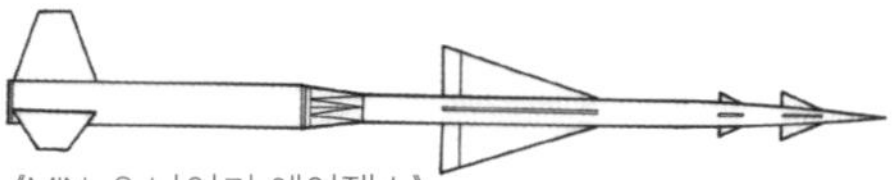

《MIN-3 나이키 에이잭스》
전장 10.61m, 발사중량 1114kg, 속도 마하 2.3, 도달고도 2만 1300m, 사거리 48km.

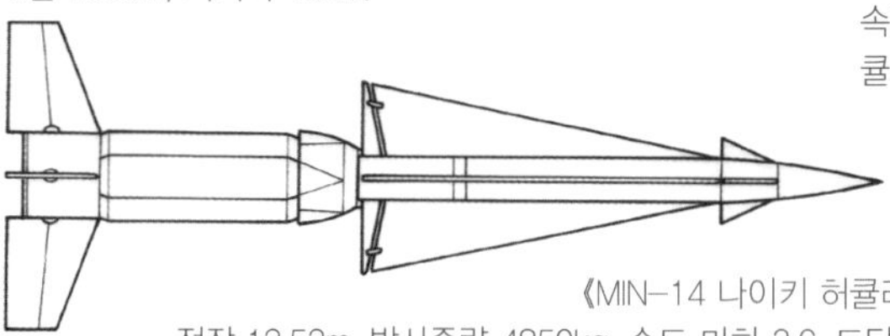

《MIN-14 나이키 허큘리스》
전장 12.52m, 발사중량 4850kg, 속도 마하 3.6, 도달고도 4만 5700m, 사거리 140km, 탄두 T-45 및 W31 핵탄두.

1950~60년대의 미국 본토 방공을 담당했던 나이키 시리즈 가운데 최초로 배치된 것이 바로 에이잭스였다. 미국 내 주요 기지와 대도시 주변 40개소에 배비되었으며 방공레이더와 지휘센터를 조합한 방공시스템 *SAGE로 구성되었으나 초음속기에는 대응할 수 없었기에, 나이키 허큘리스가 개발되었다.

● 나이키 허큘리스의 공격법

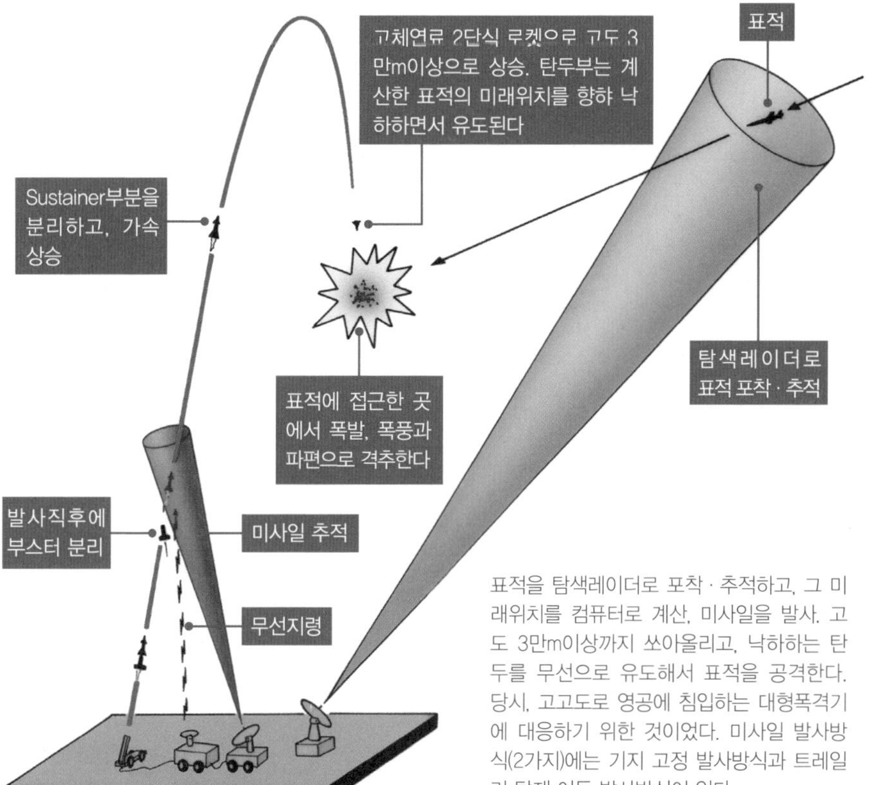
고체연료 2단식 로켓으로 고도 3만m이상으로 상승. 탄두부는 계산한 표적의 미래위치를 향해 낙하하면서 유도된다
표적
Sustainer부분을 분리하고, 가속 상승
탐색레이더로 표적 포착 · 추적
표적에 접근한 곳에서 폭발, 폭풍과 파편으로 격추한다
발사직후에 부스터 분리
미사일 추적
무선지령

표적을 탐색레이더로 포착 · 추적하고, 그 미래위치를 컴퓨터로 계산, 미사일을 발사. 고도 3만m이상까지 쏘아올리고, 낙하하는 탄두를 무선으로 유도해서 표적을 공격한다. 당시, 고고도로 영공에 침입하는 대형폭격기에 대응하기 위한 것이었다. 미사일 발사방식(2가지)에는 기지 고정 발사방식과 트레일러 탑재 이동 발사방식이 있다.

* SAGE=Semi-Automatic Ground Environment의 약자

03. 지대공미사일(3)

항공기는 물론 전차에도 사용 가능한 미사일

*ADATS는 다른 지대공미사일과 달리, 전차에 대한 공격도 가능하도록 만들어진 미사일시스템이다. 미사일은 레레이저유도를 받아 마하 3 이상의 고속으로 비행하며. 통상의 미사일이라면 부러져 버릴 60G가 넘는 고기동이 가능하다. 스위스의 엘리콘과 미국의 마틴

●ADATS의 전투법

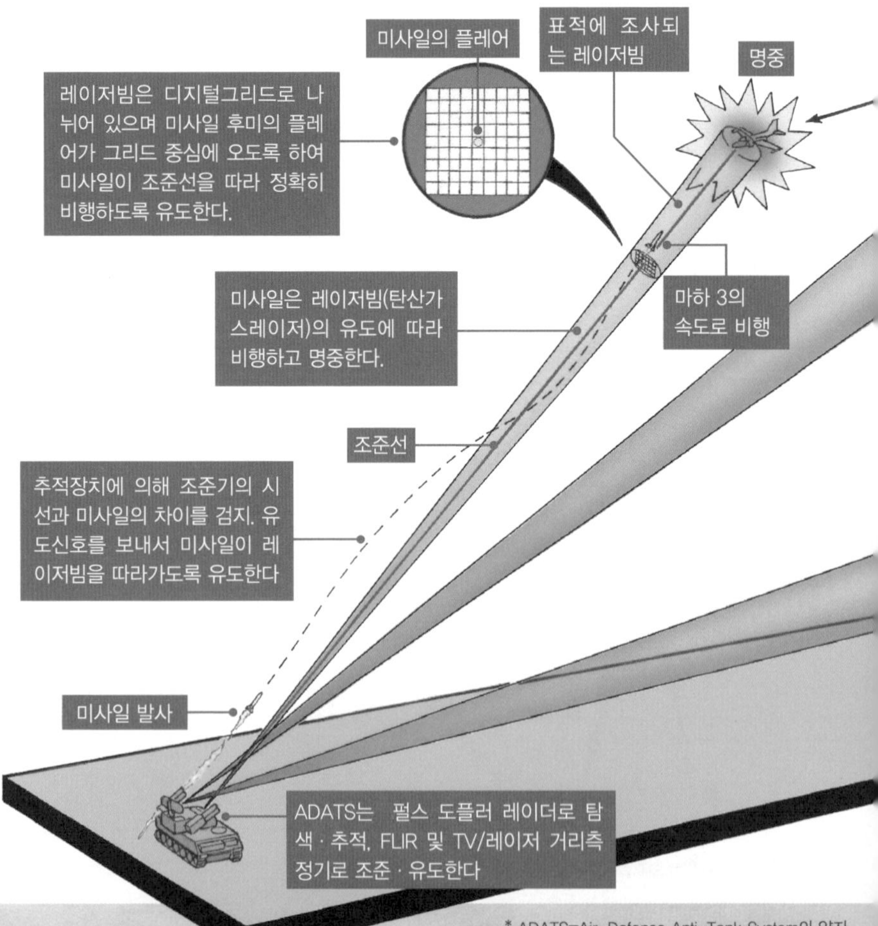
미사일의 플레어
표적에 조사되는 레이저빔
명중
레이저빔은 디지털그리드로 나뉘어 있으며 미사일 후미의 플레어가 그리드 중심에 오도록 하여 미사일이 조준선을 따라 정확히 비행하도록 유도한다.
미사일은 레이저빔(탄산가스레이저)의 유도에 따라 비행하고 명중한다.
마하 3의 속도로 비행
조준선
추적장치에 의해 조준기의 시선과 미사일의 차이를 검지. 유도신호를 보내서 미사일이 레이저빔을 따라가도록 유도한다
미사일 발사
ADATS는 펄스 도플러 레이더로 탐색 · 추적, FLIR 및 TV/레이저 거리측정기로 조준 · 유도한다

* ADATS=Air–Defense Anti–Tank System의 약자

매리에타(현 록히드 마틴)에서 개발했으며, 1988년부터 캐나다군의 *LLAD(저고도방공시스템)으로 도입되었다.

M113 장갑차에 탑재된 캐나다군의 ADATS. 2명의 조작원으로 표적의 탐색 · 추적부터 미사일 유도까지 할 수 있다.

표적(고속으로 비행하는 제트전투기)
탐색용 펄스도플러레이더는 360도 전방향을 감시하며, 최대 25km거리의 표적(최대 20개)를 탐색 · 추적 가능하다.
지형을 이용, 저공으로 침투한 적 공격 헬기도 탐색 · 추적 가능하다.

▼ADATS 발사기

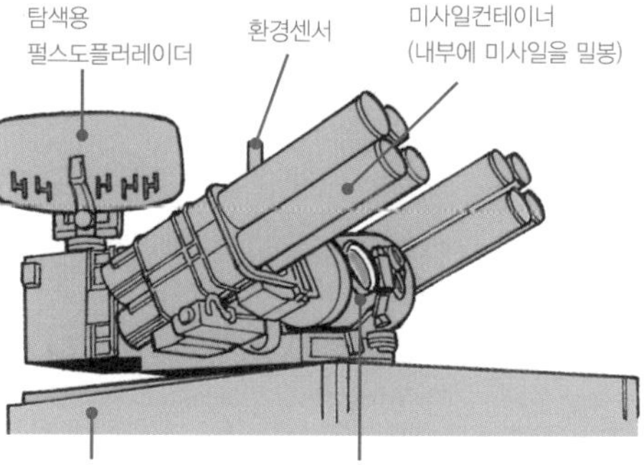
탐색용
펄스도플러레이더
환경센서
미사일컨테이너
(내부에 미사일을 밀봉)
사격관제시스템컨테이너
FLIR(적외선 전방감시장치), TV/레이저거리측정기, 탄산가스레이저, 미사일추적장치, 안정화플랫폼 등

ADATS는 미사일발사장치와 전자광학장치, 레이더장치를 장착한 포탑과 사격관제시스템 컨테이너로 구성되어 있고, M113이나 브래들리 등의 장갑차량에 탑재하고 운용할 수 있다. 기갑부대와 같이 행동하며, 전차의 최대 위협이 되는 공격헬기를 요격하기 위한 것이다.

▼ADATS 미사일

전장 2.06m, 직경 15cm, 발사중량 51.4kg, 사거리 10km. 다른 대전차미사일과 비교해서 사거리가 길고, 두께 900mm의 장갑판을 관통할 수 있을 정도의 파괴력이 있으며, 공격헬기를 요격하기에도 충분한 위력을 자랑한다

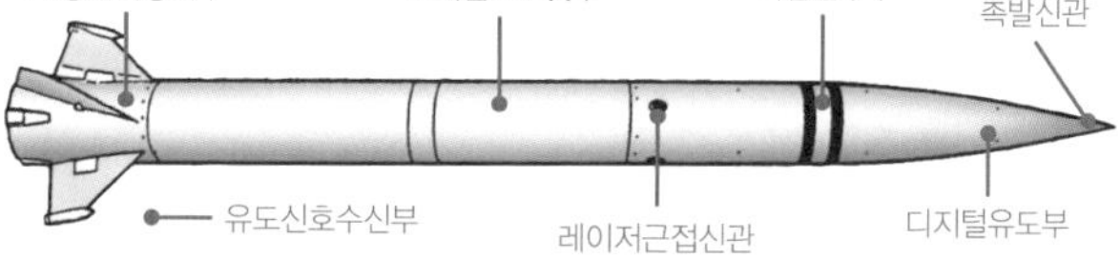
비행제어장치부
고체연료로켓부
파편성형작약
복합탄두부
촉발신관
유도신호수신부
레이저근접신관
디지털유도부

* LLAD=Low Level Air-Defense의 약자

04. 지대공미사일(4)

가장 많이 사용된 소련의 지대공미사일

SA-2가이드라인(*S-75)은, 1960년대의 소련을 대표하는 중·고고도용 지대공미사일이고, 가장 많이 배비·사용된 지대공미사일이었다. 1953년에 개발개시, 1957년부터 배비가 시작되었고, 그 후로도 지속적인 개량이 이뤄지면서 많은 변종이 탄생했다.

또한 이집트나 중국에 수출되었고, 그러한 나라에서도 많은 파생형이 만들어졌다. 1960년 5월에 발생한 소련군에 의한 *U-2정찰기 격추사건은, SA-2를 세계적으로 유명하게 했다. 또한 베트남전쟁에서는 북베트남군에 의해 사용되었고, 미군의 항공기를 괴롭힌 것으로도 알려져 있다.

● R-113(SA-1길드)

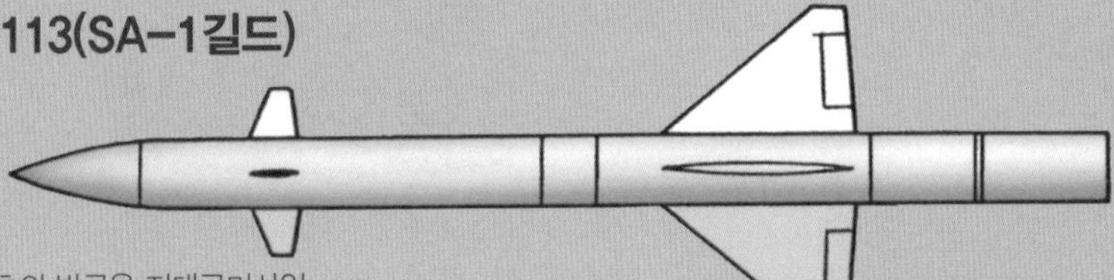

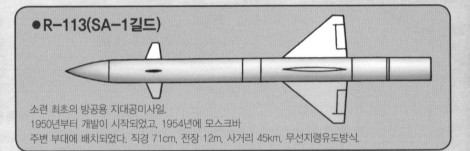

소련 최초의 방공용 지대공미사일.
1950년부터 개발이 시작되었고, 1954년에 모스크바 주변 부대에 배치되었다. 직경 71cm, 전장 12m, 사거리 45km, 무선지령유도방식.

● SA-2가이드라인(S-75)

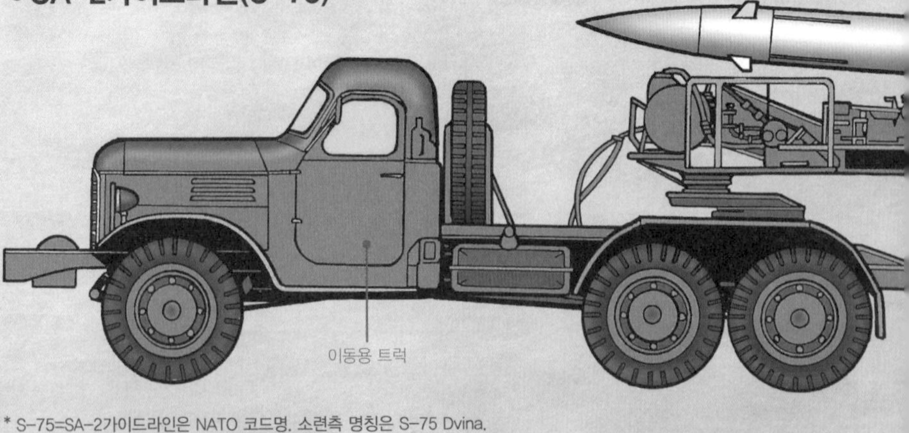
이동용 트럭

* S-75=SA-2가이드라인은 NATO 코드명. 소련측 명칭은 S-75 Dvina.
* U-2정찰기 격추사건=1960년5월1일, 소련본토 상공에 침입한 미군의 U-2고고도정찰기가 SA-2에 의해 격추되었다. 이 사건은 국제문제로 비화되어, 파리에서의 미소정상회담이 중지되는 등 큰 여파를 남겼다.

●가이드라인시스템

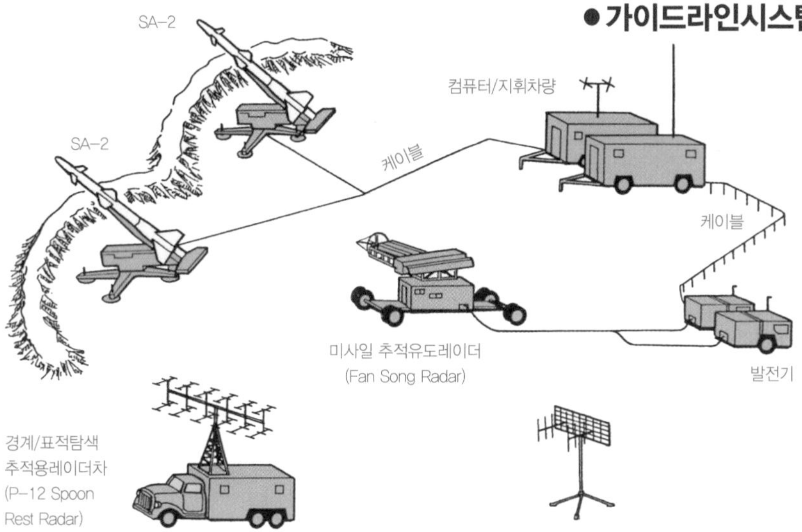
SA-2
SA-2
컴퓨터/지휘차량
케이블
케이블
미사일 추적유도레이더
(Fan Song Radar)
발전기
경계/표적탐색
추적용레이더차
(P-12 Spoon
Rest Radar)

SA-2미사일은 빔라이딩 유도방식. 적기의 탐색은 P-12 Spoon Rest Radar(유효탐지범위 275km)로 하고, 표적을 탐지하면 데이터를 Fan Song Radar로 보낸다. Fan Song은 미사일 추적유도용 레이더(유효탐지범위 60km)로, 표적을 탐지하면 컴퓨터/지휘차량으로 데이터를 보내고, 표적을 향해서 미사일유도용 빔(UHF)을 조사. 발사된 미사일은 레이더의 빔을 따라 비행. 표적에 명중하도록 유도되며, 근접한 곳에서 폭발, 폭풍과 파편 효과를 통해 표적을 격추한다.

고체연료의 부스터와 액체연료의 미사일본체로 구성된 2단식. 발사 후 4.5초 정도로 부스터는 분리된다. 이동은 그림처럼 트레일러에 태워서 트럭으로 견인되지만, 발사는 전용 발사대가 사용된다. 직경 50cm, 전장 10.6m(A), 10.8m(B/C/D), 11.2m(E), 10.8m(F), 사거리 30km(A/F), 20km(B), 40km(C), 43km(D/E), 최대사격고도 2만8000m.

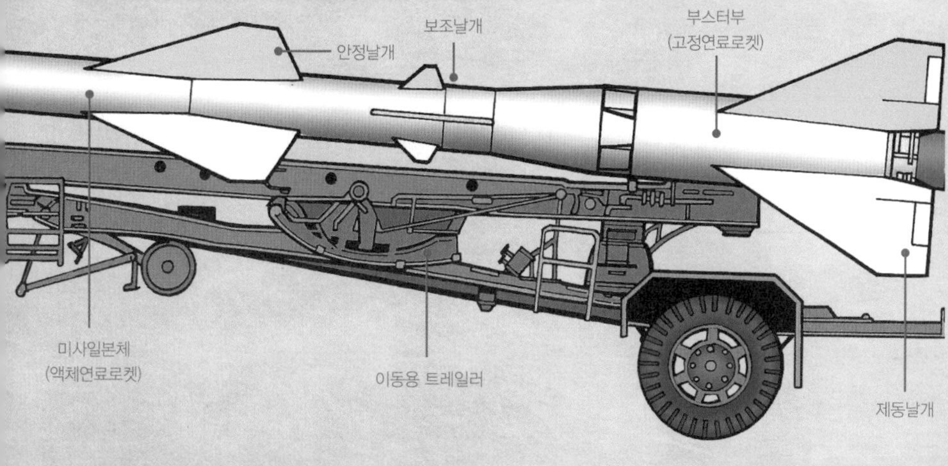
보조날개
안정날개
부스터부
(고정연료로켓)
미사일본체
(액체연료로켓)
이동용 트레일러
제동날개

05. 지대공미사일(5)

지대공미사일 유도방식의 종류

SAM(지대공미사일)의 유도방식은, ①지령유도방식, ②세미액티브유도식, ③패시브유도식, ④빔라이딩식으로 크게 구별된다. 그림으로 각각의 방식의 구조를 살펴보자.

지대공미사일의 유도방식에는 다음의 2가지가 있다. 무선지령유도와 레이더지령유도 방식이다. 어느 것이든 기본적으로, 표적을 탐지 · 추적하는 레이더와 발사한 미사일을 추적하는 레이더가 다르고, 쌍방이 컴퓨터에 의해 정확하게 일치하도록 제어되고, 그 정보를 원래 미사일로 지령이 보내진다. 미사일은 지령을 수신해서 스스로 비행을 제어한다. 무선지령유도에서는, 지상의 컴퓨터로 계산한 위치(명중하는 위치)로 미사일이 향하도록 무선지령에 의해 수정 · 제어한다. 레이더지령유도는 미사일의 수정 · 제어를 미사일추적레이더에 의해 이루어지는 방식으로, 전파방해나 기만에 강하다. 나이키 허큘리스 등에 사용되었다.

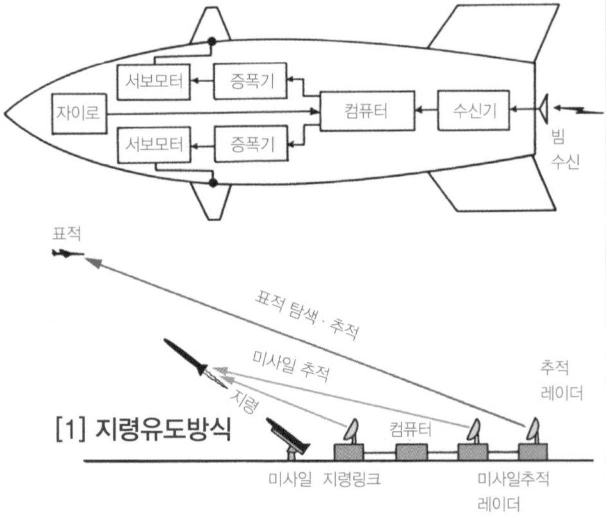
서보모터
증폭기
자이로
컴퓨터
수신기
서보모터
증폭기
빔 수신
표적
표적 탐색 · 추적
미사일 추적
지령
추적 레이더
컴퓨터
미사일
지령링크
미사일추적 레이더

[1] 지령유도방식

지상으로부터 표적에 대해 레이더 전파를 발사, 표적으로부터의 반사파를 미사일의 탐색기가 포착하고, 그것을 향해 미사일이 비행해 가는 방식.

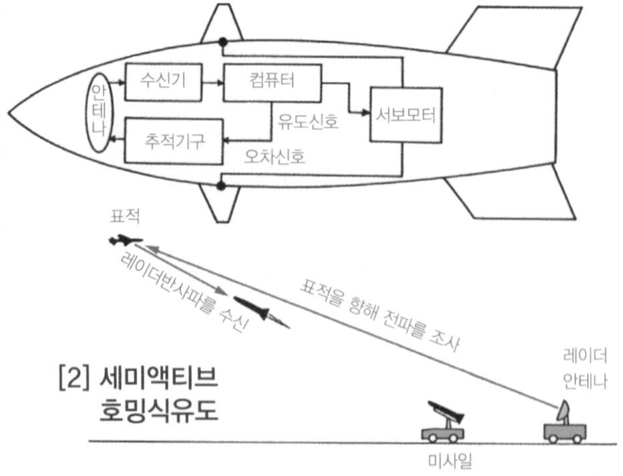
안테나
수신기
컴퓨터
서보모터
유도신호
추적기구
오차신호
표적
레이더반사파를 수신
표적을 향해 전파를 조사
레이더 안테나
미사일

[2] 세미액티브 호밍식유도

표적으로부터 발하는 열(적외선)이나 레이더파를 향해서 미사일이 비행하는 방식. 스팅어나 미스트랄 등의 보병휴대용 SAM으로 사용되고 있다.

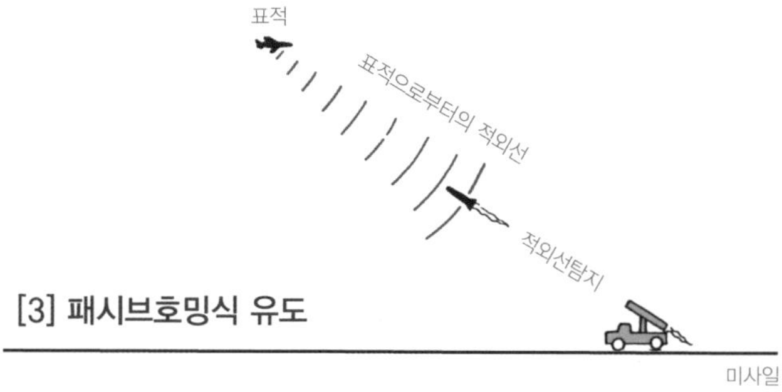
표적
표적으로부터의 적외선
적외선탐지
미사일

[3] 패시브호밍식 유도

지상으로부터 표적을 향해 조사된 전파나 레이저빔을 따라 비행하는 유도방식. 지령유도식과 비슷하지만, 지령유도식처럼 방향타의 조정값이 구체적인 유도지령을 보내는 것이 아니라 표적의 방향만을 알려줄 뿐으로, 비행 궤도의 변경은 미사일 자체가 판단하여 수행한다. 캐나다군의 ADATS 등에 사용되고 있다.

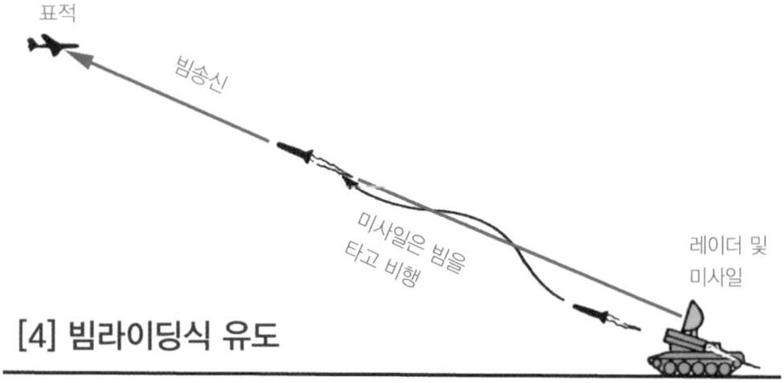
표적
빔송신
미사일은 빔을
타고 비행
레이더 및
미사일

[4] 빔라이딩식 유도

대전차미사일에서 사용되고 있는 SACLOS 방식을 채택한 SAM도 있다. *재블린이나 스타스트릭이 바로 여기에 해당하며, 빔라이딩과 비슷하지만 미사일에 세밀한 지령을 끊임없이 보내지 않으면 안 된다.

[5] SACLOS식 유도

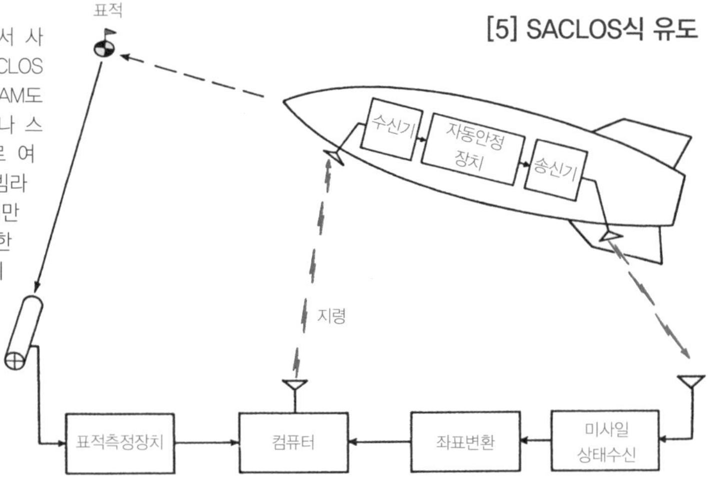
표적
수신기
자동안정
장치
송신기
지령
표적측정장치
컴퓨터
좌표변환
미사일
상태수신

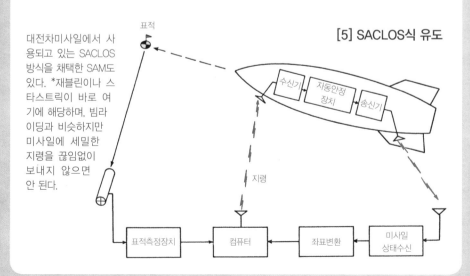

* 재블린=미국의 FGM-148 대전차미사일과 같은 명칭이지만, 여기에서는 영국제 지대공미사일을 가르킨다.

06. 방공미사일시스템(1)

러시아가 방공미사일에 주력한 이유

미국처럼 절대적인 제공권을 확보할 수 없었던 구 소련, 그리고 러시아는, 방공미사일시스템에 힘을 쏟아왔다. 특징적인 것은, 기갑부대 등과 행동을 함께 하면서 방공을 담당하는 단거리미사일 방공시스템이 다수 개발 · 운용되고 있는 것이다. 또한 그것들의 대다수는 자기완결성이 높은 *TELAR(레이더장비 이동식발사대)이다.

9K330 토르 단거리방공미사일시스템은 1991년부터 취역했으나 배치 진행이 더딘 관계로 SA-8 Gecko가 아직 현역자리를 지키고 있다. 9K330에는 9M331미사일 4기를 1팩으로, 2팩 8기가 수납되어 있다. 미사일은 수직발사방식으로 발사관에서 사출된 후, 앞부분의 가스분사장치로 비행방향을 정한 다음, 로켓모터가 점화된다. 사거리 약 13km, 최대요격고도 6000m.

●SA-8 Gecko (9K33오사)

기동성이 높은 6륜 구동차량에 9K33 발사시스템을 탑재한 러시아의 단거리 방공미사일시스템.

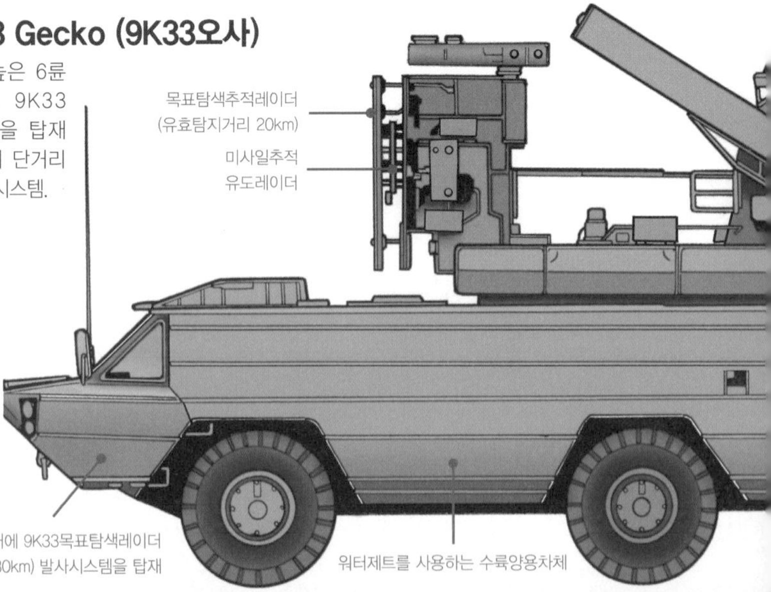
목표탐색추적레이더
(유효탐지거리 20km)
미사일추적
유도레이더
BAZ-5937차대에 9K33목표탐색레이더
(탐지거리 30km) 발사시스템을 탑재
워터제트를 사용하는 수륙양용차체

* TELAR=Transporter Erector Launcher and Radar의 약자

256M1 퉁구스카 방공시스템

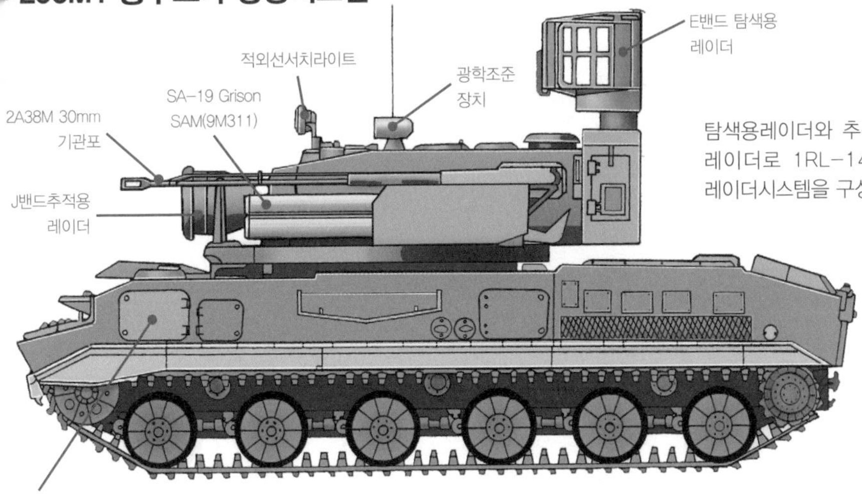
E밴드 탐색용
레이더
적외선서치라이트
광학조준
장치
SA-19 Grison
SAM(9M311)
2A38M 30mm
기관포
J밴드추적용
레이더
M-569A 차대

탐색용레이더와 추적용 레이더로 1RL-144M 레이더시스템을 구성

SA-19미사일과 30mm기관포를 조합해 범용장궤차에 탑재한 하이브리드자주대공시스템. 2S6M1 퉁구스카라고 불리는 이 시스템은 저고도를 비행하는 공격헬기의 요격에 특화되어 있으며 러시아의 무기 수출에 있어 간판상품으로 알려져 있다. SA-19미사일은 직경 15cm, 전장 2.56m, 발사중량 42kg, 2단고체연료식, 사거리 8km, 최대요격고도 8000m.

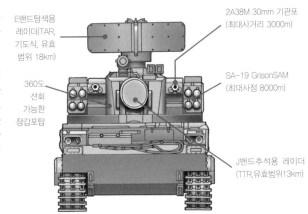

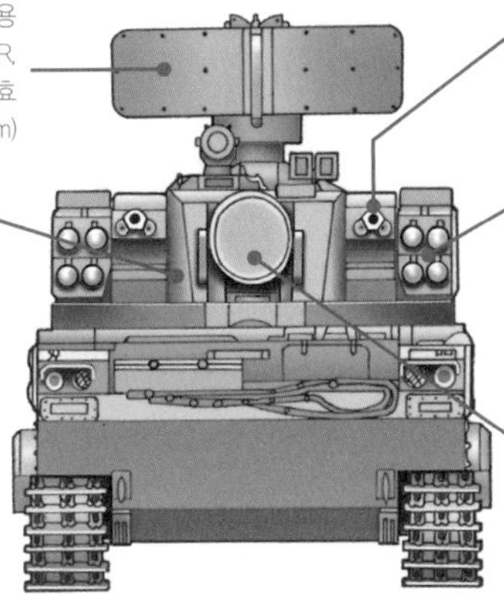
E밴드탐색용
레이더(TAR,
기도식, 유효
범위 18km)
2A38M 30mm 기관포
(최대사거리 3000m)
360도
선회
가능한
장갑포탑
SA-19 GrisonSAM
(최대사정 8000m)
J밴드추적용 레이더
(TTR,유효범위13km)

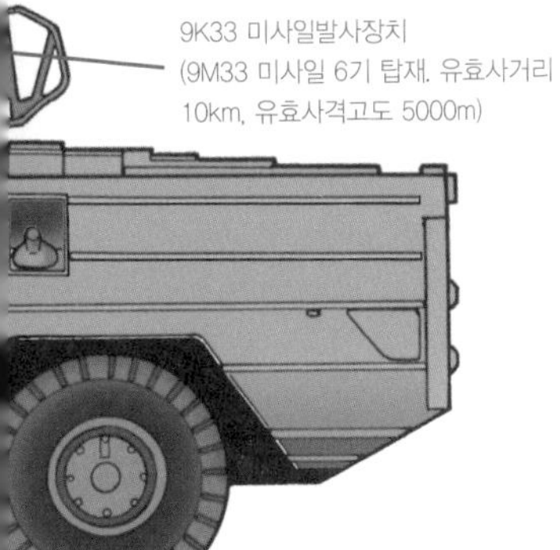
목표탐색레이더
(탐지거리30km)
9K33 미사일발사장치
(9M33 미사일 6기 탑재. 유효사거리
10km, 유효사격고도 5000m)

폴란드군이 사용하는 SA-8.

대규모 중·고고도방공미사일

최대사거리 1만m이상인 중·고고도 방공미사일은 군단 규모의 부대(일본 자위대의 경우 방면대라 한다)에서 주로 운용된다. 기본적으로 차량화가 이루어졌으나 다수의 차량 및 장비로 구성된 대규모 방공시스템이기에 전개나 철수에는 역시 시간이 걸린다. 한편, 이러한 시스템 중에는 패트리어트처럼 탄도미사일 요격능력을 가진 것도 있다.

▼9M38

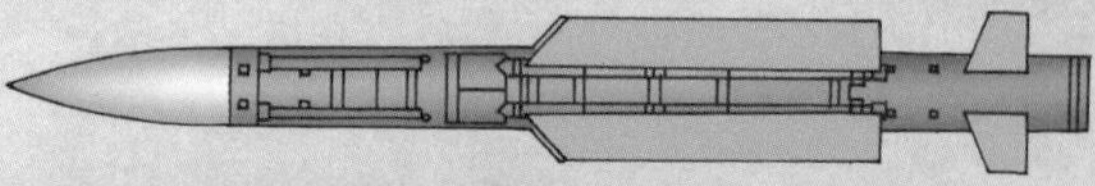

러시아의 중·저고도 방공시스템 9K37 부크의 TELAR(9A310M1-2). 탑재된 9M38미사일은 직경 40cm, 전장 5.55m, 중량 690kg, 최대사거리 32km, 최대사격고도 2만 2000m. 9C470M1-2 지휘통제차량, 9S18 탐색레이더차량, 9S470 추적유도레이더차량으로 시스템을 구성, 운용된다. 2014년 *말레이시아항공 MH17편 격추사건에 사용되었다고도 알려져 있다.

육상자위대에서 운용하고 있는 03식 중거리지대공유도탄. 중고도용 방공미사일로, 사거리는 50km 이상이라고 한다. 사진은 발사장치탑재차로, 사격용레이더탑재차, 레이더신호처리전원차, 운반장전장치탑재차 등 복수의 차량으로 구성된 방공시스템이다.

* 말레이시아항공 MH17편 격추사건=지대공미사일에 의해 보잉 777 여객기가 우크라이나 상공에서 격추되어, 약 300명의 승객과 승무원이 전원 사망한 사건.

S-300(아래 그림)의 후계로서 시스템을 발전시킨 것이 S-400 방공미사일시스템. 사진은 전용 *TEL(이동식 발사대)이다. 사거리 400km의 40N6, 250km의 48N6, 120km의 9M 96E2와 같은 3종류의 미사일이 운용가능하고, 성능은 미국의 패트리어트를 상회한다고 한다.

● S-300V 방공미사일시스템

S-300은 다수 표적에 대한 동시교전능력을 지니는데, P와 F, V형 가운데 V형은 탄도미사일요격용이며 SA-12A(최대유효사거리 75km, 최대유효사격고도 25000m)와 SA-12B(최대유효사거리 100km, 최대유효사격고도 30000m)가 운용가능하다.

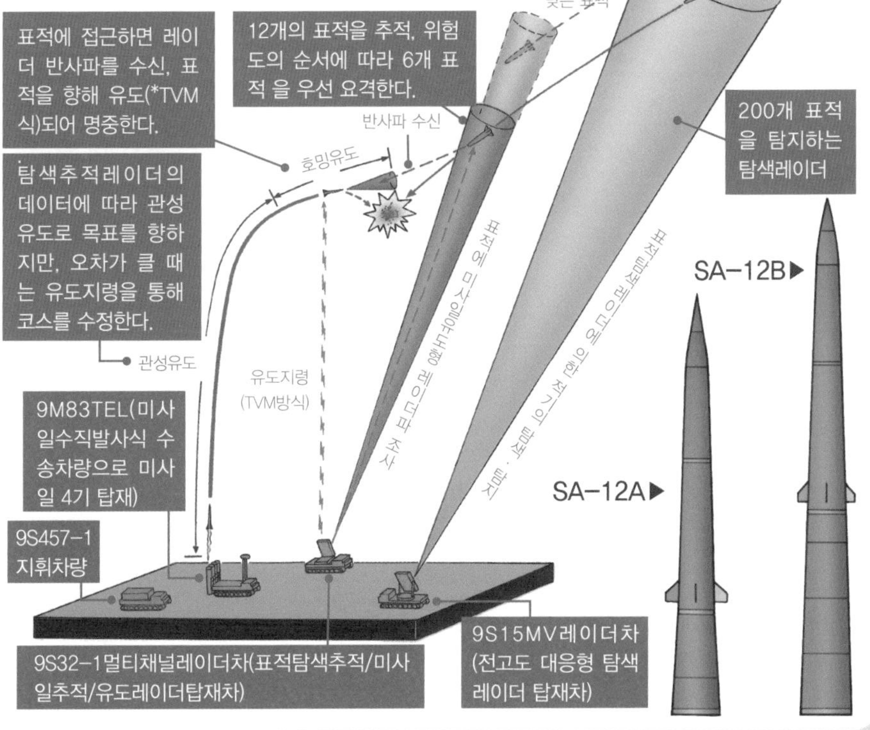
레이더탐색범위
10~250km
위협도가
낮은 표적
표적에 접근하면 레이더 반사파를 수신, 표적을 향해 유도(*TVM식)되어 명중한다.
12개의 표적을 추적, 위험도의 순서에 따라 6개 표적 을 우선 요격한다.
반사파 수신
호밍유도
200개 표적을 탐지하는 탐색레이더
탐색추적레이더의 데이터에 따라 관성유도로 목표를 향하지만, 오차가 클 때는 유도지령을 통해 코스를 수정한다.
표적에 미사일유도용 레이더파 조사
표적탐색레이더에 의한 적기의 탐색·탐지
SA-12B▶
관성유도
유도지령
(TVM방식)
9M83TEL(미사일수직발사식 수송차량으로 미사일 4기 탑재)
SA-12A▶
9S457-1
지휘차량
9S15MV레이더차
(전고도 대응형 탐색레이더 탑재차)
9S32-1멀티채널레이더차(표적탐색추적/미사일추적/유도레이더탑재차)

* TEL=Transporter Erector Launcher의 약자. * TVM=Track Via Missile의 약자

08. 함대공미사일(1)

대공위협으로부터 함대를 보호하는 미사일

수 km의 광범위에 걸쳐서 항행하는 함대를, 항공기(무인기도 포함)나 대함미사일의 위협으로부터 지키는 것이 함대방공미사일이다.

미 해군이나 해상자위대에서는 스탠더드Standard나 시스패로우Sea Sparrow가 사용되고 있지만, 그 기원은 탈로스Talos나 테리어Terrier 등과 같은 미사일이다.

●함대의 미사일방공

▼미사일방공

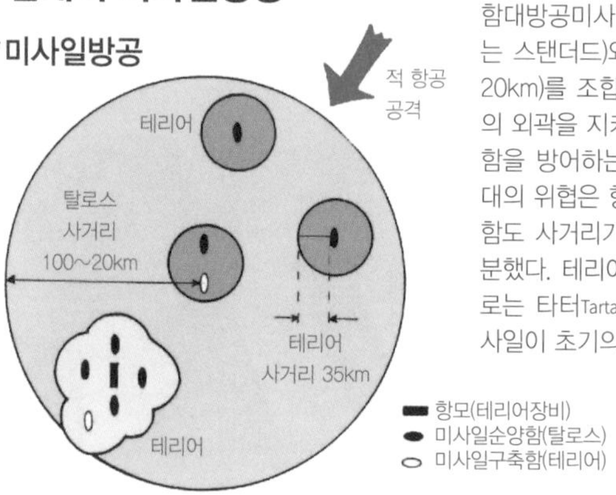
적 항공
공격
테리어
탈로스
사거리
100~20km
테리어
사거리 35km
테리어
항모(테리어장비)
미사일순양함(탈로스)
미사일구축함(테리어)

그림은 1950년대말부터 60년대 까지의 미 해군 함대방공미사일 운용법. 사거리가 긴 탈로스(후에는 스탠더드)와 사거리가 짧은 테리어(최대 사거리 20km)를 조합한 함대방공전법이다. 탈로스로 함대의 외곽을 지키는 광역방공권, 테리어로 각 함이 자함을 방어하는 개함방공권을 구성했는데, 당시 최대의 위협은 항공기였으므로 항모의 주위를 지키는 함도 사거리가 짧은 테리어를 장비하는 것으로 충분했다. 테리어와 탈로스 외의 중거리함대공미사일로는 타터Tartar가 있었고, 이것을 포함한 함대공미사일이 초기의 미사일함에 탑재되었다.

1960년대 중반에 등장한 스탠더드 SM-1은 세미액티브레이더유도식으로, 그림처럼 일루미네이터로 추적·유도빔을 지속 조사하여, 미사일을 표적에 명중시킨다(요격에 필요한 최단시간은 26초). SM-2 이후, 같은 세미액티브레이더유도식이라도 데이터링크와 관제유도장치를 통한 유도가 이뤄지면서, 일루미네이터로 명중 직전에 불과 수 초 동안 빔을 조사하는 것으로 충분하도록 개량되었다.

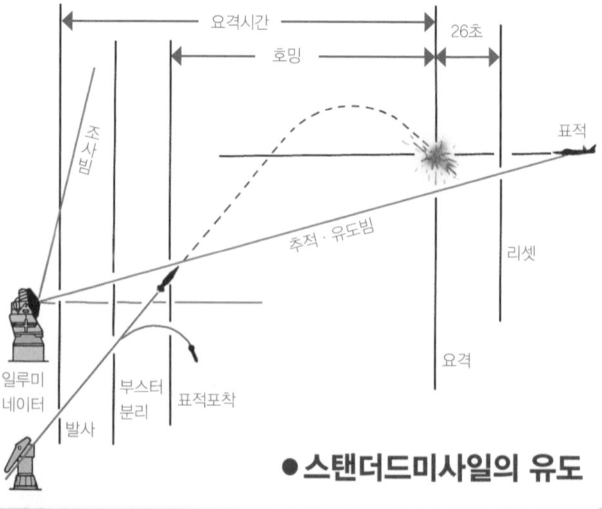
요격시간
26초
호밍
조사빔
표적
추적·유도빔
리셋
요격
일루미
네이터
발사
부스터
분리
표적포착

●스탠더드미사일의 유도

● 미해군의 함대공미사일

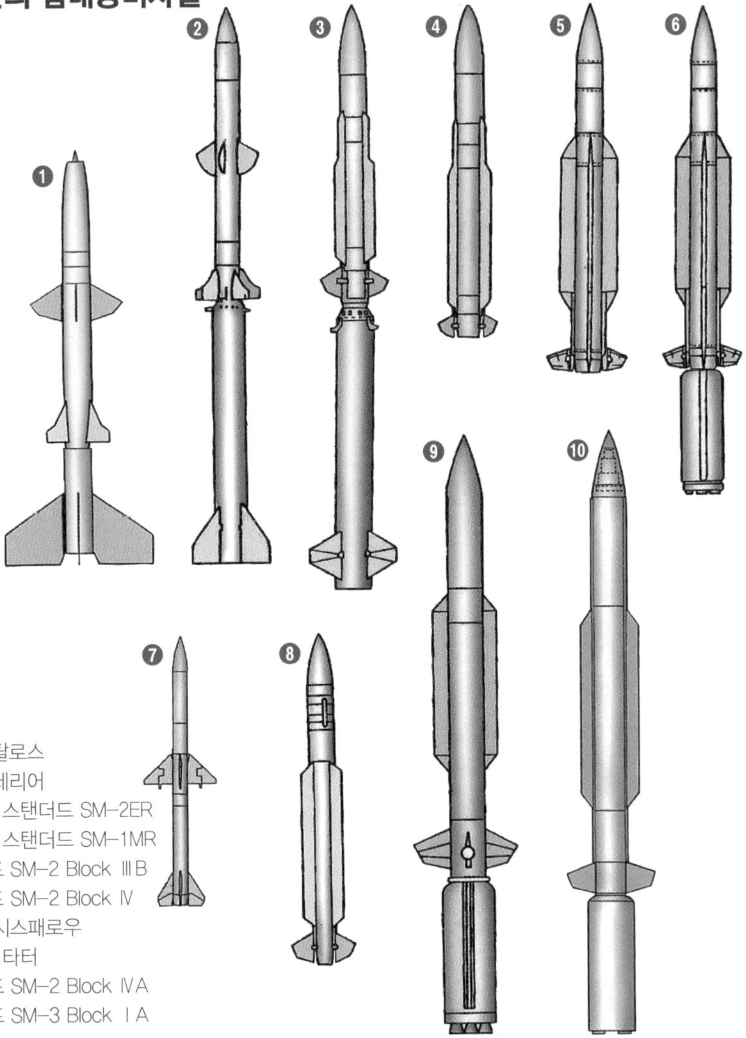

❶RIM-8 탈로스
❷RIM-2 테리어
❸RIM-67 스탠더드 SM-2ER
❹RIM-66 스탠더드 SM-1MR
❺스탠더드 SM-2 Block ⅢB
❻스탠더드 SM-2 Block Ⅳ
❼RIM-7 시스패로우
❽EIM-24 타터
❾스탠더드 SM-2 Block ⅣA
❿스탠더드 SM-3 Block ⅠA

스탠더드는 1960년대에 3T시리즈(탈로스, 테리어, 타터)의 후계로 개발된 미사일. 테리어의 후계가 된 RIM-66과 타터의 후계인 RIM-67 계통으로 크게 나뉜다. 스탠더드는 최초 실전배치로부터 이미 50년이 지났지만, 높은 실용성을 지닌다. 이지스 시스템에 대응하는 것은 SM-2 이후의 미사일로, 유도장치에 세미액티브레이더유도에 더해서, 관성유도장치와 데이터링크를 도입했다. 현재 주류인 *VLS(미사일수직발사시스템)에서 운용할 수 있는 것은 BlockⅣ부터이고, 시스키밍(Sea Skimming, 해면을 거의 스칠 정도의 고도로 비행한다) 및 팝업(Pop up, 돌입 직전에 일단 상승해서, 상공으로부터 표적을 겨냥한다)하는 대함미사일에 대응가능. 탄도미사일 요격능력이 부여된 것이 근접작렬방식의 BlockⅣA이고, *스러스트벡터컨트롤이 가능한 부스터가 장착되어 있다.

* VLS=Vertical Launching System의 약자.
* 스러스트벡터컨트롤=추력편향. 로켓분사의 방향을 바꾸는 것으로 미사일의 방향을 바꾸는 것.

09. 함대공미사일(2)

이지스함의 방공미사일체계

1980년대 초반에 실용화된 이지스 체계는 은 함대방공체계이고, 이 체계를 탑재하는 이지스함은, 본래 대공전에 특화된 함정이었다. 그러나, 이지스체계는 지속 개량되었고, 오늘의 이지스함은 *탄도미사일요격, 대공전, 대잠전, 대함전, 대지공격 등, 다양한 상황에 대응할 수 있게 되었다.

이지스체계란, 이지스 전투체계와 이지스 무기체계라는 2가지 의미를 가지고 있다. 전자는 함정의 모든 센서나 무기 일체(대잠무기나 대수상무기 등을 포함해서)를 포함한 체계를 말한다. 이것에는 통신데이터링크, 이지스함이 관제하는 헬리콥터나 전투기까지도 포함된다.

한편, 후자는 함대방공만으로 축약된 표현이고, 대공미사일의 방어능력을 포화시킬 목적으로 이루어지는 대함미사일 대량동시공격에 대응하기 위해 개발되었다.

174

콩고급 호위함(사진은 2번함인『기리시마』)은 RIM-161 SM-3 Block I A를 운용하며, 현 시점에서는 일본 해상자위대가 보유한 함정 중에서 탄도미사일 방위를 할 수 있는 유일한 함정이다.

오른쪽 그림은, 이지스함을 중심으로 동시 대응가능한 전술상황을 개념적으로 나타내고 있다. 이지스함을 비롯해서 오늘날의 수상함에는, 함대방공(Fleet Air Defense) 미사일 : 함대로 공격해 오는 대함미사일이나 항공기를 요격하는 스탠더드와 같은 미사일과, 자함방공(Point Defense) 미사일 : 함대방공미사일망을 뚫고 들어온 미사일이나, 항공기에 대해 각 함정이 자함방어용으로 사용하는 시스패로우나 *ESSM(발전형 시스패로우)와 같은 미사일도 탑재되고 있다. 또한 현대의 수상함에는, 목적이 다른 복수의 미사일을 수납해서 연속발사 가능한 VLS(수직발사시스템)를 장착하고 있다. 이것에 의해서 적이 다수의 미사일로 동시공격을 해 오는 경우에도 대처할 수 있다.

* 탄도미사일요격=이것이 가능한 것은 이지스 BMD3.6 탑재함뿐이다. * ESSM=Evolved Sea Sparrow Missile의 약자.

●이지스함은 다양한 전투를 할 수 있다.

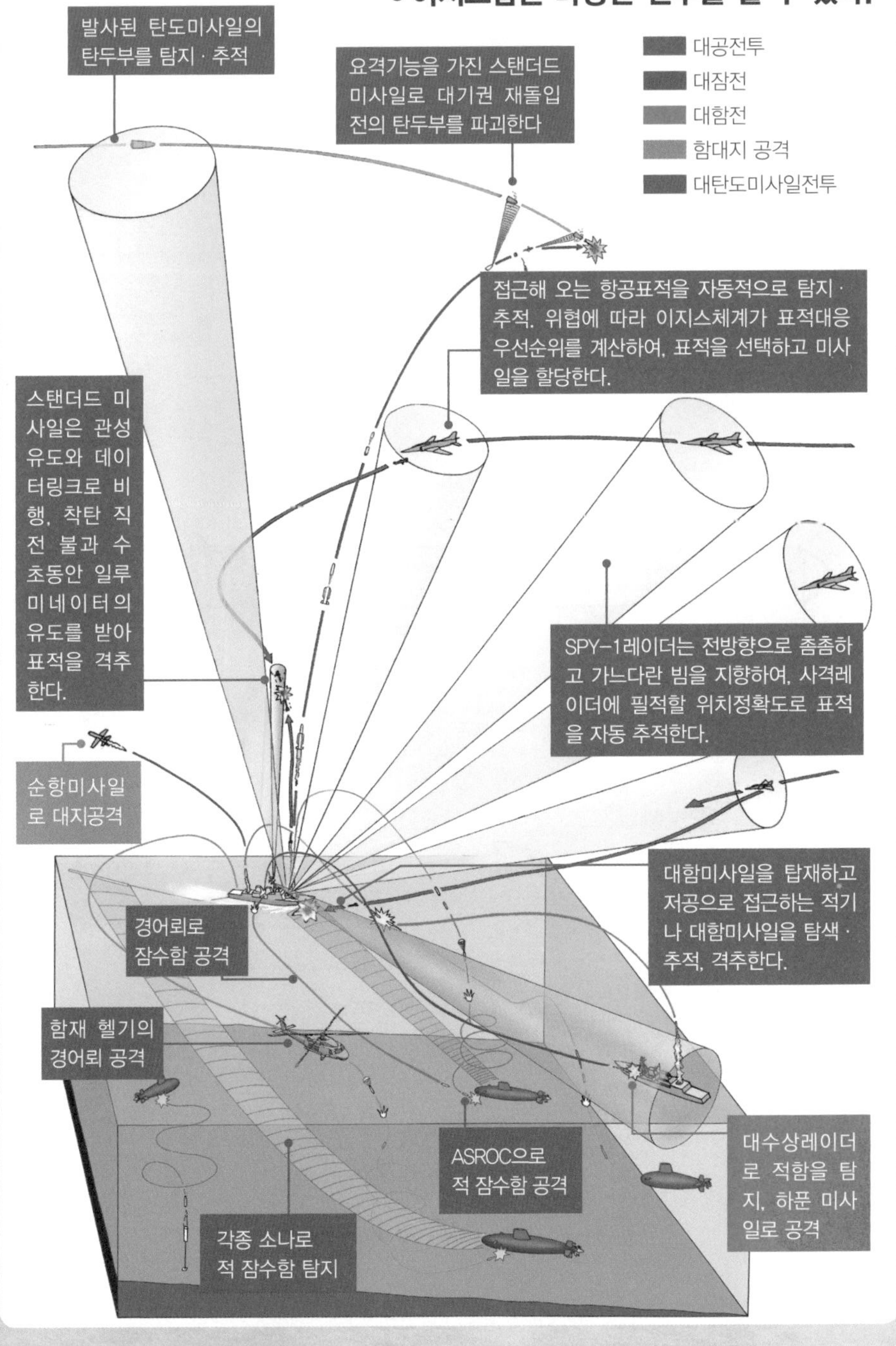
대공전투
대잠전
대함전
함대지 공격
대탄도미사일전투
발사된 탄도미사일의 탄두부를 탐지 · 추적
요격기능을 가진 스탠더드 미사일로 대기권 재돌입 전의 탄두부를 파괴한다
접근해 오는 항공표적을 자동적으로 탐지 · 추적. 위협에 따라 이지스체계가 표적대응 우선순위를 계산하여, 표적을 선택하고 미사일을 할당한다.
스탠더드 미사일은 관성 유도와 데이터링크로 비행, 착탄 직전 불과 수 초동안 일루미네이터의 유도를 받아 표적을 격추한다.
SPY-1레이더는 전방향으로 촘촘하고 가느다란 빔을 지향하여, 사격레이더에 필적할 위치정확도로 표적을 자동 추적한다.
순항미사일로 대지공격
대함미사일을 탑재하고 저공으로 접근하는 적기나 대함미사일을 탐색 · 추적, 격추한다.
경어뢰로 잠수함 공격
함재 헬기의 경어뢰 공격
ASROC으로 적 잠수함 공격
대수상레이더로 적함을 탐지, 하푼 미사일로 공격
각종 소나로 적 잠수함 탐지

10. 함정발사미사일

함정에서 발사되는 다양한 미사일

하푼에는 공중발사형
AGM-84, 함정발사형
RGM-84(사진), 잠수함
발사형 UGM-84가 있다.

● 대함미사일 하푼

대표적인 대함공격용 미사일인 하푼은 시스키밍비행이 일반적(고공순항 모드도 있다)이고, 표적에 접근하기까지의 중간유도는 관성유도, 표적에 접근하면 스스로 레이더를 작동시켜 액티브레이더유도식으로 종말유도한다. 큰 함정은 레이더반사면적(RCS)이 크고, 엔진 등 강력한 열원을 가지고 있기 때문이다. 직경 34.3cm, 전장 4.63m, 중량 690kg, 사거리 약 140km.

▼하푼미사일의 구조

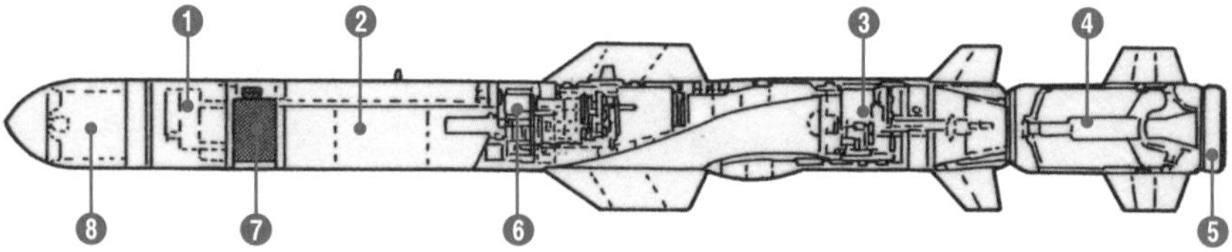
❶
❷
❸
❹
❽
❼
❻
❺

항법장치에 GPS를 추가, INS와 병용하는 방식으로 보다 정확도를 향상시킨 것이 그림의 Block II 이다.
❶유도장치 ❷탄두 ❸터보제트엔진 ❹로켓모터 ❺TVC(추력편향제어장치) ❻비행제어부 ❼GPS항법장치 ❽레이더탐색기부

▼90식 함대함유도탄

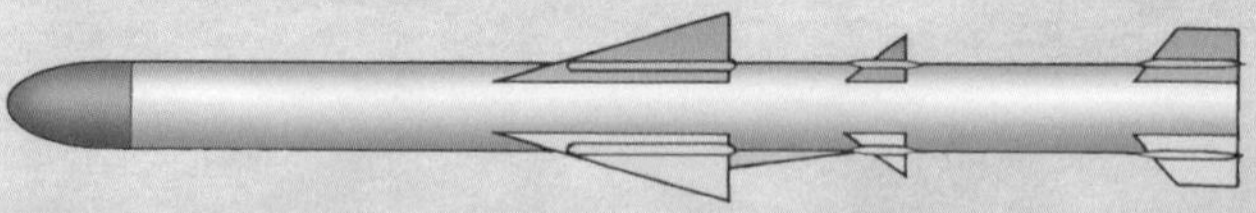

하야부사급 미사일
고속정에서 발사된
90식함대함유도탄

90식 함대함유도탄은, 80식 공대함유도탄을 토대로 개발된 88식 지대함유도탄을 함상발사용으로 개조한 미사일. 88식은 연안발사용 대함미사일로, 중간유도는 관성유도, 종말유도는 액티브레이더유도이지만, 중간유도는 산지가 많은 지형 특성을 살릴 수 있는 프로그래밍 비행도 가능하다. 90식은 고체연료 부스터로 발사되며, 부스터연소 후 터보제트로 전환된다. 직경35cm, 전장 5m, 중량 약 660kg, 사거리 150~200km.

시스패로우의 후계인 RIM-162 발전형 시 스패로우(*ESSM). 이것은 저고도를 고속으로 비행하는 표적을 요격할 수 있도록 사거리나 비행속도를 향상시켜, 30~50G정도의 강력한 가중이 걸리는 고난도의 기동이 가능하다. 또한, 이 미사일은 VLS에서 발사 가능하다. 전장 3.8m, 직경 25cm, 중량 300kg, 속도 약 마하 2.5, 사거리 30~50km

●발전형 시스패로우

Mk.41VLS에서
발사할 수 있는
ASROC도 있다.

●ASROC

RUR-5 ASROC은 1950년대에 원거리 대잠공격무기로서 개발되었다. 경어뢰를 부스터로켓으로 발사하는 것이며, 거듭된 개량을 통해 오늘날에도 사용되고 있는 주요 대잠무기이다. Mk.44 경어뢰 장착형이라면 9km, Mk.46 경어뢰 장착형이라면 약 20km의 원거리까지 날려 보낼 수 있다. 하지만 기본적으로 무유도로켓이기 때문에 비행 정확도는 기온이나 풍속 등에 큰 영향을 받는다. 유도어뢰인 ASROC은 발사 후, 조정지점에서 경어뢰를 분리하고 낙하산으로 강하, 해면에서 낙하산을 분리한 후, 음원을 찾아 잠수함을 탐지 · 공격한다. 전장 4.5m, 직경 42.4cm, 중량 488kg, 사거리 11km.

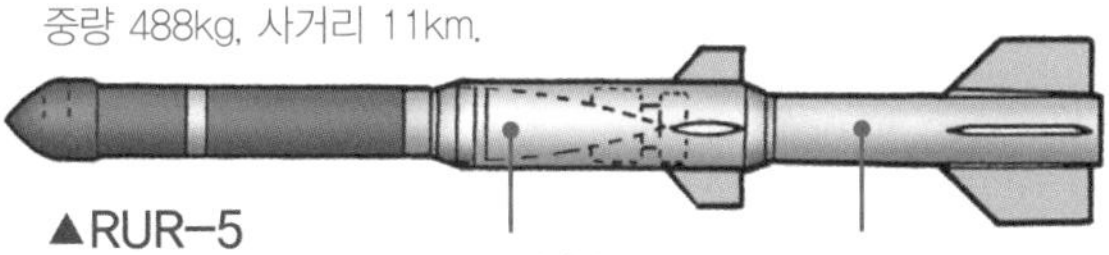
Mk.46 경어뢰
(73식 어뢰)
비행용 고체연료식
부스터 및 유도시스템

▲RUR-5

●RIM-116 *RAM

초음속으로 근거리까지 날아온 대함미사일에 대항하는 자함방어용 미사일. Mk.49 발사기에 21발을 수납, 단시간에 연속적으로 발사해서 대함미사일을 격추한다. 유도는 패시브레이더 호밍과 적외선호밍식으로, 일루미네이터(사격지휘레이더)를 필요로 하지 않는다. 전장 2.79m, 직경 12.7cm, 중량 73.5kg, 속도 마하 2.5, 사거리 9.6km.

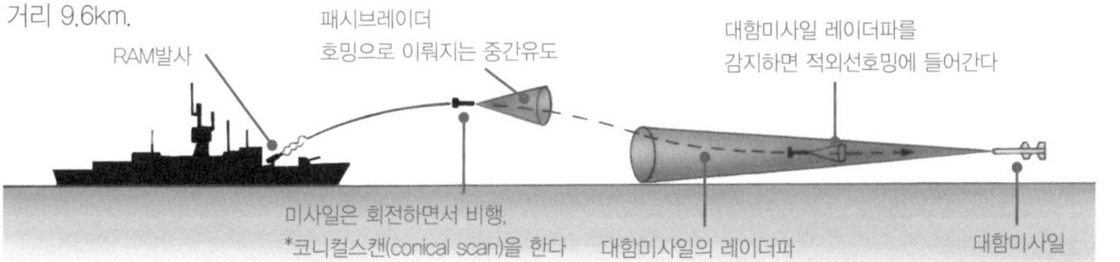
RAM발사
패시브레이더
호밍으로 이뤄지는 중간유도
대함미사일 레이더파를
감지하면 적외선호밍에 들어간다
미사일은 회전하면서 비행,
*코니컬스캔(conical scan)을 한다
대함미사일의 레이더파
대함미사일

* ESSM=Evolved Sea Sparrow Missile의 약자. * RAM=Rolling Airframe Missile의 약자. * 코니컬스캔=전자빔을 회전시키는 방식의 간소한 유도장치.

11. 탄도탄요격미사일(1)

핵미사일을 핵미사일로 요격한다?!

소련의 대륙간탄도미사일에 대항하기 위해, 미국은 1950년대 중반부터 *ABM(탄도탄요격미사일) 개발을 추진했다. 그리고 1970년대 초반에 탄도미사일을 *부스트단계에서 탐지할 수 있는 감시시스템과 함께 당시 배치된 ABM에 의해서 탄도미사일요격시스템은 일단 완성 했다(세이프가드계획). 그 ABM이 *LIM-49 스파르탄과 스프린트이다. 탄도미사일의 탄두를 1차로 고고도용인 스파르탄으로 요격(대기권 밖에서 공격), 이때 요격하지 못한 탄두는 저고도용인 스프린트로 요격(대기권내에서 공격)한다는 2단구조의 요격태세로 방위한다는 것이었다.

기본적인 구상은 오늘날의 *BMD(탄도미사일방위)와는 다름이 없지만, 크게 다른 것은 2가지 미사일에 탑재된 것이 핵탄두였다

《스프린트》

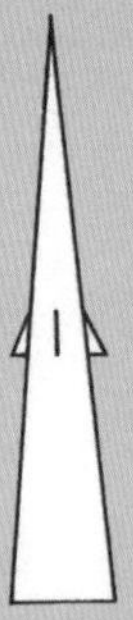

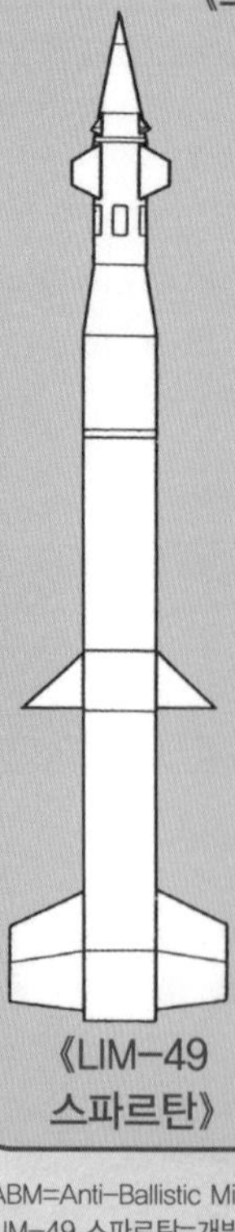

《LIM-49 스파르탄》

《LIM-49A 스파르탄》
고체연료 3단식, 전장 16.8m, 전폭 2.98m, 발사중량 1만 3100kg, 도달고도 56만m, 최대사거리 740km, 최대속도 마하4 이상, W71열핵탄두를 탑재.

《스프린트》
고체연료 2단식, 전장 8.20m, 최대직경 1.35m, 발사중량 3400kg, 도달고도 3만m, 최대사거리 40km, 최대속도 마하10, W66방사선 강화 핵탄두탑재, 무선유도지령방식.

[위] 이송작업 중인 스프린트 미사일. 지하의 미사일 기지에서 발사되는 방식.
[아래] 나이키 제우스A의 통칭으로 불려졌던 스파르탄의 초기형은 W31핵탄두를 탑재하고 있었다.

* ABM=Anti-Ballistic Missile의 약자. * 부스트단계=발사된 미사일이 가속하면서 상승해 가는 단계.
* LIM-49 스파르탄=개발과정에서는 나이키 제우스A/B라고 불리웠다. * BMD=Ballistic Missile Defense의 약자

는 것이다. 당시 마하 20 이상의 고속으로 낙하하는 핵탄두에 미사일을 명중시킬 수 있는 기술이 없었기 때문에, 미사일에 근접해서 핵탄두를 폭발시켜 방사되는 X선으로 탄두를 내부로부터 파괴하는 방법이 채택된 것이다. 즉 「핵으로 핵을 요격한다」라는 발상이었지만, 아군에 대한 영향도 크기 때문에 1975년부터 1976년에 걸쳐서 수개월만 실전 배치된 것으로 그쳤다.

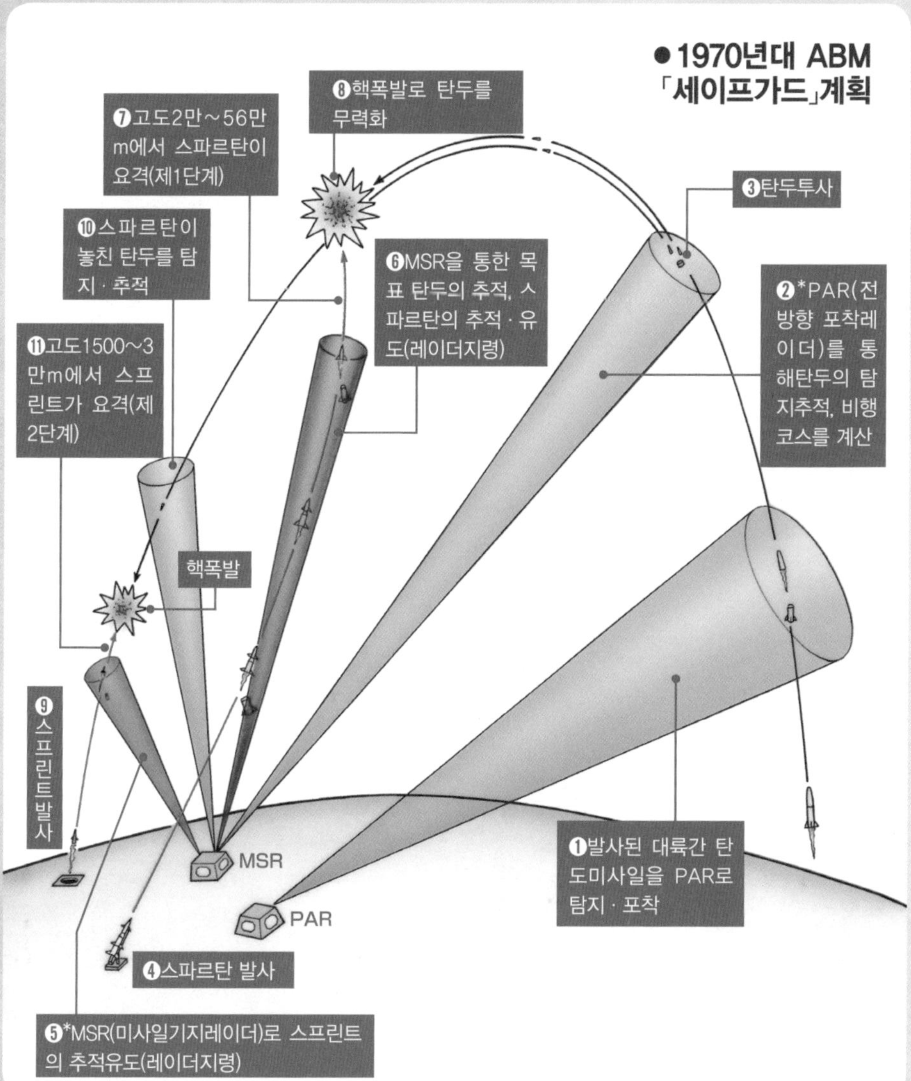
● 1970년대 ABM 「세이프가드」계획
❽핵폭발로 탄두를 무력화
❼고도2만~56만m에서 스파르탄이 요격(제1단계)
❸탄두투사
❿스파르탄이 놓친 탄두를 탐지 · 추적
❻MSR을 통한 목표 탄두의 추적, 스파르탄의 추적 · 유도(레이더지령)
❷*PAR(전방향 포착레이더)를 통해탄두의 탐지추적, 비행코스를 계산
⓫고도1500~3만m에서 스프린트가 요격(제2단계)
핵폭발
❾스프린트발사
MSR
PAR
❶발사된 대륙간 탄도미사일을 PAR로 탐지 · 포착
❹스파르탄 발사
❺*MSR(미사일기지레이더)로 스프린트의 추적유도(레이더지령)

* MSR=Missile Site Radar의 약자.* PAR=Perimeter Acquisition Radar의 약자.

12. 탄도탄요격미사일(2)

「애국자」라는 이름의 요격미사일

걸프전쟁으로 유명해진 MIM-104 *패트리어트 미사일은, 전선에서 적 항공기나 단거리 탄도미사일의 위협에 대항하기 위해 1960~70년대에 걸쳐서 개발된 광역방공용 미사일시스템이다. 당초, 마하2~3으로 비행해 오는 수호이 등의 비행기를 전방 150km 떨어진 공역에서 포착 · 요격하는 것을 상정, 유효사거리는 70~80km였다. 1984년부터 실전배치가 시작되었지만, 배치하고 보니 다양한 문제가 있었고, 특히 탄도미사일 요격능력 부족이 지적되었다.

그래서 스커드와 같은 전역탄도미사일에 대항하기 위해, 원거리요격 능력을 희생해서 도달고도를 연장시키는 등, PAC-1부터 PAC-3의 개량형까지 개발되어 있다.

패트리어트의 기본전투단위인 사격유닛은, 미사일이 4발 들어간 발사기 8기, 레이더, 사격관제스테이션, 안테나 · 마스트 그룹, 전원차로 구성되는데, 6개 사격유닛으로 1개 대대가 편성된다. 사진은 M901 발사기로부터 PAC-1 미사일이 발사되는 순간. 발사기는 사격관제스테이션(AN/MSQ-140 *ECS)에 의해 제어되며, ECS는 최대 16기의 발사기를 통제할 수 있다.

* 패트리어트=애국자라는 의미이지만, Phased Array Tracking Radar Intercept On Target(표적을 요격하는 추적위상배열레이더)의 약자이기도 하다. * ECS=Engagement Control Station의 약자

●패트리어트미사일 유도

패트리어트의 유도에는 TVM이라는 방식이 채택되었다. 이것은 미사일의 유도시커가 탐지한 표적의 데이터를 지상의 관제장치로 송신하고, 거기서 신호처리 후 유도하기 위한 지령을 다시 미사일로 송신하여 미사일을 유도하는 방식으로, 지령유도방식과 비슷하다. 단, 지령은 미사일로부터의 정보를 바탕으로 신호처리한 것이기 때문에, 호밍유도와 같다(호밍유도에서는 표적을 탐지추적하는 탐색레이더와 미사일을 유도하는 추적레이더가 사용되지만, 패트리어트에서는 MPQ-53 페이즈드어레이 레이더가 양쪽 기능을 수행한다).

표적을 탐지한 레이더는, 표적으로 향한 레이더파를 조사해서 위치를 산출, 발사된 미사일을 유도한다. 미사일은 사전에 입력된 데이터에 근거해서 프로그램 유도로 비행, 표적에 접근하고 표적으로부터 반사된 전파를 수신하면 TVM 유도가 개시된다. 표적으로부터의 레이더반사파를 미사일 자체가 수신하고, 지상의 사격관제컴퓨터가 계산한 지령유도전파의 데이터와 조합하면서, 표적을 향해서 비행해 간다.

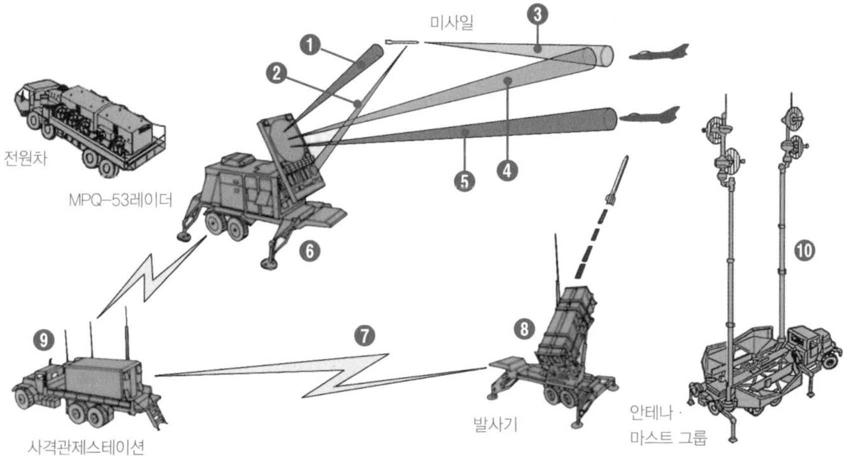
미사일
전원차
MPQ-53레이더
사격관제스테이션
발사기
안테나 ·
마스트 그룹

❶미사일추적 및 비행지령링크
❷미사일로부터의 리포트용 링크
❸TVM트럭
❹표적추적 및 TVM조사
❺탐색 및 발견
❻탐색, 발견, 피아식별, 추적, 전파조사, 미사일과의 통신
❼발사기의 지향, 미사일발사 전 데이터입력
❽미사일운반 및 발사
❾표적추적, TVM유도 등을 한다
❿신축가능한 안테나마스트를 장착한 통신중계장치

▼패트리어트 PAC-1 미사일의 구조

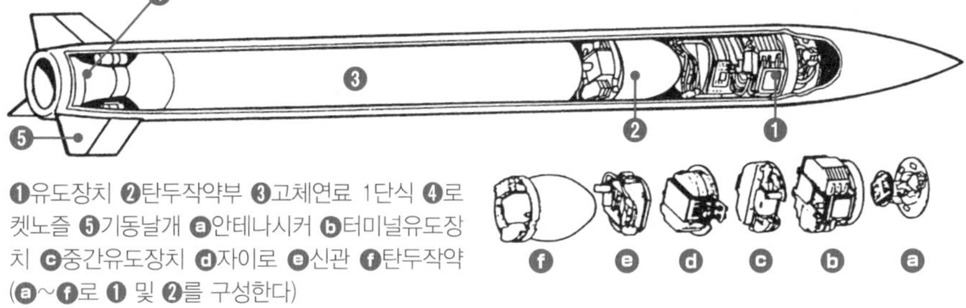

❶유도장치 ❷탄두작약부 ❸고체연료 1단식 ❹로켓노즐 ❺기동날개 ⓐ안테나시커 ⓑ터미널유도장치 ⓒ중간유도장치 ⓓ자이로 ⓔ신관 ⓕ탄두작약 (ⓐ~ⓕ로 ❶ 및 ❷를 구성한다)

13. 탄도탄요격미사일(3)

지속 개량된 패트리어트미사일

패트리어트 방공시스템의 미사일은 PAC-1부터 PAC-3까지로, 현재 PAC-3의 성능향상형이 개발되고 있다. PAC-1은 초기형의 전자장치 등을 개량한 것이며, PAC-2는 스커드 등의 전역탄도미사일을 요격할 수 있도록 개량된 것으로, PAC-1보다 탑재 레이더의 탐지거리를 연장하였고, 탄도미사일을 폭발시키는 근접신관의 탐지파를 더블 빔으로 하여 표적을 확실하게 검지할 수 있게 하였으며, 폭발한 미사일의 파편도달범위를 넓혀 파괴효과를 높였다. 1991년의 걸프전쟁에 투입되었던 것이 바로 이 PAC-2였다.

하지만, PAC-2는 이라크군이 발사한 알후세인 단거리탄도미사일을 4분의 1정도 밖에 요격할 수 없었기 때문에, 성능향상이 요구되었다. 이에 따라 개발된 것이 *PAC-3로, 탐지거리를 증대, 표적식별능력을 향상시킨 레이더와 신형미사일의 조합으로, 보다 확실하게 전역탄도미사일을 격추한다. PAC-3 미사일로는 패트리어트 시스템에 탑재 · 운용할 수 있게 된 *ERINT 미사일이 채택되었다.

일본의 경우, 1995년에 패트리어트 PAC-2, 2010년에는 PAC-3의 배치가 개시되었다. 사진의 PAC-3는 *BMD(탄도미사일방위)의 지상배치형 하층 무기체계로서의 역할을 담당한다. 미사일자체에 액티브유도기능을 부여했으며, 이외에도 레이더장치의 성능을 향상시켜 표적탐지거리 등이 크게 증가했다

● ERINT 미사일

ERINT 미사일은 탄체 전체가 표적의 탄도미사일에 직접 충돌해서 격추하는 방식으로, 항공기나 순항미사일, 공대지미사일의 격추도 가능하고, 그 경우에는 충돌직전에 전과확대탄두Lethality Enhancer라고 불리는 탄두(225g의 금속구 24개를 방출해, 접촉 파괴 범위를 넓혔다)를 사용한다. 유도방식은 지령유도 및 액티브레이더유도에 의한 종말유도. 미사일의 전장은 5.2m, 사격고도 1만 5000m이상, 최대사거리 20km.

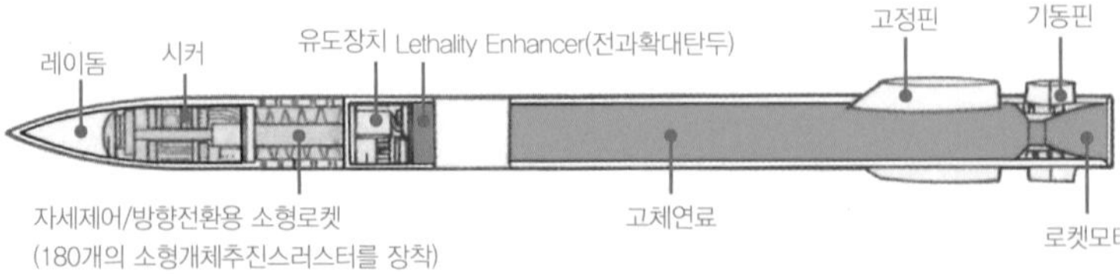
레이돔
시커
유도장치 Lethality Enhancer(전과확대탄두)
고정핀
기동핀
자세제어/방향전환용 소형로켓
(180개의 소형개체추진스러스터를 장착)
고체연료
로켓모터

* PAC-3=당초, PAC-2의 능력을 향상시킨 멀티모드형과 ERINT형이 후보에 올랐다.
* ERINT=Extended Range INTerceptor의 약자.

● 패트리어트 PAC-1 및 PAC-2의 파괴력

《PAC-1》

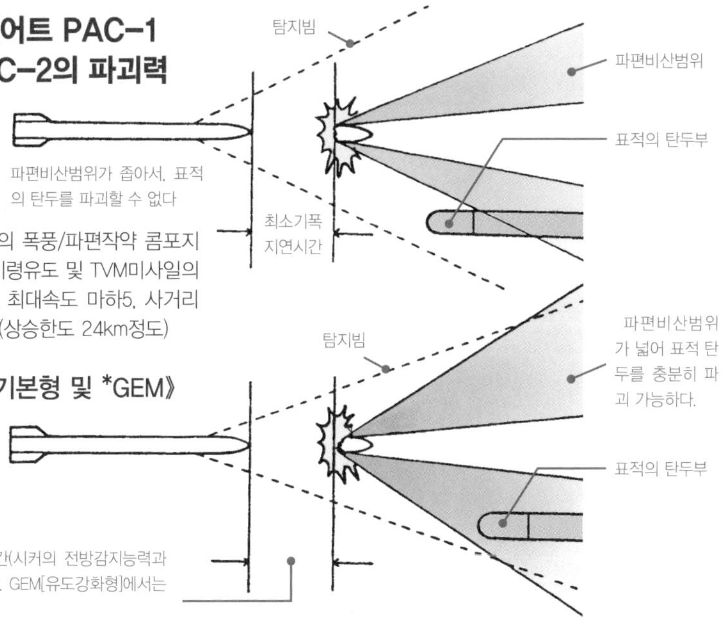
탐지빔
파편비산범위
표적의 탄두부
파편비산범위가 좁아서, 표적의 탄두를 파괴할 수 없다
최소기폭
지연시간
탐지빔
파편비산범위가 넓어 표적 탄두를 충분히 파괴 가능하다.
표적의 탄두부

탄두는 90kg의 폭풍/파편작약 콤포지션B 유도는 지령유도 및 TVM미사일의 전장은 5.3m, 최대속도 마하5, 사거리는 70km이상(상승한도 24km정도)

《PAC-2：기본형 및 *GEM》

최소기폭지연시간(시커의 전방감지능력과 반응시간을 개선, GEM[유도강화형]에서는 감도를 올렸다)

● 패트리어트 PAC-3

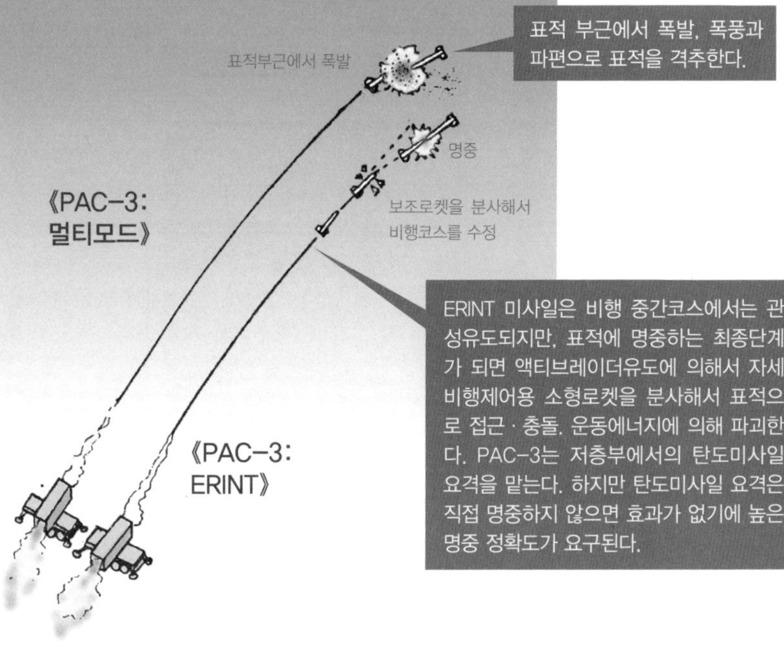
표적 부근에서 폭발, 폭풍과 파편으로 표적을 격추한다.
표적부근에서 폭발
명중
《PAC-3: 멀티모드》
보조로켓을 분사해서 비행코스를 수정
《PAC-3: ERINT》

ERINT 미사일은 비행 중간코스에서는 관성유도되지만, 표적에 명중하는 최종단계가 되면 액티브레이더유도에 의해서 자세 비행제어용 소형로켓을 분사해서 표적으로 접근 · 충돌, 운동에너지에 의해 파괴한다. PAC-3는 저층부에서의 탄도미사일 요격을 맡는다. 하지만 탄도미사일 요격은 직접 명중하지 않으면 효과가 없기에 높은 명중 정확도가 요구된다.

* GEM=Guidance Enhanced Missile의 약자

14. 탄도탄요격미사일(4)

보다 높은 궤도의 탄도미사일을 요격한다

탄도미사일의 탄두를 멀리 날리기 위해서는, 높은 궤도를 비행하도록 해야만 한다. 하지만 이것을 현재의 요격미사일로 *미드코스단계에서 공격하기에는 도달고도가 부족하다. 종래의 미사일보다도 높은 궤도를 그리는 탄도미사일을 요격하기 을 위해, 현재 개발이 진행되고 있는 것이 스탠더드 SM-3 Block II A이다.

SM-3 Block II A는 현재, 미 · 일공동으로 개발이 진행되고 있다. 직경 53cm, 전장 6.55m, 중량 1만 5000kg, 최대요격고도 150만m(목표치), 최대사거리 2500km(목표치)

SM-3 Block I A/B나 II A에 탑재되어 있는 키네틱탄두(운동에너지탄두)의 충돌실험.
[위]비상하는 키네틱탄두.
[아래]키네틱탄두가 탄도미사일의 유사탄두에 충돌한 순간.
※그림에서는 IR영상센서가 뭔가를 방사, 표적을 포착하는 것처럼 보이지만, 실제로는 표적의 적외선을 탐지할 뿐이다.

● SM-3 Block II A

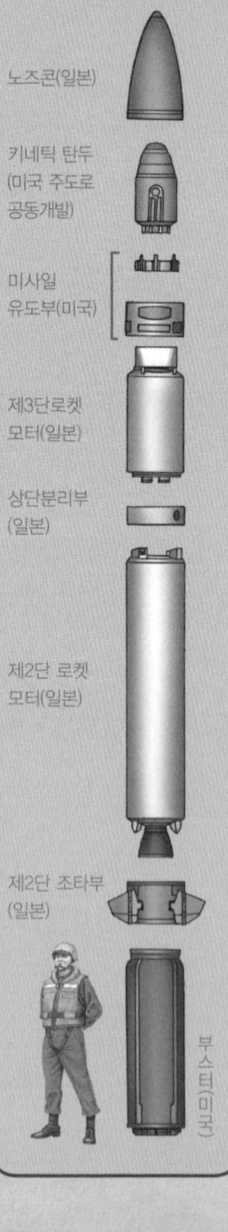
노즈콘(일본)
키네틱 탄두
(미국 주도로
공동개발)
미사일
유도부(미국)
제3단로켓
모터(일본)
상단분리부
(일본)
제2단 로켓
모터(일본)
제2단 조타부
(일본)
부스터(미국)

● 키네틱탄두

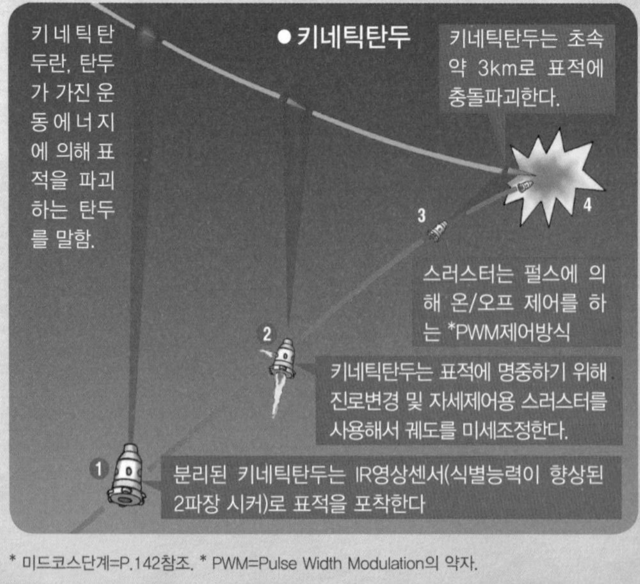
키네틱탄두란, 탄두가 가진 운동에너지에 의해 표적을 파괴하는 탄두를 말함.
키네틱탄두는 초속 약 3km로 표적에 충돌파괴한다.
1
2
3
4
스러스터는 펄스에 의해 온/오프 제어를 하는 *PWM제어방식
키네틱탄두는 표적에 명중하기 위해 진로변경 및 자세제어용 스러스터를 사용해서 궤도를 미세조정한다.
분리된 키네틱탄두는 IR영상센서(식별능력이 향상된 2파장 시커)로 표적을 포착한다

* 미드코스단계=P.142참조. * PWM=Pulse Width Modulation의 약자.

●SM-3 Block II A를 이용한 탄도미사일 요격

이지스함에 배치되어 있는 스탠더드 SM-3 Block I A는, 단거리탄도미사일이나 준중거리탄도미사일의 요격이 가능한 미사일이다. 요격가능 사거리 1200km이상, 요격가능고도 50만m정도를 목표로 개발되었는데(고도 25만m에 위치한 인공위성을 파괴한 기록이 있다), 아래 그림의 「통상 궤도」란, SM-3 Block I A로 요격이 가능한 고도를 나타낸다. 그 위쪽의 「고궤도」는, 중거리 이상이나 대륙간탄도미사일의 궤도를 나타내고, Block I A에 의한 요격에는 한계가 있었다. 그래서 통상 궤도의 미사일도 포함해 보다 고궤도의 미사일도 요격가능하도록 능력을 향상시킨 SM-3 Block II A의 개발이 진행되고 있는 것이다.

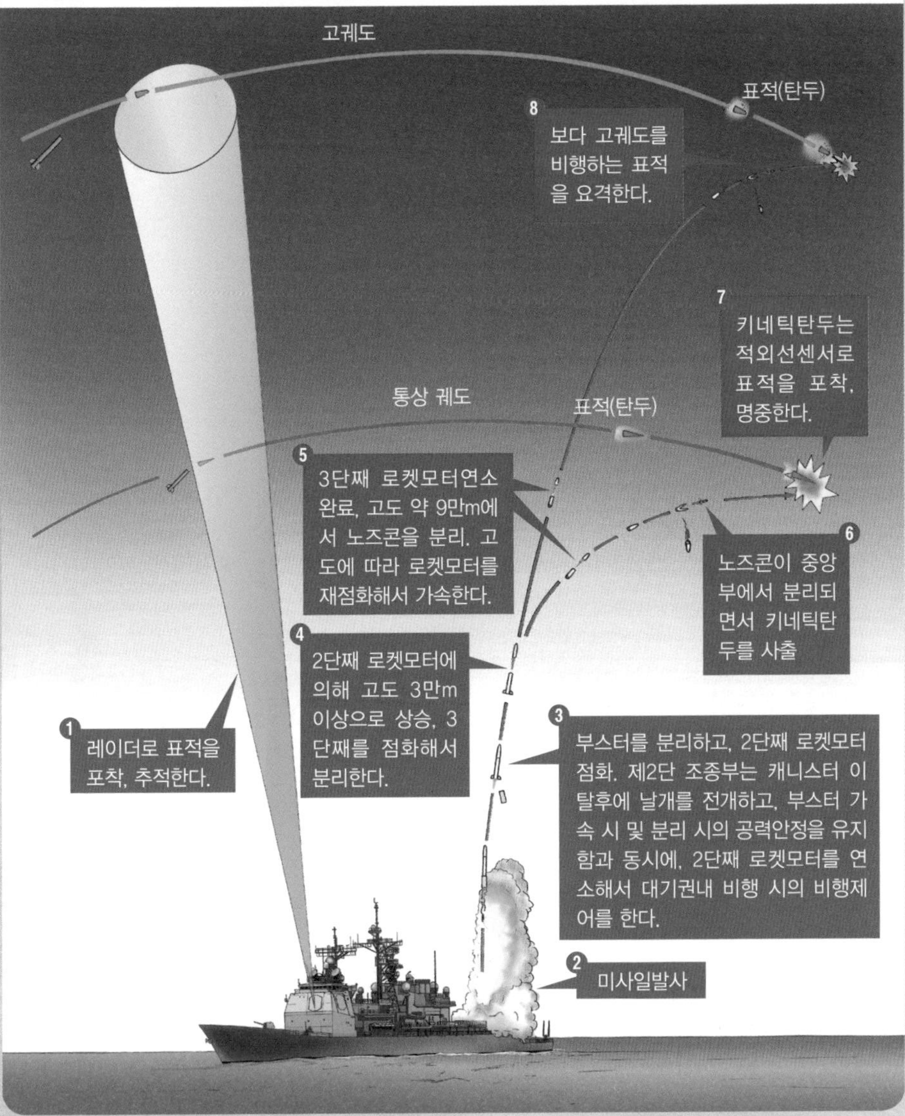
고궤도
표적(탄두)
8 보다 고궤도를 비행하는 표적을 요격한다.
7 키네틱탄두는 적외선센서로 표적을 포착, 명중한다.
통상 궤도
표적(탄두)
5 3단째 로켓모터연소 완료, 고도 약 9만m에서 노즈콘을 분리. 고도에 따라 로켓모터를 재점화해서 가속한다.
6 노즈콘이 중앙부에서 분리되면서 키네틱탄두를 사출
4 2단째 로켓모터에 의해 고도 3만m 이상으로 상승, 3단째를 점화해서 분리한다.
1 레이더로 표적을 포착, 추적한다.
3 부스터를 분리하고, 2단째 로켓모터 점화. 제2단 조종부는 캐니스터 이탈후에 날개를 전개하고, 부스터 가속 시 및 분리 시의 공력안정을 유지함과 동시에, 2단째 로켓모터를 연소해서 대기권내 비행 시의 비행제어를 한다.
2 미사일발사

15. 탄도탄요격미사일(5)

종말 고고도 지역방어체계 THAAD란?

탄도미사일의 요격은 ①미드코스단계인 대기권외, ②*종말단계인 대기권으로의 재돌입부터 대기권 상층부 비행단계, ③대기권 하층부 비행단계의 3단계로 구분되어 이루어지는데, 이 가운데 ②에 해당하는 고층역에서의 요격용으로 개발된 것이 THAAD이다.

이것을 운용하는 THAAD 시스템은, 미사일 및 미사일을 이동발사하는 발사기 *PLS(팰릿식 발사시스템), 표적의 탐지추적, 미사일의 유도를 하는 TPY-2레이더, BM/C3(전투관리/지휘관제통신)을 담당하는 스테이션의 3가지 서브시스템으로 구성되어 있다.

전장 6.17m에 고체연료로켓으로 비행하는 THAAD 미사일은 표적을 운동에너지 탄두Kill Vehicle로 격추하도록 되어 있는데, 중간단계의 유도는 갱신기능이 있는 INS와 GPS를 통해 이뤄지며 표적에 돌입하는 종말단계에서는 적외선호밍으로 탄두에 탑재된 코스변경 및 자세제어용 스러스터를 분사, IR시커가 감지한 방향으로 향한다.

[왼쪽] PLS로부터 발사된 THAAD 미사일. [오른쪽] 미국의 미사일방위에서 THAAD보다도 높은 궤도(탄도미사일이 대기권밖을 비행하는 미드코스단계의 요격을 맡는 지상배치형 탄도탄요격미사일 *GBI.

* 종말단계=P.143참조. * THAAD=Terminal High Altitude Area Defense missile의 약자. 원래는 Theater High Altitude Area Defense missile(전역고고도방위미사일)의 약자였다. * PLS=Pallet Launcher System의 약자. * GBI=Ground Based Interceptor의 약자.

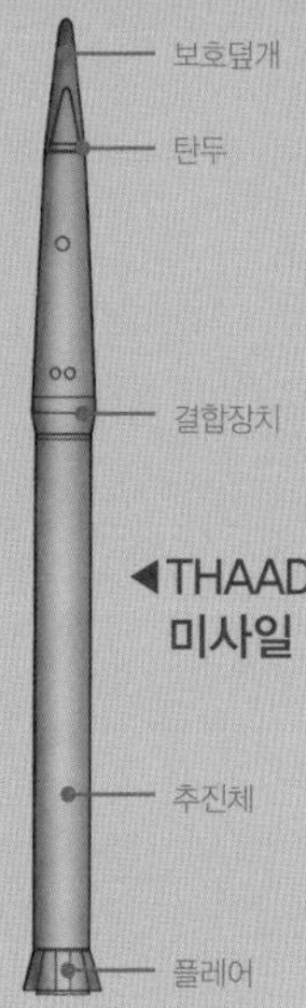
보호덮개
탄두
결합장치
추진체
플레어

◀THAAD 미사일

탄체직경37cm, 전장 6.1m, 사격고도 4만~15만m

▼TPY-2 레이더

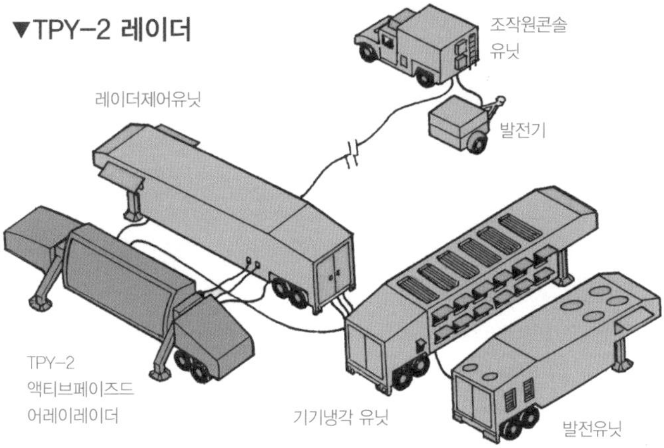
조작원콘솔
유닛
레이더제어유닛
발전기
TPY-2
액티브페이즈드
어레이레이더
기기냉각 유닛
발전유닛

THAAD 시스템의 눈이 되는 것이 *TPY-2레이더. 탄도미사일의 정확한 탄도, 착탄위치, 착탄까지의 시간을 측정, 계산할 수 있도록 TPY-2는, 8~12kHz 대역의 X밴드 전파를 사용하기에, 탐지거리는 짧지만 정밀한 측정이 가능하다고 한다. 미군의 발표에 의하면 탐지거리는 500km이상, 최대탐지거리는 분명히 밝혀져 있지 않다.

●THAAD 및 패트리어트 PAC-3에 의한 전역/전술미사일 요격개념

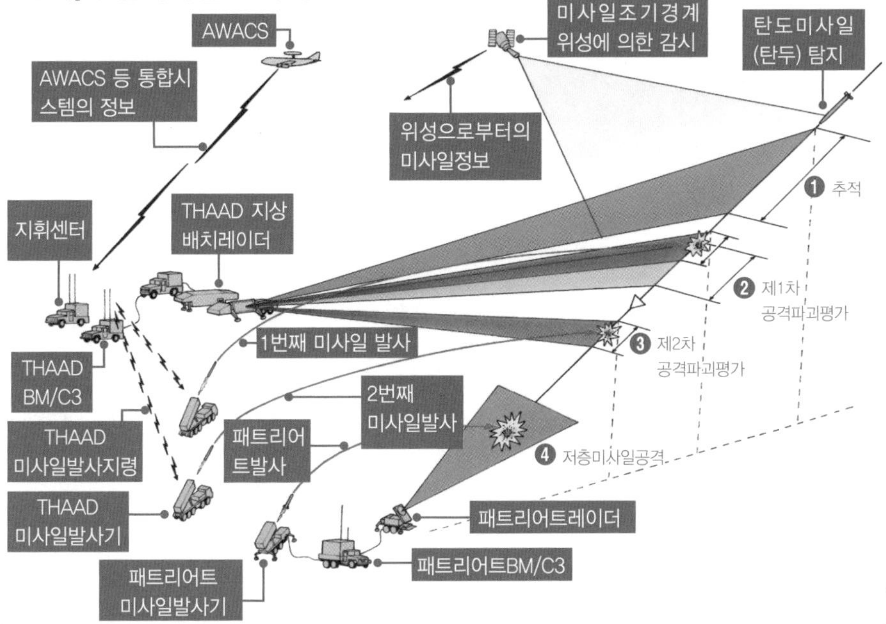
AWACS
AWACS 등 통합시스템의 정보
미사일조기경계
위성에 의한 감시
탄도미사일
(탄두) 탐지
위성으로부터의
미사일정보
① 추적
지휘센터
THAAD 지상
배치레이더
② 제1차
공격파괴평가
③ 제2차
공격파괴평가
1번째 미사일 발사
THAAD
BM/C3
2번째
미사일발사
THAAD
미사일발사지령
패트리어
트발사
④ 저층미사일공격
THAAD
미사일발사기
패트리어트레이더
패트리어트
미사일발사기
패트리어트BM/C3

* TPY-2레이더=일본의 방위성에서는 FBX-T레이더라고 부르고 있다.

CHAPTER 3

Air-Launched Missiles

제3장

공중발사미사일

오늘날 항공기의 주요 무장은 미사일으로,
항공기는 미사일 발사 플랫폼이라 해도 과언이 아니다.
또한 미사일의 발달은 전투기와 공격기를 통합한
다목적 전투기의 탄생에도 크게 공헌했다.
이번 장에서는 항공기로부터 발사되는 미사일에 더하여,
순항미사일에 대해서도 살펴보고자 한다.

01. 공대공미사일

전투기끼리의 교전에 사용되는 미사일

전투기간 공대공전투에 사용되는 *AAM(공대공미사일)에는 최대사거리가 150km이상인 장거리공대공미사일, 최대사거리가 50km 정도인 중거리공대공미사일, 최대사거리가 10km정도인 단거리공대공미사일이 있는데, 이들 미사일의 주요한 유도방식으로는 세미액티브레이더유도식 및 액티브레이더유도식과 적외선유도식이 있다.

세미액티브레이더유도방식은 미국의 AIM-7 스패로우로 대표되는 미사일의 유도방식이다. 주로 중거리공대공미사일에서 이 방식을 많이 사용하는데, 발사한 후에는 레이더로 표적을 지속 조사하면서 미사일을 유도할 필요가 있다. 때문에 발사 후, 전투기는 짧은 시간 동안이지만, 기동에 제약을 받는다(미사일 발사 직후 회피 및 이탈행동을 할 수 없다).

또한 이 방식에서는 표적이 격렬한 회피기동을 할 경우, 자동추적Lock on이 풀릴 수 있다는 등의 단점이 있었다. 이 단점을 극복한 것이 1990년대 초반에 출현한 AIM-120 암람AMRAAM 미사일로, 액티브레이더유도방식이 적용되고 있다.

적외선유도식의 대표라면 AIM-9 사이드와인더를 들 수 있다. 단거리공대공미사일에 많이 사용되는 이 방식의 미사일은 발사 후 적기의 제트배기를 감지하여 비행하도록 되어 있다. 때문에 저속이면서 스패로우 등의 중거리공대공미사일보다 사거리도 짧지만 명중정확도가 높고, 발사 후 망각이 가능하다.

한편, 최대사거리가 150km에 이르는 장거리공대공미사일은, 전투기가 탑재하는 레이더의 표적추적능력의 한계때문에 개발이 어렵

▼AIM-9L/M

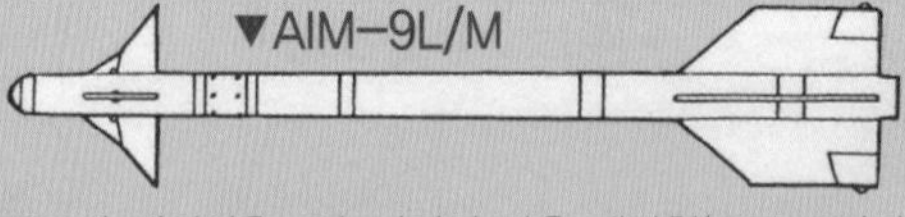

1956년 배치이후, 오늘날까지 많은 개량형(주로 IR시커의 감지범위의 개량)이 개발되었고, 50개국 이상에서 사용되고 있다. 그림은 제3세대인 L/M형. 직경 12.7cm, 전장 2.83m, 중량 86.2kg, 속도 약 마하2.5, 사거리 18km

▼AIM-9X

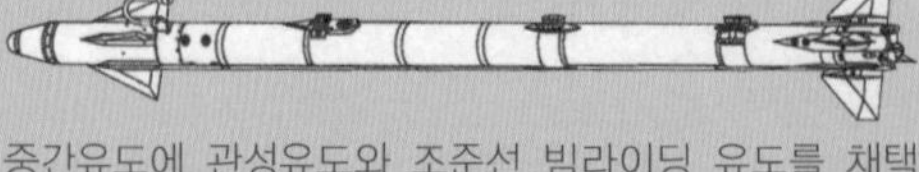

중간유도에 관성유도와 조준선 빔라이딩 유도를 채택했으며 헬멧 마운트 디스플레이 시스템을 사용, 헬멧을 쓴 파일럿이 지향하는 방향으로 발사하는 기축선외off Boresight 발사능력이 있다. 전장 3.02m, 직경 12.7cm, 중량 85.3kg, 속도 마하 2.5, 사거리 약 40km

●공대공전투용 미사일 비교

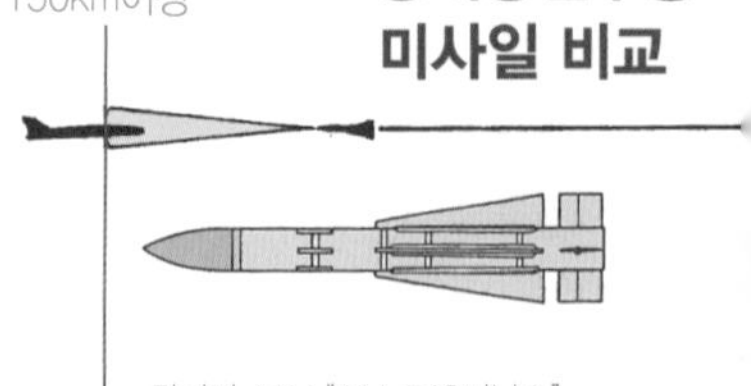
150km이상

단거리 AAM "AIM-54C피닉스"
(액티브레이더유도+관성유도+갱신기능 추가 오토파일럿)

AIM-54는 A(초기형), B(간이양산형), C(중간유도에 관성유도를 채택), ECCM/Sealed(대전자방해능력을 부여)가 있다. 직경 38cm, 전장 3.9m, 중량 460kg, 속도 마하 5, 사거리 150km 이상

고, F-14에 탑재된 AN/AWG-9레이더와 조합해서 사용했던 AIM-54C 피닉스 정도 밖에 존재하지 않았다. 하지만, 최근에는 레이더의 문제도 해결되면서 몇 종류의 장거리공대공미사일 개발이 진행되고 있다.

*AAM = Air-to-Air Missile의 약자
*AMRAAM = Advanced Medium Range Air-to-Air Missile의 약자

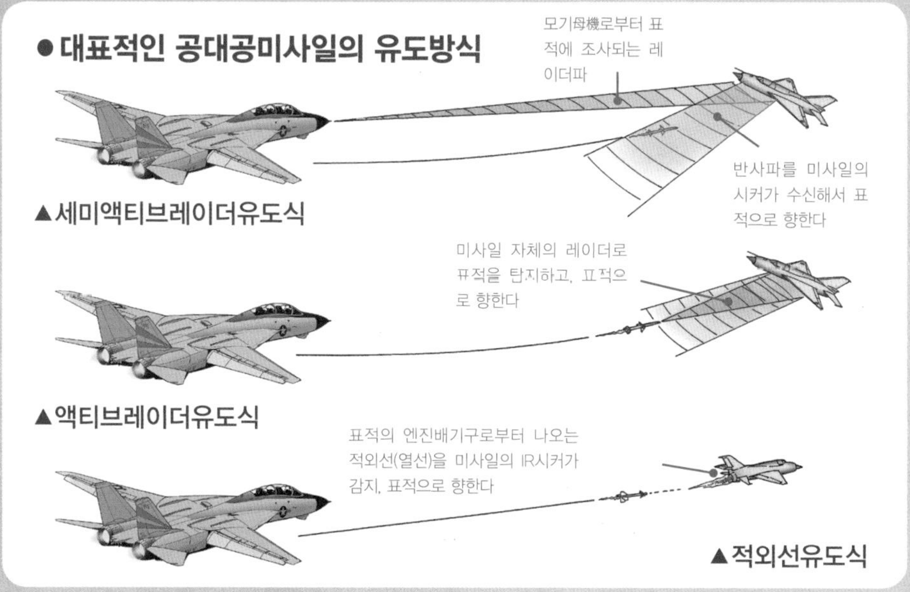
●대표적인 공대공미사일의 유도방식
모기母機로부터 표적에 조사되는 레이더파
반사파를 미사일의 시커가 수신해서 표적으로 향한다
▲세미액티브레이더유도식
미사일 자체의 레이더로 표적을 탐지하고, 표적으로 향한다
▲액티브레이더유도식
표적의 엔진배기구로부터 나오는 적외선(열선)을 미사일의 IR시커가 감지, 표적으로 향한다
▲적외선유도식

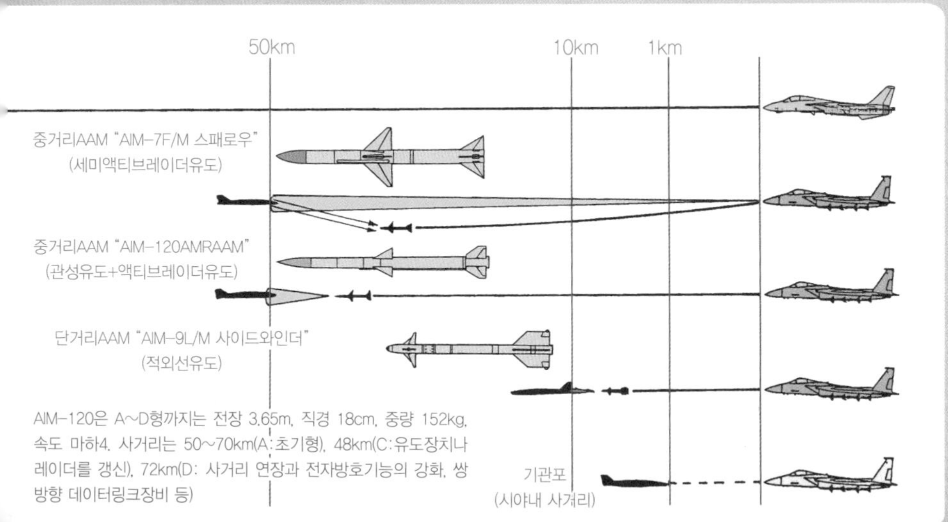
50km
10km
1km
중거리AAM "AIM-7F/M 스패로우"
(세미액티브레이더유도)
중거리AAM "AIM-120AMRAAM"
(관성유도+액티브레이더유도)
단거리AAM "AIM-9L/M 사이드와인더"
(적외선유도)
기관포
(시야내 사거리)

AIM-120은 A~D형까지는 전장 3.65m, 직경 18cm, 중량 152kg, 속도 마하4. 사거리는 50~70km(A:초기형), 48km(C:유도장치나 레이더를 갱신), 72km(D: 사거리 연장과 전자방호기능의 강화, 쌍방향 데이터링크장비 등)

02. 공대공/공대지미사일

항공기에서 발사되는 다양한 미사일

●중거리공대공미사일

1990년 이후에 출현한 AIM-120 AMRAAM이나 AAM-4(99식 공대공유도탄) 등의 중거리공대공미사일에는 액티브레이더유도식이 사용되고 있다. 이것들은 발사 후에 지령유도와 관성유도로 비행하며, 표적에 접근하면 미사일 자체 레이더에 의한 자동추적으로 바뀐다. AMRAAM은 자체유도능력을 지니며 사거리도 40~70km에 이르는 미사일로, 일본 항공자위대가 운용하는 AAM-4도 이것과 같은 수준의 자체유도기능을 보유하고 있다.

AAM-4
(99식 공대공유도탄)▶

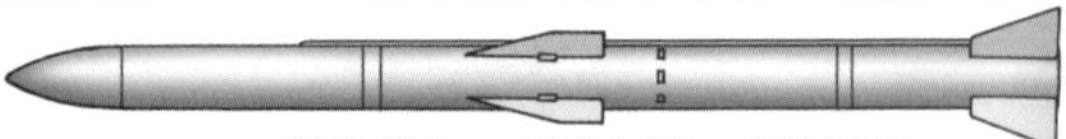

직경 20.3cm, 전장 3.67m, 중량 220kg, 사거리 약 100km, 속도 마하 4~5

AIM-7F▼

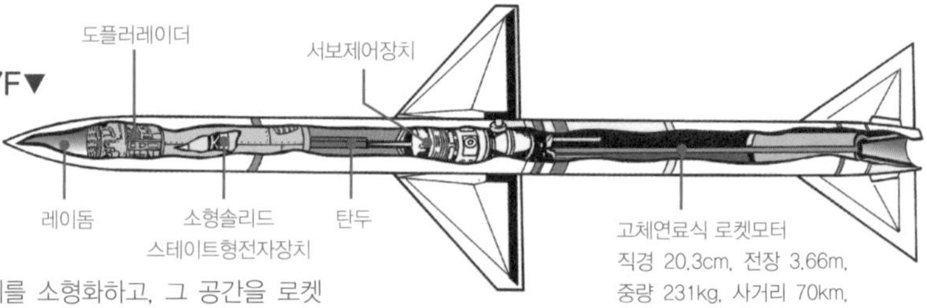
도플러레이더
서보제어장치
레이돔
소형솔리드 스테이트형전자장치
탄두
고체연료식 로켓모터

직경 20.3cm, 전장 3.66m, 중량 231kg, 사거리 70km, 속도 마하 4

전자장치를 소형화하고, 그 공간을 로켓모터로 충당하여 사거리를 연장한 타입.

●SEAD임무용 미사일

▼AGM-88 *HARM

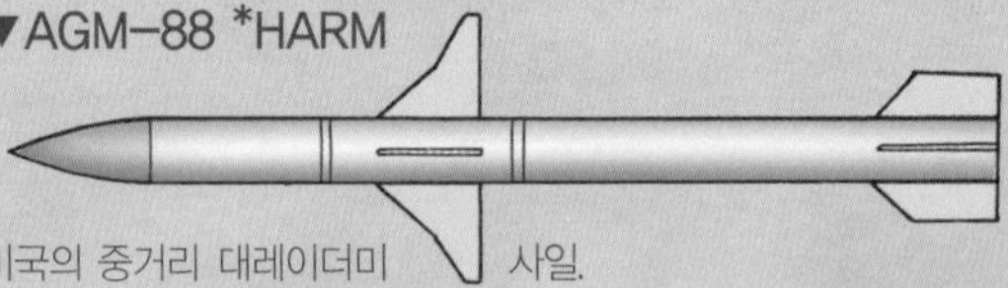

미국의 중거리 대레이더미사일. 적의 레이더파를 추적하는 패시브레이더방식으로 유도된다. A~E형까지 있고, A~D까지를 HARM, E를 *AARGM이라고 한다. 직경 24.5cm, 전장 4.17m, 중량 363kg, 사거리 약 90km, 속도 마하 2.

▼*ALARM

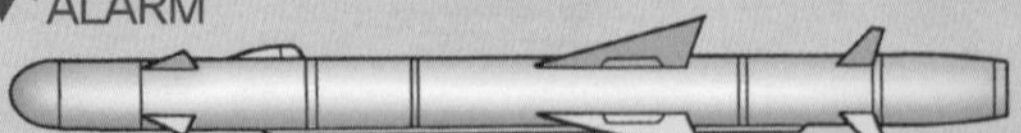

*SEAD(적 방공망 제압) 임무용 영국제 대레이더미사일. 체공모드로 발사하면, 비행 중에 전파발신원이 끊어졌을 경우, 고도 1000m까지 상승한 뒤 낙하산을 펼치며, 전파발신을 감지하면 로켓모터를 다시 점화하여 공격한다. 전장 4.24m, 직경 23cm, 중량 268kg, 사거리 약 46km, 속도 마하2.

SEAD란 아군 항공기가 적 방공권에서 작전에 들어가기 앞서, 적 방공망(대공미사일 및 탐색레이더 등)을 공격, 무력화시키는 임무이다. 적 대공미사일 사정권 내에서 수행하는 임무이기에 대단히 위험도가 높다.

●유인기로 실시하는 SEAD 임무

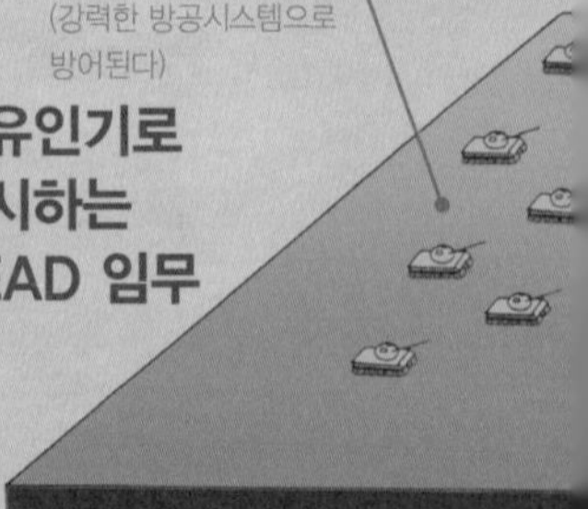
적의 지상부대
(강력한 방공시스템으로 방어된다)

* HARM=High-Speed Anti-Radiation Missile의 약자.
* AARGM=Advanced Anti-Radiation Guided Missile의 약자.* ALARM=Air Launched Anti-Radiation Missile의 약자.* SEAD=Suppression of Enemy Air Defense의 약자.

● 대전차미사일 AGM-114

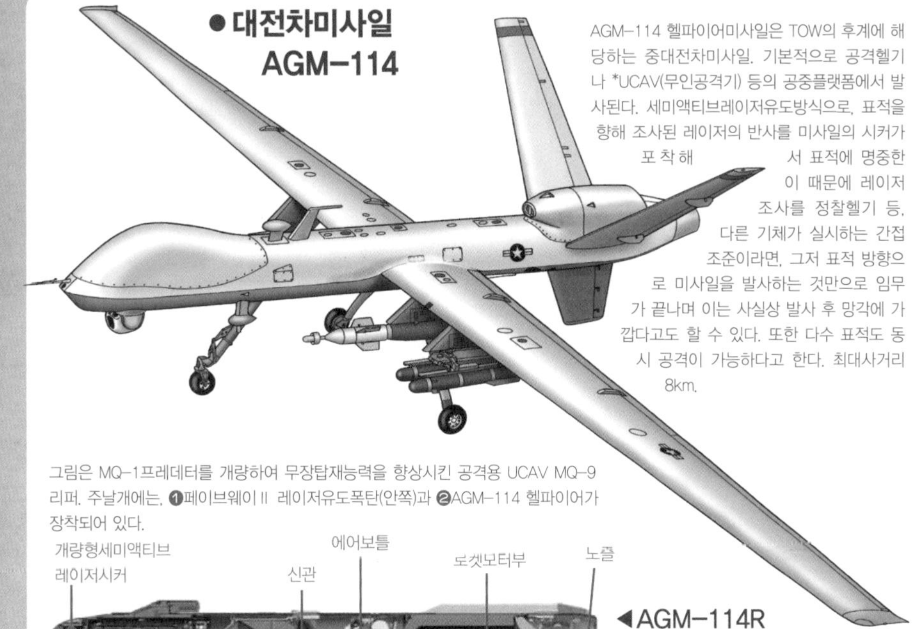

AGM-114 헬파이어미사일은 TOW의 후계에 해당하는 중대전차미사일. 기본적으로 공격헬기나 *UCAV(무인공격기) 등의 공중플랫폼에서 발사된다. 세미액티브레이저유도방식으로, 표적을 향해 조사된 레이저의 반사를 미사일의 시커가 포착해서 표적에 명중한다. 이 때문에 레이저 조사를 정찰헬기 등, 다른 기체가 실시하는 간접조준이라면, 그저 표적 방향으로 미사일을 발사하는 것만으로 임무가 끝나며 이는 사실상 발사 후 망각에 가깝다고도 할 수 있다. 또한 다수 표적도 동시 공격이 가능하다고 한다. 최대사거리 8km.

그림은 MQ-1프레데터를 개량하여 무장탑재능력을 향상시킨 공격용 UCAV MQ-9 리퍼. 주날개에는, ❶페이브웨이II 레이저유도폭탄(안쪽)과 ❷AGM-114 헬파이어가 장착되어 있다.

개량형세미액티브 레이저시커
신관
에어보틀
로켓모터부
노즐
전부탄두
전자장치부
메인탄두
비행제어장치부
비행제어핀 작동기구

◀**AGM-114R 헬파이어II**

전장 1.63m
직경 17.8cm
중량 49.5kg
사거리 8km

↓적의 탐색레이더의 탐지범위가 100km이상이면, 적 지상부대를 방어하는 방공시스템의 대공미사일 사거리는 통상 70km이하이다. 하지만 SEAD임무에 사용되는 대레이더미사일의 사거리는 40~90km정도이기 때문에, 적 미사일의 사정권내에 들어가지 않으면 안 되는 경우도 있다.

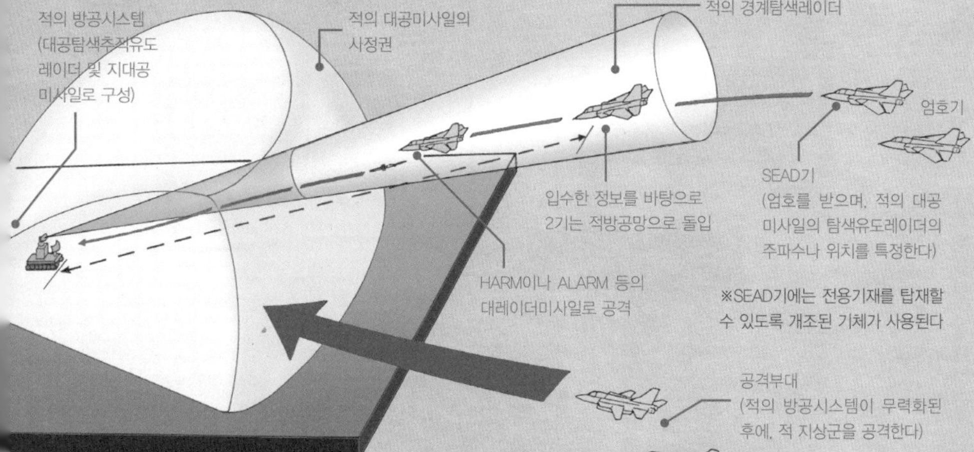

적의 방공시스템 (대공탐색추적유도 레이더 및 지대공 미사일로 구성)
적의 대공미사일의 사정권
적의 경계탐색레이더
엄호기
SEAD기 (엄호를 받으며, 적의 대공 미사일의 탐색유도레이더의 주파수나 위치를 특정한다)
입수한 정보를 바탕으로 2기는 적방공망으로 돌입
HARM이나 ALARM 등의 대레이더미사일로 공격
※SEAD기에는 전용기재를 탑재할 수 있도록 개조된 기체가 사용된다
공격부대 (적의 방공시스템이 무력화된 후에, 적 지상군을 공격한다)

* UCAV=Unmanned Combat Aerial Vehicle의 약자.

03. 대함미사일(1)

함선을 공격하는 것은 간단한 일이 아니다

해상을 항해하는 함선을 공격하는데 쓰이는 것이 바로 대함미사일이다. 표적의 운동이 평면적이며, 이동속도도 느리기 때문에 공격이 용이할 것으로 생각되지만, 함선 쪽도 대공레이더나 대공미사일로 방어를 굳히고 있기 때문에 그리 쉬운 일은 아니다. 때문에 긴

● 대함미사일에 의한 공격법

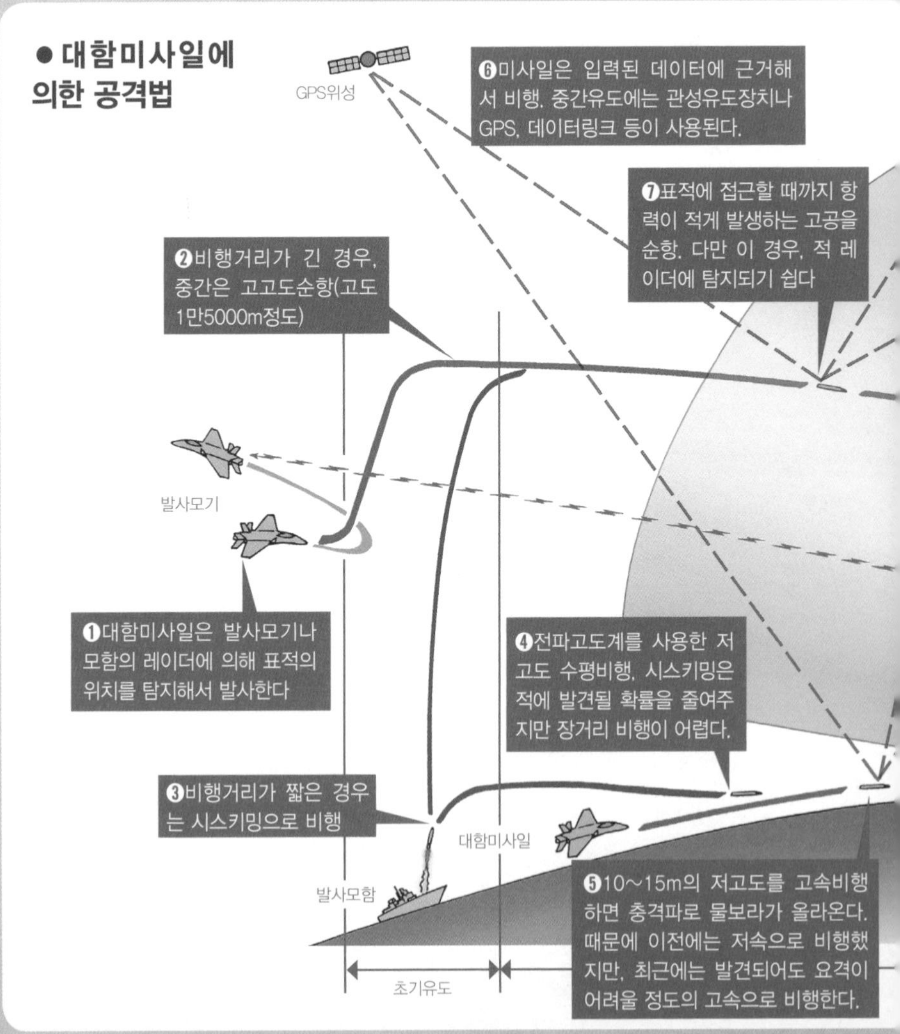
GPS위성
❻미사일은 입력된 데이터에 근거해서 비행. 중간유도에는 관성유도장치나 GPS, 데이터링크 등이 사용된다.
❼표적에 접근할 때까지 항력이 적게 발생하는 고공을 순항. 다만 이 경우, 적 레이더에 탐지되기 쉽다
❷비행거리가 긴 경우, 중간은 고고도순항(고도 1만5000m정도)
발사모기
❶대함미사일은 발사모기나 모함의 레이더에 의해 표적의 위치를 탐지해서 발사한다
❹전파고도계를 사용한 저고도 수평비행, 시스키밍은 적에 발견될 확률을 줄여주지만 장거리 비행이 어렵다.
❸비행거리가 짧은 경우는 시스키밍으로 비행
대함미사일
발사모함
❺10~15m의 저고도를 고속비행하면 충격파로 물보라가 올라온다. 때문에 이전에는 저속으로 비행했지만, 최근에는 발견되어도 요격이 어려울 정도의 고속으로 비행한다.
초기유도

사거리와 적레이더에 탐지되기 어려운 초저고도 비행능력 등이 요구된다.

대함미사일은 발사부터 비행자세와 고도가 안정될 때까지의 초기유도, 입력된 데이터에 근거해서 관성유도나 GPS로 수정하면서 비행하는 중간유도, 표적에 근접해서 자동추적, IR(적외선)유도이나 액티브레이더유도로 표적에 돌입하는 종말유도의 3단계로 유도된다. 종말유도가 적외선 및 레이더 유도로 이뤄지는 것은 선체가 크기에 RCS값이 높으며, 그 자체로 커다란 열원이기 때문이다.

* 시스키밍=해면 위를 초저공으로 비행하는 것. 적레이더의 탐지를 늦춰, 대응시간의 감소를 기대할 수 있다.

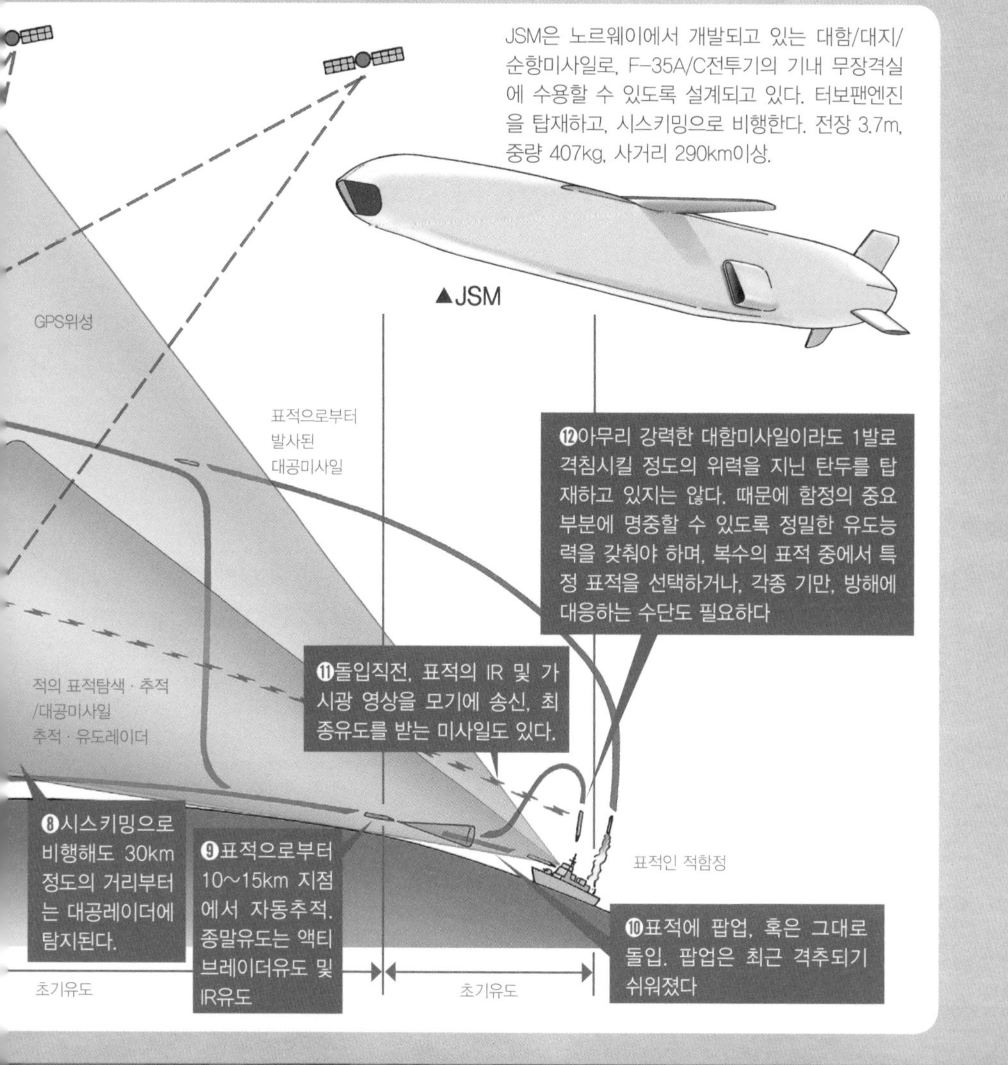
JSM은 노르웨이에서 개발되고 있는 대함/대지/순항미사일로, F-35A/C전투기의 기내 무장격실에 수용할 수 있도록 설계되고 있다. 터보팬엔진을 탑재하고, 시스키밍으로 비행한다. 전장 3.7m, 중량 407kg, 사거리 290km이상.
▲JSM
GPS위성
표적으로부터 발사된 대공미사일
⑫아무리 강력한 대함미사일이라도 1발로 격침시킬 정도의 위력을 지닌 탄두를 탑재하고 있지는 않다. 때문에 함정의 중요 부분에 명중할 수 있도록 정밀한 유도능력을 갖춰야 하며, 복수의 표적 중에서 특정 표적을 선택하거나, 각종 기만, 방해에 대응하는 수단도 필요하다
⑪돌입직전, 표적의 IR 및 가시광 영상을 모기에 송신, 최종유도를 받는 미사일도 있다.
적의 표적탐색 · 추적/대공미사일 추적 · 유도레이더
⑧시스키밍으로 비행해도 30km 정도의 거리부터는 대공레이더에 탐지된다.
⑨표적으로부터 10~15km 지점에서 자동추적. 종말유도는 액티브레이더유도 및 IR유도
표적인 적함정
⑩표적에 팝업, 혹은 그대로 돌입. 팝업은 최근 격추되기 쉬워졌다
초기유도
초기유도

04. 대함미사일(2)

대함미사일에 요구되는 능력이란?

적 함정 공격에 사용되는 대함미사일에는 공중발사형, 해상발사형, 육상발사형이 있는데, 기본적인 구조는 모두 같다. 최근의 대함미사일에는 적 대공미사일의 사거리 밖에서 공격할 수 있는 긴 비행거리, 적에게 대응시간을 주지 않을 빠른 비행속도, 시스키밍 등의 능력이 요구되고 있다.

▼장거리 초음속대함미사일 XASM-3

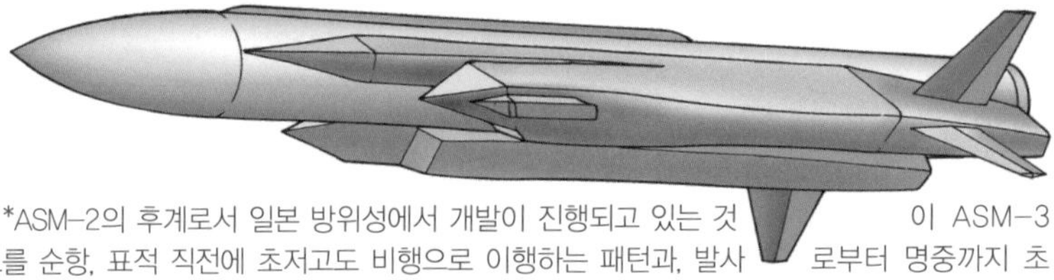

*ASM-1 및 *ASM-2의 후계로서 일본 방위성에서 개발이 진행되고 있는 것이 ASM-3이다. 고고도를 순항, 표적 직전에 초저고도 비행으로 이행하는 패턴과, 발사로부터 명중까지 초저고도로 비행하는 시스키밍 비행모드가 있다. 중간유도는 INS와 GPS, 종말유도는 액티브/패시브레이더 복합 유도로 이루어지며, 전자방해를 받지 않고 표적에 확실하게 명중된다. 최대 특징은 고체연료식 로켓부스터에 램제트엔진을 조합한 일체형 로켓 램제트Integral Rocket Ramjet 엔진의 채택이다. 전장 5.25m, 중량 900kg, 속도 마하 5이상, 사거리 150km이상, 2016년도에 개발완료 예정.

●일체형 로켓 램제트

램제트엔진은 일반적인 제트엔진과 달리 압축기가 없어 구조가 간단하지만, 운전에는 고속 기류를 필요로 한다(시동에는 마하 0.5 이상, 최적 운전에는 마하 3 이상의 속도가 필요). 일체형 로켓 램제트는 고체연료식 부스터로 가속, 적정 속도에 오르면 램제트로 전환하는 복합추진 방식으로, 높은 속도를 내면서도 저연비로 비행이 가능하다.

①램제트가 작동할 때까지는 고체연료식 부스터로 비행

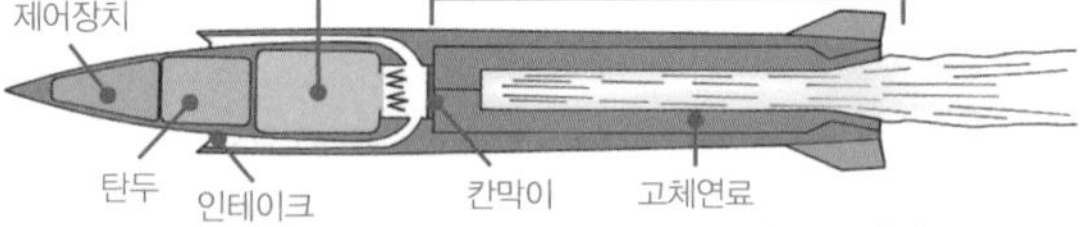
유도비행 제어장치
램제트용연료
고체연료식 부스터
탄두
인테이크
칸막이
고체연료

②부스터가 연소가 완료될 때 쯤 칸막이가 분리되고, 고체연료가 연소되어서 생긴 공간을 연소실 및 제트노즐로 사용.

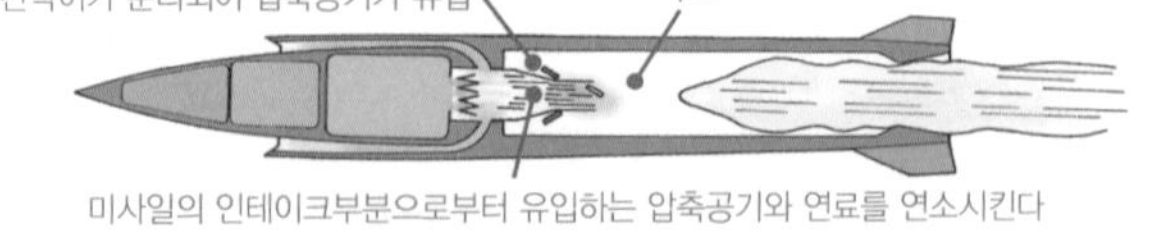
칸막이가 분리되어 압축공기가 유입
덕트
미사일의 인테이크부분으로부터 유입하는 압축공기와 연료를 연소시킨다

③완전히 램제트로전환, 초음속으로 비행.

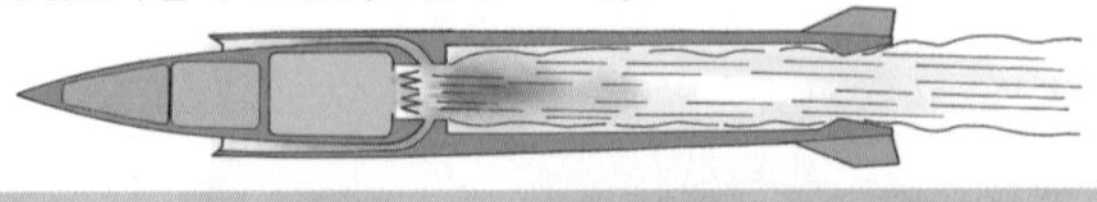

* ASM-1 = 80식 공대함유도탄.* ASM-2 = 93식 공대함유도탄

ASM-3는 F-2 전투기에서의 운용을 전제로 개발되고 있다. F-2는 F-16을 토대로 일본 독자기술을 도입해서 개발된 전투기로, 공대함미사일을 최대 4기 탑재할 수 있다.

▼P-800 오닉스

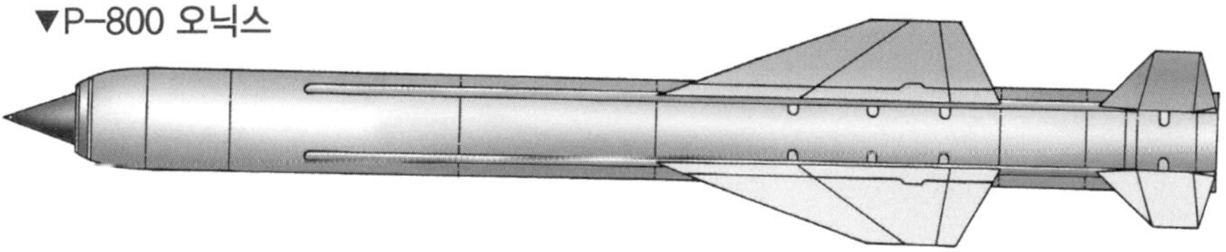

러시아의 초음속 대함미사일로, 추진방식은 일체형로켓램제트. 중간유도는 관성유도, 종말유도는 액티브레이더유도. 전장 8.9m, 중량 3900kg, 순항속도 마하 2.5(고고도비행), 마하 1.6(시스키밍), 사거리 300km(시스키밍)

▼NSM

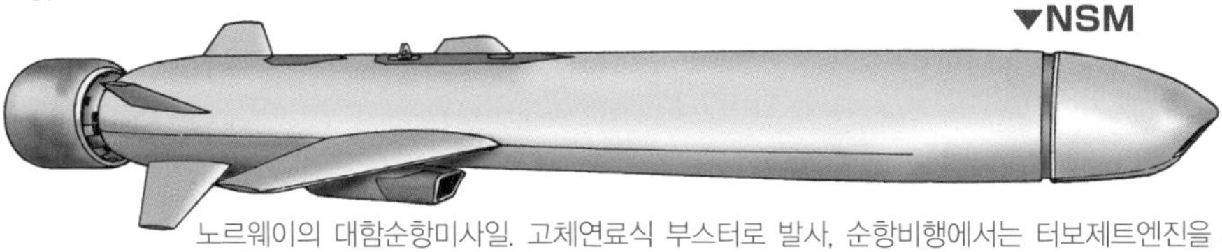

노르웨이의 대함순항미사일. 고체연료식 부스터로 발사, 순항비행에서는 터보제트엔진을 사용. 중간유도는 INS 및 GPS이지만, 육상이나 해안선에서의 비행을 고려하여 TERCOM(지형대조항법)도 적용되었다. 종말유도는 적외선영상유도. 전장 3.95m, 중량 412kg, 사거리 약 185km, 최대속도는 마하 0.95로 시스키밍 비행을 한다. HE파편효과탄두를 탑재. P.107의 JSM은 이 미사일을 토대로 한다.

◀LRASM*

미 해군과 *DARPA(국방 고등 연구 기획청)이 개발하고 있는 장거리 대함미사일. GPS나 INS, 전술데이터링크 등의 데이터로 유도되지만, 외부 유도가 차단되더라도 자율적 타기팅이 가능하도록 개발이 진행 중이다. F-18E/F나 F-35 등의 항공기뿐만 아니라 수상함에서도 발사가능.

* LRASM=Long Range Anti-Ship Missile의 약자.* DARPA=Defense Advanced Research Projects Agency의 약자.

05. 순항미사일(1)

통상의 미사일과는 다른 순항미사일

순항미사일은 일반적인 미사일과 다른 점이 많다. 순항미사일은 로켓모터뿐만 아니라 소형제트엔진(터보팬엔진)을 추진장치로 하고, 비행기처럼 *날개를 가진다. 제트엔진은 로켓모터보다 연비가 좋고, 주날개에 의해 양력이 발생하기 때문에 큰 추력을 필요로 하지 않으며, 보다 장거리를 비행할 수 있다.

순항미사일의 비행은 탄도비행이 아닌 수평비행으로, 비행속도가 다른 미사일에 비해 느리기 때문에, 격추되지 않도록 저고도로 지형을 따라 비행한다. 이렇게 장거리 수평비행을 한 뒤, 정확히 표적을 타격해야 하기에, 순항미사일에는 INS(관성항법장치), *TERCOM(지형대조항법), *TERPROM(지형 프로파일 대조항법) 등이 사용되며, 기복이 큰

● 순항미사일의 비행법

❶미사일은 주야간천후에 관계 없이 운용할 수 있다. 그림은 스톰 쉐도우Storm Shadow를 예로 하고 있기 때문에 발사플랫폼은 항공기

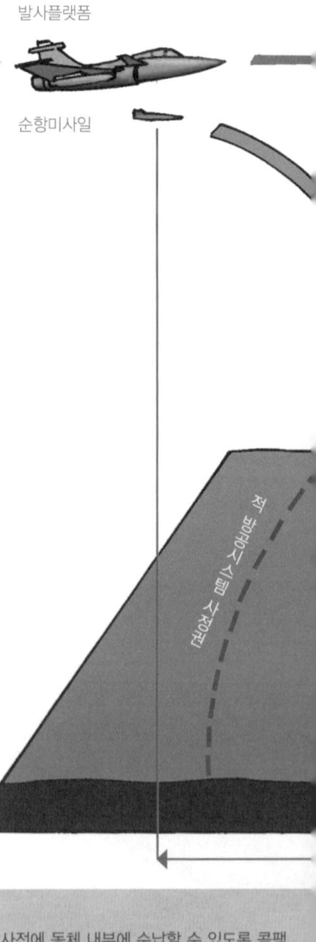
발사플랫폼
순항미사일
적 방공시스템 사정권

그림은 *스톰 쉐도우를 예로 들어, 순항미사일이 어떻게 비행해서 표적을 공격하는지를 나타내고 있다.

* 날개를 가진다=순항미사일의 날개는 항공기나 잠수함으로부터의 발사를 고려해서, 발사전에 동체 내부에 수납할 수 있도록 콤팩트하게 설계되고 있는 것이 많다. * TERCOM=TERrain COntour Matching의 약자. P.117참조.

지표지형에도 대응해야 하기 때문에GPS 위치 정보와 같은 고도의 항법시스템이 탑재되어 있다. 또한 최근에는 정밀도가 높은 핀포인트 공격이 가능하도록 종말유도단계에서는 적외선영상시커까지 사용되고 있다.

이러한 이유 때문에 일반적인 순항미사일은 대형이지만 덕분에 페이로드가 커지면서 작약량이 늘어나, 위력이 큰 탄두(통상 탄두 및 핵탄두)도 탑재할 수 있게 되었다.

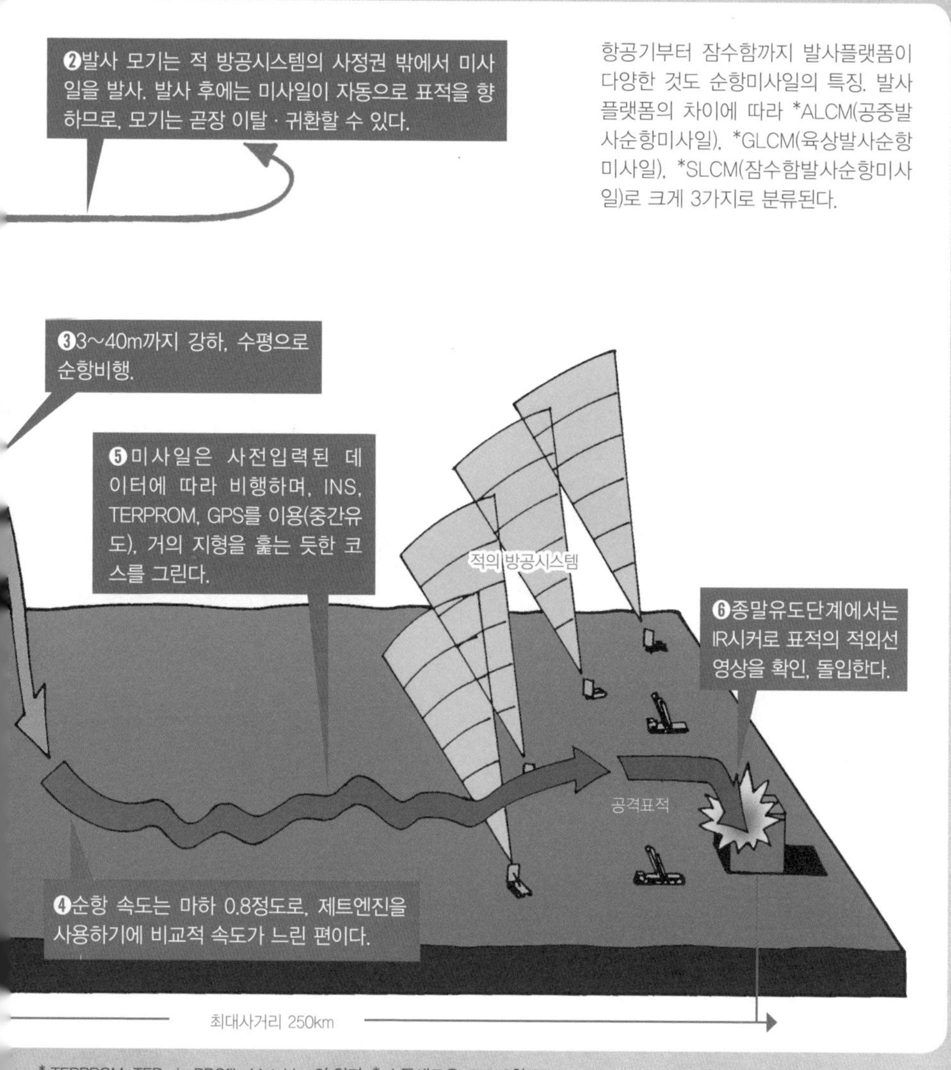
❷발사 모기는 적 방공시스템의 사정권 밖에서 미사일을 발사. 발사 후에는 미사일이 자동으로 표적을 향하므로, 모기는 곧장 이탈 · 귀환할 수 있다.
항공기부터 잠수함까지 발사플랫폼이 다양한 것도 순항미사일의 특징. 발사 플랫폼의 차이에 따라 *ALCM(공중발사순항미사일), *GLCM(육상발사순항미사일), *SLCM(잠수함발사순항미사일)로 크게 3가지로 분류된다.
❸3~40m까지 강하, 수평으로 순항비행.
❺미사일은 사전입력된 데이터에 따라 비행하며, INS, TERPROM, GPS를 이용(중간유도), 거의 지형을 훑는 듯한 코스를 그린다.
적의 방공시스템
❻종말유도단계에서는 IR시커로 표적의 적외선 영상을 확인, 돌입한다.
공격표적
❹순항 속도는 마하 0.8정도로, 제트엔진을 사용하기에 비교적 속도가 느린 편이다.
최대사거리 250km

* TERPROM=TERrain PROfile Matching의 약자. * 스톰섀도우=P.118참조.
* ALCM=Air Launched Cruise Missile의 약자. * GLCM=Ground Launched Cruise Missile의 약자.
* SLCM=Submarine Launched Cruise Missile의 약자.

06. 순항미사일(2)

나치 독일의 V-1은 순항미사일의 원형

소형 무인기같은 형태를 가진 순항미사일은 더 실현가능성이 높은 대륙간미사일로, 제2차 세계대전 직후부터 미국과 소련에서 개발되어 왔다. 그 원형은 나치 독일이 개발실전 투입한 *V-1비행탄약이었다. 대기권내를 비행하는 순항미사일의 개발은 비교적 순조로웠고, 1950년대에는 8000km이상에도 이르는 대륙간순항미사일이 개발되었으며 1960년대초에는 에 실전배치되기도 했다. 하지만 1980년대에 토마호크가 개발되기 전까지 높은 정확도의 미사일은 만들어지지 못했다.

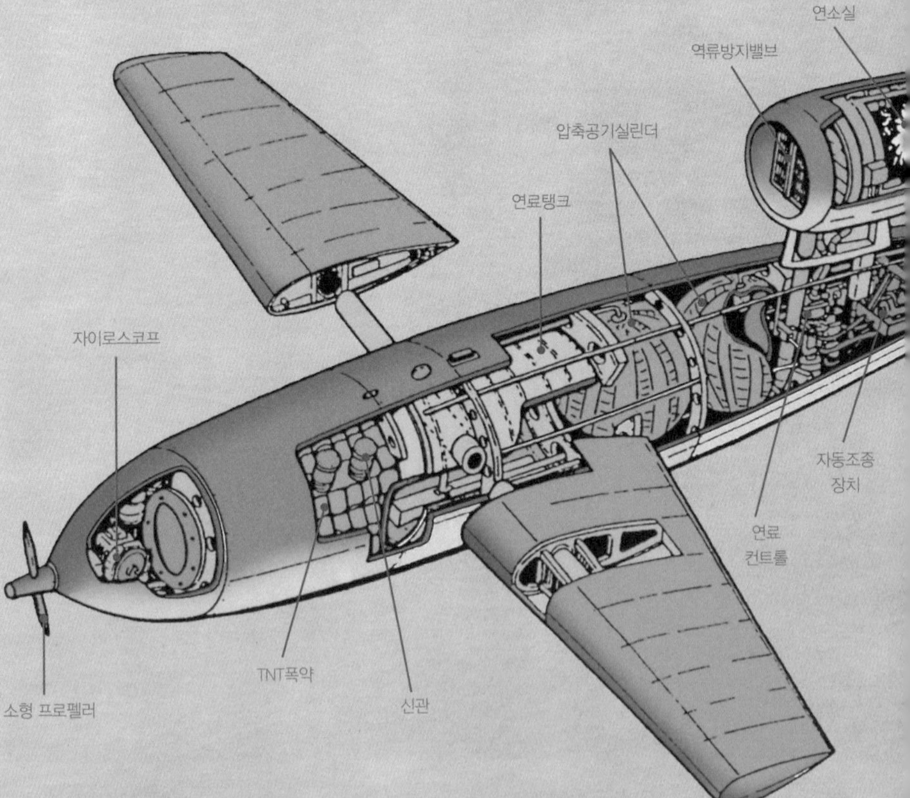
연소실
역류방지밸브
압축공기실린더
연료탱크
자이로스코프
자동조종
장치
연료
컨트롤
TNT폭약
신관
소형 프로펠러

●순항미사일의 원조 V-1

* V-1=Vergeltungswaffe1(보복무기 1호)의 약호로, 제식 명칭은 피젤러 Fi103.

●미국 탄도미사일 개발의 토대를 쌓은 순항미사일

SM-64 나바호는 발사 후 얼마동안은 고체연료 부스터로 가속하다가 일정 고도 및 속력(마하 3.5정도)이 되면 램제트로 변환한다는 아이디어를 실현한 최초의 순항미사일이었다. SM-64로 개발된 부스터기술은 주피터나 아틀라스 등의 로켓엔진개발에 활용되었으며, 관성유도기술은 원잠 『노틸러스』의 북극점 항해를 실현시켰다. 그 자체는 실용화는 되지 못했지만, 탄도미사일 기술에 있어 큰 의미를 갖는 미사일이라 할 수 있다. 전장 29m, 폭 12.3m, 중량 1만3500kg, 사거리 1만200km.

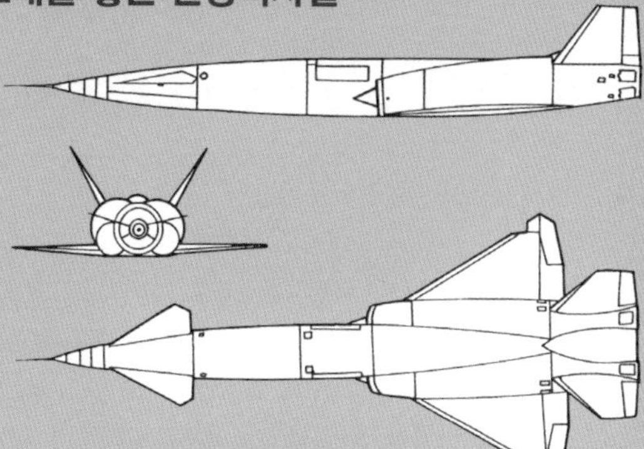

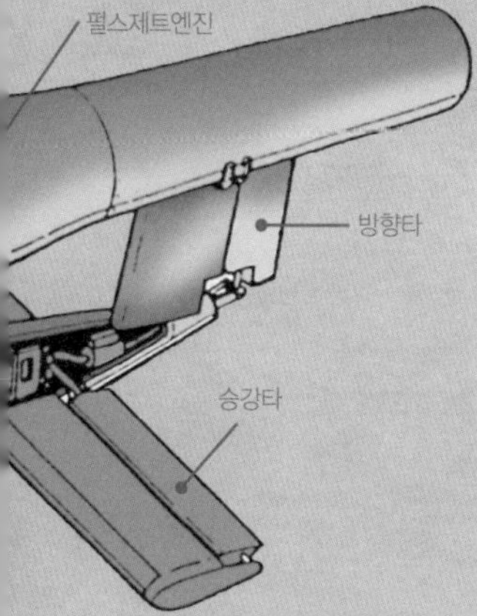

펄스제트엔진
방향타
승강타

V-1은 주날개와 꼬리날개, 방향타를 갖춘 비행폭탄으로, 펄스제트엔진을 통해 추진력을 얻는다. 자이로와 기압고도계로 방향과 고도를 유지했으며, 소형프로펠러의 회전수를 설정, 정해진 거리에 도달하면 자동으로 연료공급이 정지, 활공하여 표적에 돌입했다. 중량 2150kg 중 900kg이 탄두의 TNT폭약이었다. 전장 8.32m, 전폭 5.37m, 최대항속거리 약 250km. 매초 45회 연소가스를 분사하는 펄스제트는 소음과 진동이 심했고, 독특한 비행음을 냈기에 접근을 쉽게 알 수 있었다고 한다.

●소련 최초의 순항미사일 La-350

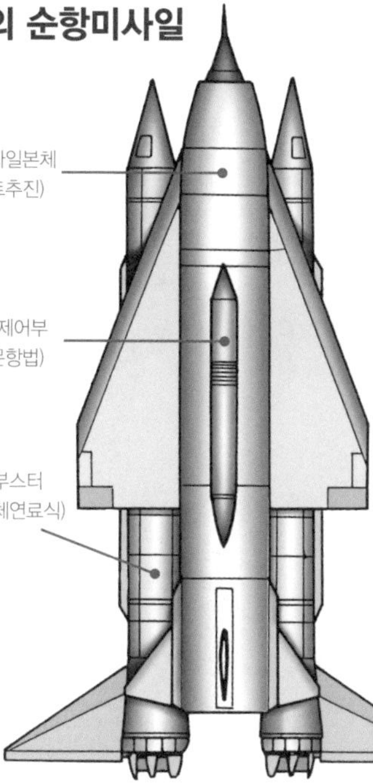

순항미사일본체
(램제트추진)
유도제어부
(천문항법)
부스터
(액체연료식)

액체연료식 부스터를 사용해서 순항비행에 최적의 높이(고도 1만2000~2만2000km 정도)까지 상승. 그곳부터는 부스터를 분리하고 램제트로 비행, 지구의 반대편까지 도달해서 공격을 하는 미사일이라는 것이, 1953년에 개발이 시작된 소련 최초의 순항미사일 La-350개발의 기본개념이었다. 미사일본체는 전장 18.4m, 전폭 7.7m, 중량 3만5000kg, 순항속도 마하 3, 사거리 약 8000km.

07. 순항미사일(3)

원거리를 정밀유도할 수 있는 토마호크

1972년에 개발이 시작되어 1983년부터 실전배치된 BGM-109 *토마호크 순항미사일은 유도시스템이나 탄두를 수납한 앞부분을 교환하는 것으로 지상공격(핵탄두장비인 A형, 통상 폭탄장비인 C형, 광역제압용 자탄탑재형인 D형), 대함공격(B형) 등 여러 임무를 수행할 수 있다. 또한 성능향상을 위해 여러 차례에 걸쳐 개량이 이뤄지면서 수 종류의 베리에이션이 존재한다.

공격원잠의 임무는 적의 전략원잠이나 수상함정을 공격하는 것이었지만, 보다 먼 거리에서 대함공격 및 육상공격이 가능하고, 통상 탄두는 물론 핵탄두를 장착할 수 있는 토마호크 순항미사일을 탑재하면서, 전략공격도 가능하게 되었다.

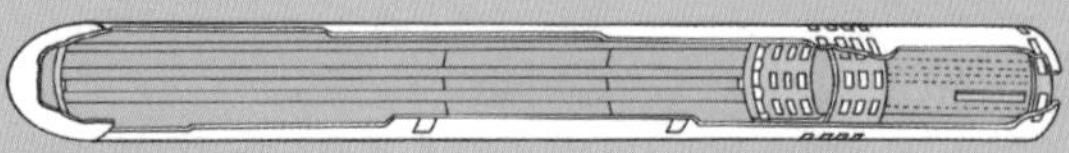

▲토마호크 수중 발사용 캐니스터

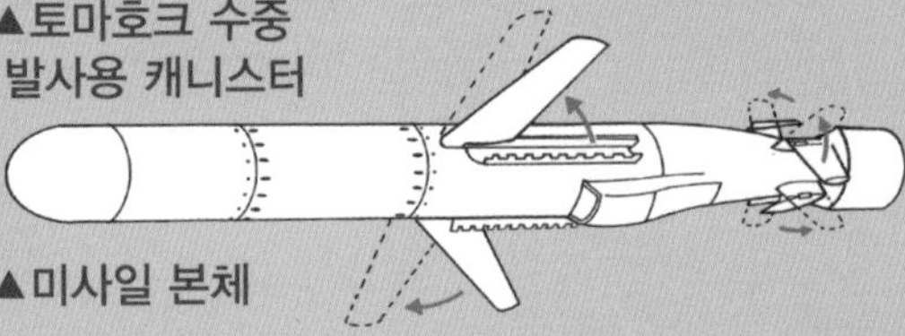

▲미사일 본체

▼토마호크Ⅳ(전술토마호크)

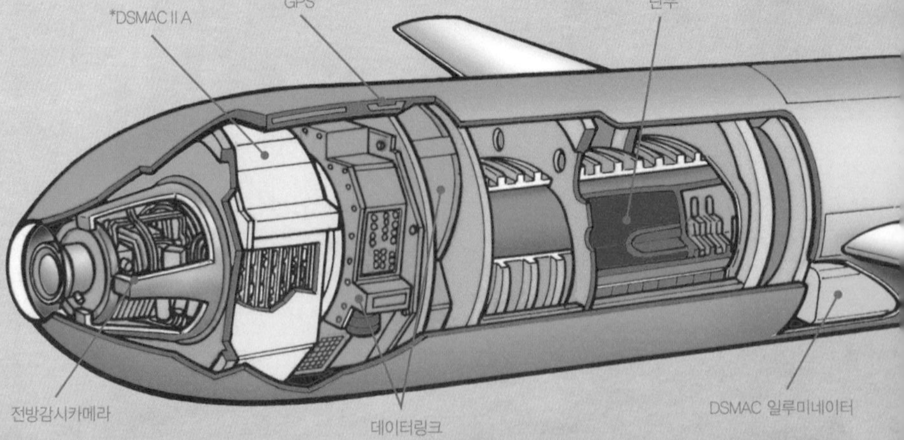
*DSMAC II A
GPS
탄두
전방감시카메라
데이터링크
DSMAC 일루미네이터

*토마호크순항미사일=수상함정으로부터 발사하는 수상발사용과 잠수함으로부터 발사하는 수중발사용이 있다(지상발사용은 이미 퇴역했고, 공중발사형은 개발이 중지되었다).
*DSMAC=Digital Scene-Matching Area Correlation의 약자로, 「디지털영상조합항법」이라는 의미. P.116참조.

미국에서 순항미사일이 크게 발전한 이유로, 고성능 소형제트엔진의 실용화를 들 수 있다. 1960년대 중반에 개발된 X-Jet ❶는, 당시 개발된 육군용 공중플랫폼의 하나로, 탑승자 1명을 태우고 최대속도 시속 96km, 순항고도 약 3m를 30~45분 비행할 수 있었다. 안정성에 문제가 있어 1969년에 개발이 중지되었으나, 탑재된 소형 터보팬엔진 WR-19 ❷는 직경 30.5cm, 길이 61cm, 중량 31kg으로 소형이면서 강한 추력을 냈는데, AGM-86 ALCM나 BGM-109 토마호크에 탑재된 F107 ❸엔진은 미 공군에서 이 엔진에 주목, 대폭 개량한 모델이다.

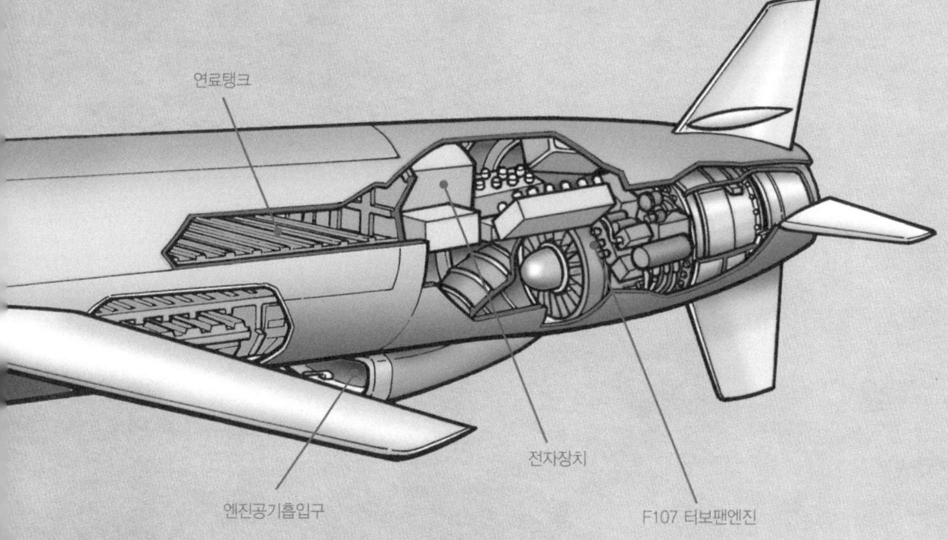
연료탱크
전자장치
엔진공기흡입구
F107 터보팬엔진

08. 순항미사일(4)

토마호크에 탑재된 복수의 항법시스템

대기권내를 저고도로 비행하며, 1000km이상의 긴 *사거리와 10m 이하의 CEP라는 성능을 지닌 토마호크처럼 고성능에 높은 정밀도를 자랑하는 순항미사일에는 복수의 항법시스템이 사용되고 있다.

블록Ⅳ(전술토마호크)는 항법 정밀도가 높은 동시에 융통성 있는 운용이 가능하다. 사막 등 지형이 바뀌기 쉬운 지역의 경우, 사전에 입력해 둔 지도와 실제 지형이 일치하지 않는 일이 종종 있는데, 이때는 TERCOM 대신 광학센서로 지형을 스캔하고, 사전에 기억시킨 영상과 비교해서 비행코스의 수정을 실시하는 DSMAC를 사용한다. 이것은 야간에도 사용할 수 있지만, 비행코스의 기준이 되는 건물 등이 파괴되어 버리면 이 역시 사용할 수 없다는 문제가 있어, 블록Ⅲ부터는 지형이나 영상 정보와 관계없이 위치 보정이 가능한 GPS가 도입되었다. 블록Ⅳ는 GPS와 위성 링크를 사용, 비행 중에도 다시 프로그래밍을 할 수 있으며 표적 변경도 가능한데, 여기에 더하여 위성 링크를 통해 전방감시카메라의 영상을 발사한 함정으로 송신하게 되면서, 영상을 이용한 표적 확인도 할 수 있다

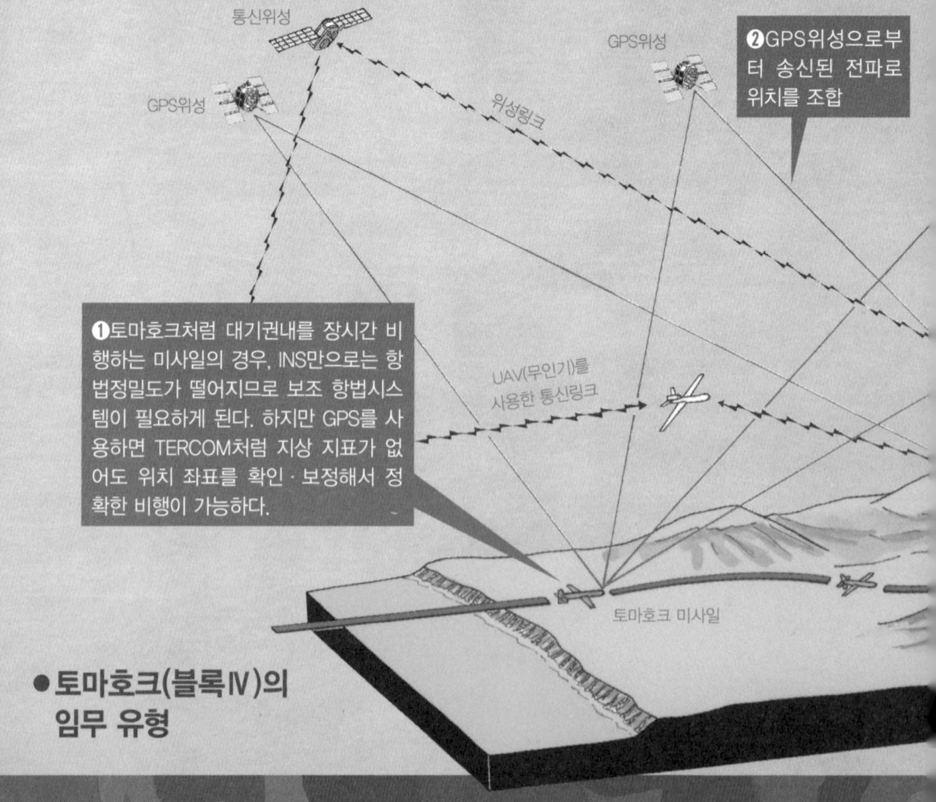
통신위성
GPS위성
GPS위성
위성링크
❷GPS위성으로부터 송신된 전파로 위치를 조합
❶토마호크처럼 대기권내를 장시간 비행하는 미사일의 경우, INS만으로는 항법정밀도가 떨어지므로 보조 항법시스템이 필요하게 된다. 하지만 GPS를 사용하면 TERCOM처럼 지상 지표가 없어도 위치 좌표를 확인 · 보정해서 정확한 비행이 가능하다.
UAV(무인기)를 사용한 통신링크
토마호크 미사일

● 토마호크(블록Ⅳ)의 임무 유형

●토마호크의 임무 (TERCOM)

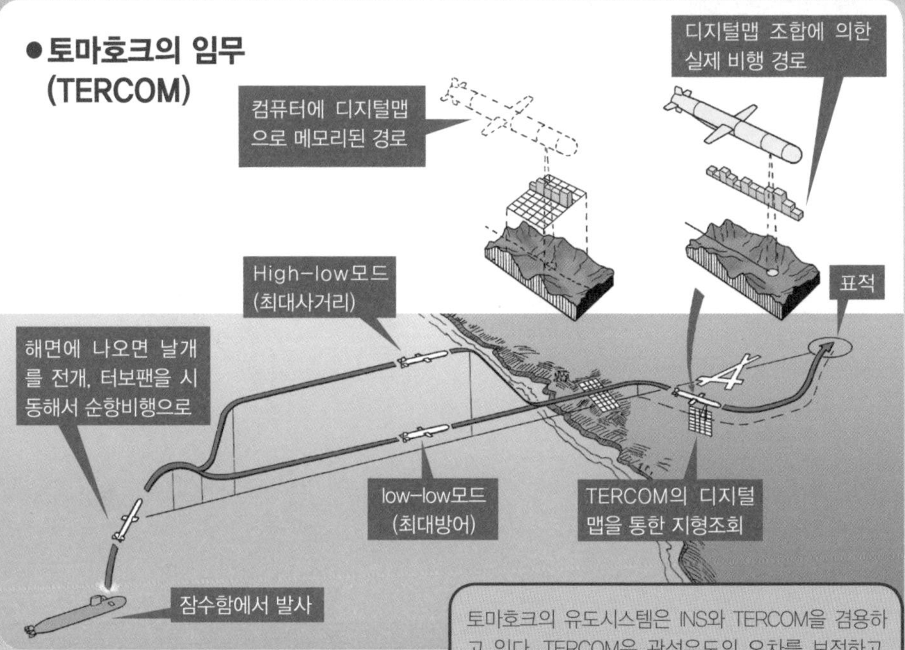

디지털맵 조합에 의한 실제 비행 경로
컴퓨터에 디지털맵으로 메모리된 경로
High-low모드 (최대사거리)
표적
해면에 나오면 날개를 전개, 터보팬을 시동해서 순항비행으로
low-low모드 (최대방어)
TERCOM의 디지털 맵을 통한 지형조회
잠수함에서 발사

토마호크의 유도시스템은 INS와 TERCOM을 겸용하고 있다. TERCOM은 관성유도의 오차를 보정하고, 명중 정확도를 향상시키기 위한 것으로, 예정비행코스가 되는 지역을 100m 사방으로 1매스의 구역으로 나누고, 그 평균고도를 수치로 바꿔놓은 디지털맵에 기억시켜 둔다. 미사일은 실제로 비행하고 있는 코스를 디지털맵과 대조 · 비교하여, 스스로 비행코스를 보정하며 정확한 코스를 비행한다.

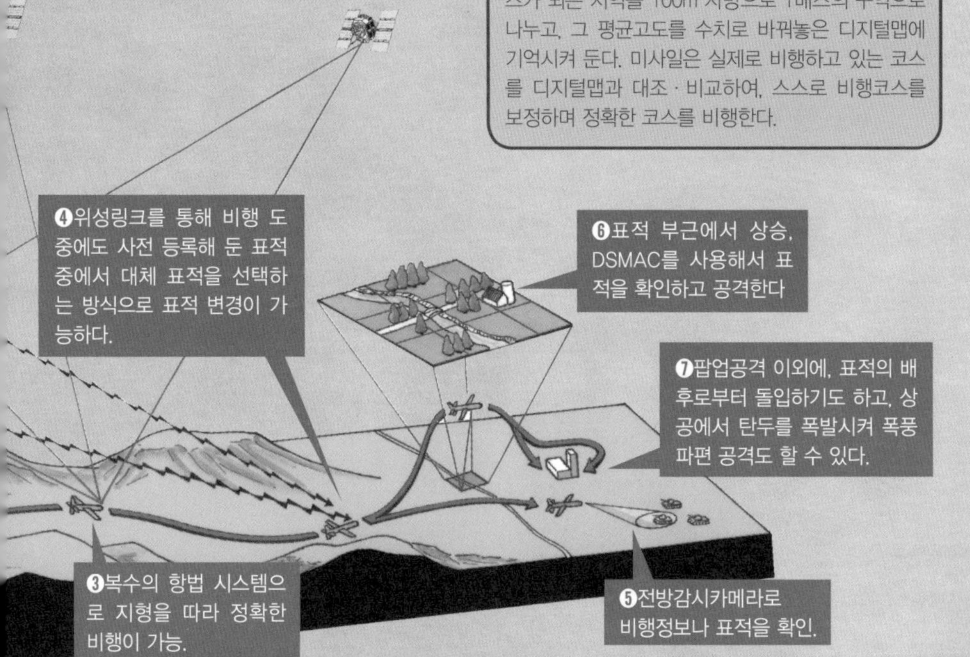

❹위성링크를 통해 비행 도중에도 사전 등록해 둔 표적 중에서 대체 표적을 선택하는 방식으로 표적 변경이 가능하다.
❻표적 부근에서 상승, DSMAC를 사용해서 표적을 확인하고 공격한다
❼팝업공격 이외에, 표적의 배후로부터 돌입하기도 하고, 상공에서 탄두를 폭발시켜 폭풍 파편 공격도 할 수 있다.
❸복수의 항법 시스템으로 지형을 따라 정확한 비행이 가능.
❺전방감시카메라로 비행정보나 표적을 확인.

* 사거리 1000km이상 = 토마호크Ⅳ의 사거리는 3000km에 이르며, 표적상공에서 장시간 대기도 가능.

09. 순항미사일(5)

세계의 최신 순항미사일과 그 발전추세

비행기와 비슷한 형상을 하고 있으며, 장거리를 비행하여 높은 정확도로 표적을 공격할 수 있는 순항미사일은 미국뿐만 아니라, 세계 각국에서 개발 · 운용되고 있다.

순항미사일이라고 하면, 터보팬엔진을 탑재하고 있어, 다른 미사일보다 속도가 느린 것이 일반적이었지만, 최근에는 램제트를 사용하여 고속으로 비행하는 미사일이 개발되고 있다.

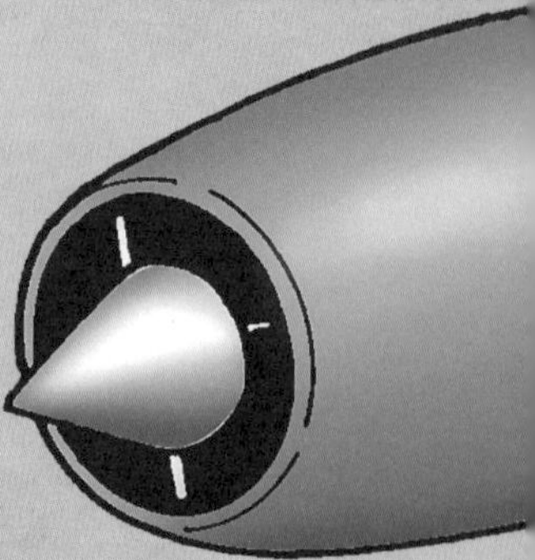

사진은 유로파이터 타이푼의 주익 바깥쪽 파일런에 달린 스톰 쉐도우(화살표). 스텔스기능을 지닌 공중발사 순항미사일로 MBDA에서 제조하고 있으며, 발사 모기가 적의 공격을 받지 않는 거리에서 발사하는 스탠드오프 능력이 있다. INS, TERPROM, GPS를 조합한 항법시스템으로 항법 정확도가 높으며, IR영상시커를 종말유도에 사용, 핀포인트 공격능력도 보유하고 있다. 또한 주 · 야간이나 날씨의 영향을 받지 않는다. 마트라 디펜스에서 1990년대에 개발한 아파슈Apache 미사일의 사거리 연장형 SCALP를 영국에서는 스톰 쉐도우, 프랑스에서는 SCALP-EG라는 명칭으로 운용하고 있다. 전장 약 5.1m, 중량 약 1230kg, 사거리 250kg 이상.

●스톰 쉐도우
330-AC

BRAHMOS

●브라모스

러시아와 인도가 공동개발하고 있는 초음속 순항미사일. 통상의 순항 미사일이 마하 1정도인데 비해, 브라모스는 사거리는 300km정도이지만 램제트를 사용하기에 순항 속도가 마하 2.8의 고속이며, 고체연료 부스터로 발사된 후, 충분한 속도를 얻었을 때 램제트가 가동되면서 초음속 비행을 실시한다. 기본은 러시아의 대함미사일 야혼트(SS-N-26)로, 추진시스템은 러시아, 유도 및 비행제어시스템은 인도가 담당했는데, 유도 · 항법시스템은 INS, GPS, 액티브레이더유도의 조합이다. 2001년에 최초 발사테스트에 성공한 뒤, 여러 차례에 걸쳐 발사시험을 했지만, 아직 완전한 실전배치에는 이르지 못한 것으로 보인다. 전장 약 6m, 중량 3900kg, 페이로드는 최대 약 450kg.

●DH-10(東海10)

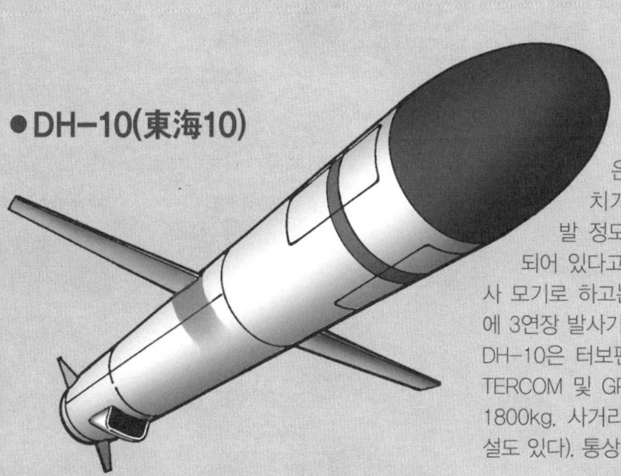

1980년대부터 개발이 추진되고 있는 중국의 순항미사일은 NH(紅鳥)라고 불리는 미사일시리즈가 잘 알려져 있다. NH시리즈를 제1세대라고 하면 DH-10은 제2세대의 미사일로, 2007년부터 배치가 이루어지고 있는데, 현재 50~200발 정도의 DH-10 및 CJ-10(長劍10)가 배치되어 있다고 알려졌다. DH-10은 H-6J폭격기를 발사 모기로 하고는 ALCM이며, CJ-10은 WS-2400트럭에 3연장 발사기를 탑재한 이동식 발사대에서 운용된다. DH-10은 터보팬엔진으로 비행하며 유도시스템은 INS, TERCOM 및 GPS를 조합이다. 전장 약 7.2m, 중량 약 1800kg, 사거리는 약 1500~2000km(4000km이라는 설도 있다). 통상 탄두 및 핵탄두 탑재가 가능하다.

●라드(HarfⅧ)

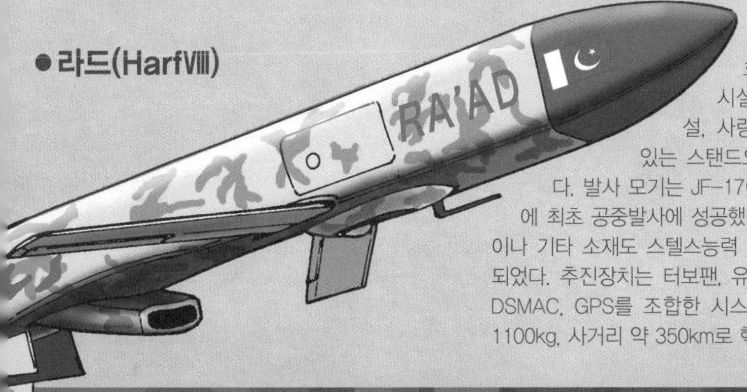
RA'AD

파키스탄의 공중발사 순항미사일로, 적의 유효사거리 밖에서 레이더시설이나 탄도미사일발사시설, 사령부시설 등을 공격할 수 있는 스탠드오프 능력을 보유하고 있다. 발사 모기는 JF-17이나 미라주Ⅲ로, 2007년에 최초 공중발사에 성공했다. 디자인은 물론 프레임이나 기타 소재도 스텔스능력 부여를 고려한 것이 사용되었다. 추진장치는 터보팬, 유도장치는 INS, TERCOM, DSMAC, GPS를 조합한 시스템. 전장 약 4.8m, 중량 1100kg, 사거리 약 350km로 핵탄두 탑재도 가능하다.

CHAPTER 4
Ballistic Missiles

제4장

탄도미사일

대기권 밖으로 쏘아 올려진 후
대기권으로 재돌입하여
지상표적을 향해 낙하하는 탄도미사일은
핵무기와 결합되어 공포의 무기가 되었다.
악몽이었던 냉전시대는 종결되었지만,
21세기인 현대에도 그 공포는 사라지지 않았다.
이번 장에서는 탄도미사일의 전체상을 알아보고자 한다.

01. 최초의 탄도미사일(1)

탄도미사일의 원형은 나치 독일에서 개발

A4로켓이란 제2차 세계대전에서 패색이 짙었던 나치 독일이 전황을 타개하기 위해 개발한 *V-2(보복무기 2호)를 말한다. 1944년 9월 6일에 첫 A4가 프랑스 파리를 향해 발사된 것을 시작으로, 1945년 3월 27일까지 약 3,300발이 발사되었다. 그 중 1,400발 정도가 영국을 향해 발사되었고 1,115발 정도가 도달하여 80%이상의 도달률을 보여주었다. 표적에 대한 명중률은 오차가 컸지만, 300km 이상 비행거리를 가지고 스스로 표적을 향해 날아가는 로켓은, 제2차 세계대전 당시로서는 이상적인 무기였다 할 수 있다.

A4로켓을 시작으로 탄도미사일은 제2차 세계대전 이후 점점 위력이 증대되었으며, 핵탄두와 결합되면서 최강의 무기가 되었다. 그 대표라고 말할 수 있는 것이 바로 *ICBM(대륙간탄도미사일)이다. 무엇보다 한 발 발사되면 30분 만에 대륙과 대륙 사이를 비행하기에 요격이 거의 불가능하고, 낙하 · 폭발하면 최악의 위기를 초래한다. 20세기 후반, 인류는 ICBM을 이용한 핵전쟁의 공포에 전율했으며, 21세기에 들어선 오늘날에도 그 공포는 여전히 사라지지 않고 있다.

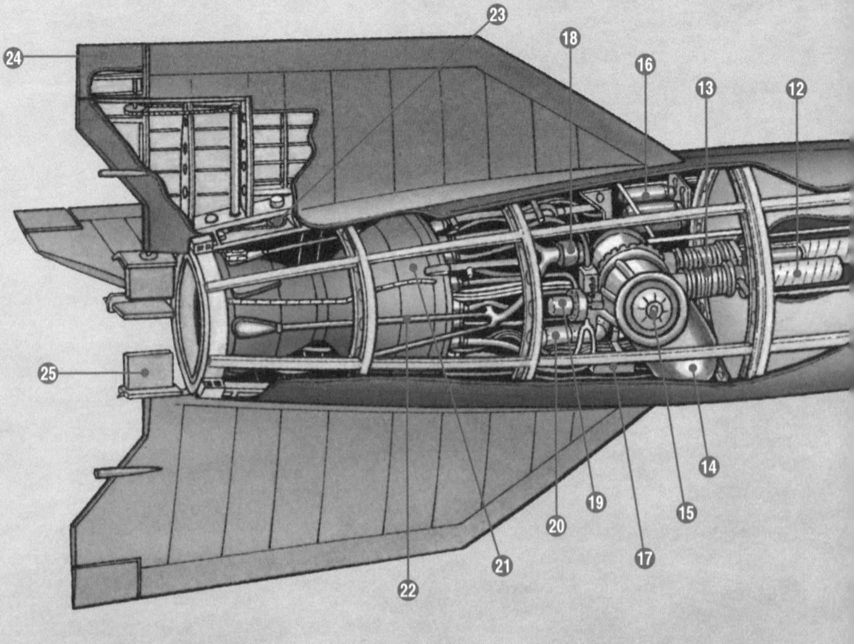
23
18
16
13
12
24
25
14
19
15
20
17
21
22

* V-2=Vergeltungswaffe2의 약어. 이 명칭은 나치 독일의 선전부 장관 괴벨스가 명명한 것이다.
* ICBM=Inter-Continental Ballistic Missile의 두문자.

● A4로켓의 유도수단

▼ 방향타

4장의 방향타는 공기역학적으로 조타가 가능한 저고도에서 주로 기체의 롤을 제어하는데 사용되었다. 기체 전후좌우의 축으로 2장씩 마주보게 결합되어 2장이 함께 움직여서 경사를 제어했는데, 방향타는 단독으로 움직이지 않고 편향판Control vane과 연동해서 작동했다.

▼ *자이로스코프

고속 회전하는 자이로의 축은 항상 일정방향을 유지한다는 성질을 이용, 기체의 경사를 전위차계로 검출했다.

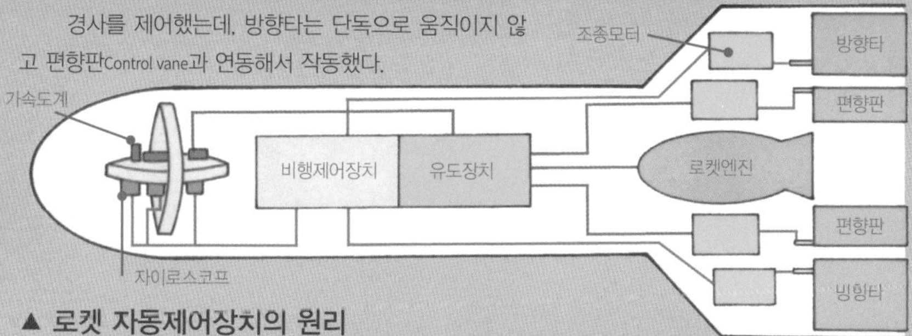

조종모터
방향타
편향판
가속도계
비행제어장치
유도장치
로켓엔진
편향판
자이로스코프
방향타

▲ 로켓 자동제어장치의 원리

A4로켓의 비행제어는 자이로스코프를 이용해서 기체의 자세를 결정하는 비행제어장치와 가속도를 검출(가속도를 적분하여 속도를 구한다)해서 엔진에 연료공급을 제어하거나 비행 방향을 수정(방향타와 로켓분사 방향의 제어)하는 유도장치에 의해 이루어졌다.

● 탄도미사일의 원조 A4로켓(V-2)의 구조

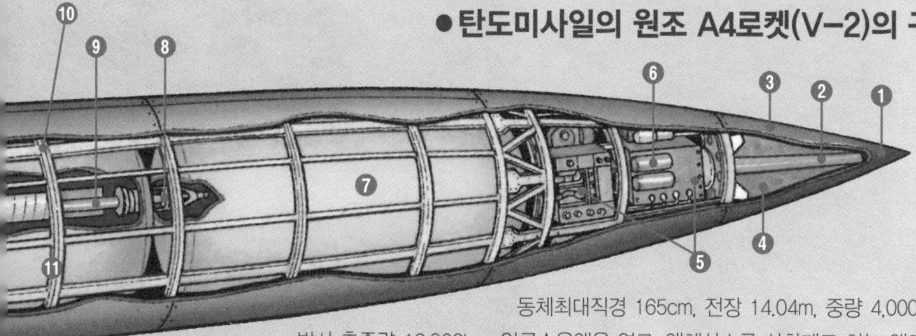

10
9
8
6
3
2
1
7
4
5
11

동체최대직경 165cm, 전장 14.04m, 중량 4,000kg, 발사 총중량 12,900km. 알콜수용액을 연료, 액체산소를 산화제로 하는 액체연료로켓으로, 분리상승 시의 최대 추력은 25,000kg이다. A4(V-2)로켓은 크게 탄두, 계기수납부, 연료 및 산화제탱크가 있는 중앙부, 추진 장치로 구성된 후미부로 구분할 수 있다.

❶전파신관 ❷점화약통 ❸탄두부(중량 1,000kg) ❹TNT화약(750kg) ❺자동조종장치 및 유도장치수납부 ❻고압공기용기 ❼에탄올탱크 ❽추종서보제어용 알콜밸브 ❾에탄올 공급단열관 ❿구조재 ⓫액체산소탱크 ⓬에탄올혼합관 ⓭유량조절장치 ⓮과산화수소탱크 ⓯터빈터보펌프 ⓰압축공기용기 ⓱퓨즈컨테이너 ⓲에탄올밸브 ⓳터빈배출구 ⓴연소실냉각용 연료송유관 ㉑로켓엔진 ㉒알콜냉각관 ㉓방향타작동용모터 ㉔방향타 ㉕편향판

* 자이로스코프=좌우 경사와 비틀림을 감지하는 자이로와 기체 전후의 경사를 감지하는 자이로가 있다.

02. 최초의 탄도미사일(2)

현대의 것과 거의 다르지 않은 A4의 제어장치

A4로켓은 2개의 제어기구로 유도가 이루어졌다. 하나는 대기 중에서 비행 중에 바람 등의 영향으로 코스에서 이탈하지 않도록 비행자세를 일정하게 유지하는 비행제어장치(말하자면 오토파일럿)이며, 다른 하나는 정해놓은 비행경로에서 외력에 의해 어느 정도 벗어났는지를 감지, 항로를 수정하는 유도장치(관성유도장치)로, 이 둘은 기본적으로 오늘날의 로

● A4로켓의 비행

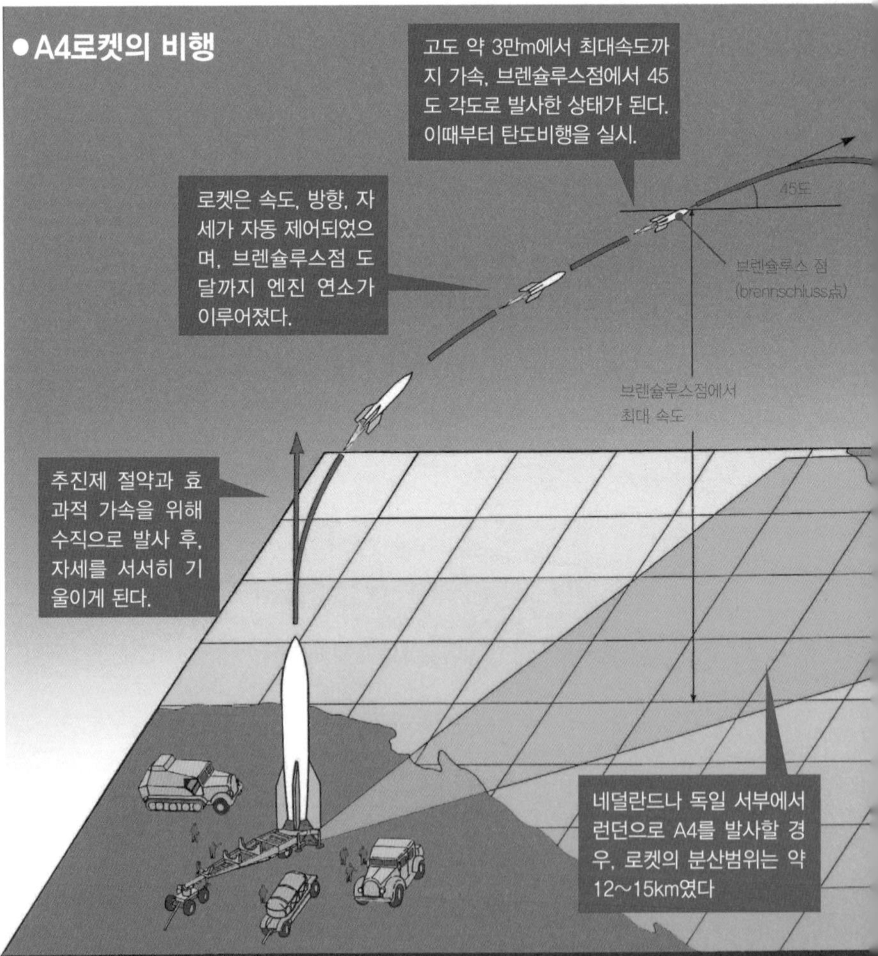
고도 약 3만m에서 최대속도까지 가속, 브렌슐루스점에서 45도 각도로 발사한 상태가 된다. 이때부터 탄도비행을 실시.
45도
로켓은 속도, 방향, 자세가 자동 제어되었으며, 브렌슐루스점 도달까지 엔진 연소가 이루어졌다.
브렌슐루스 점
(brennschluss点)
브렌슐루스점에서
최대 속도
추진제 절약과 효과적 가속을 위해 수직으로 발사 후, 자세를 서서히 기울이게 된다.
네덜란드나 독일 서부에서 런던으로 A4를 발사할 경우, 로켓의 분산범위는 약 12~15km였다

켓과 미사일에도 사용되고 있는 제어기구이다.

A4로켓을 발사하기 전에 표적에 대한 비행코스를 비행제어장치에 입력하게 되는데, 발사된 A4는 엔진을 정지(이것을 'Brennschluss'라 한다)한 후 탄도비행이 되고, 최고점에 도달한 후부터 자유낙하로 목표를 향한다. 즉, A4를 목표에 명중시키는 데는 브렌슐루스점을 통과할 시점에 정확한 속도와 방향이 되도록 A4의 속도와 자세를 제어해 주면 된다. 그렇다 하더라도 실제로는 대기권 내에서의 비행 중에 바람 등의 외력으로 정해진 비행코스에서 이탈해버리기 때문에 유도장치가 가속도계에서 이탈한 거리를 산출하고 방향타 및 편향판을 움직여 보정했다.

A4(V-2)의 특징 중 하나는 이동식발사대에서 발사가 가능했다는 점이다. 이것은 개발책임자였던 발터 R 도른베르거가 개발단계부터 이동식발사대에서 운용할 수 있도록 로켓의 치수와 중량을 결정했기 때문으로, 적에게 발견되기 어려운 이동식발사대 운용은 전술적으로 큰 장점이었다. 발사부대는 일러스트에서 보이는 것처럼 발사대겸 운반트레일러를 비롯하여 87대의 차량, 228명의 인원으로 구성되어 있었다.

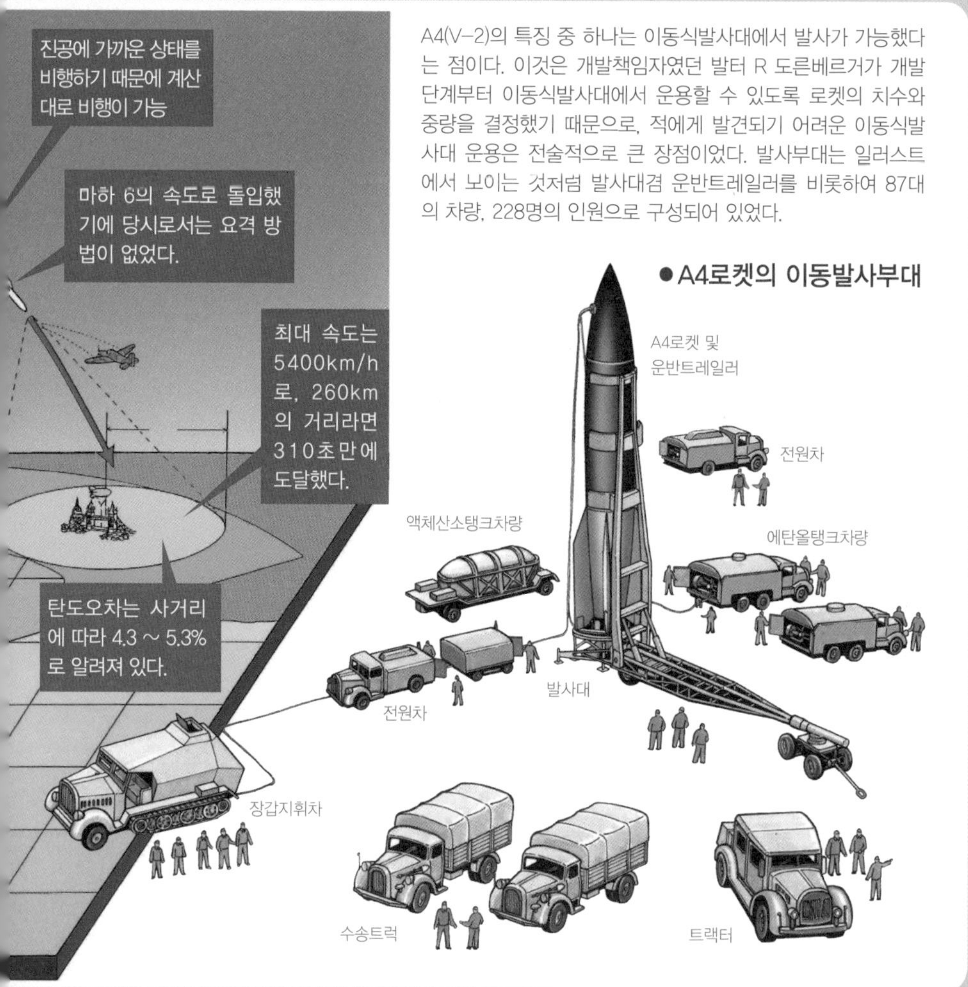
진공에 가까운 상태를 비행하기 때문에 계산대로 비행이 가능
마하 6의 속도로 돌입했기에 당시로서는 요격 방법이 없었다.
최대 속도는 5400km/h로, 260km의 거리라면 310초만에 도달했다.
탄도오차는 사거리에 따라 4.3 ~ 5.3%로 알려져 있다.
● A4로켓의 이동발사부대
A4로켓 및 운반트레일러
전원차
액체산소탱크차량
에탄올탱크차량
발사대
전원차
장갑지휘차
수송트럭
트랙터

03. 탄도미사일의 종류

사거리에 따라 분류되는 탄도미사일

탄도미사일은 발사된 화포의 포탄이 그리 는 포물선과 같은 궤적(탄도)을 그리며 날아

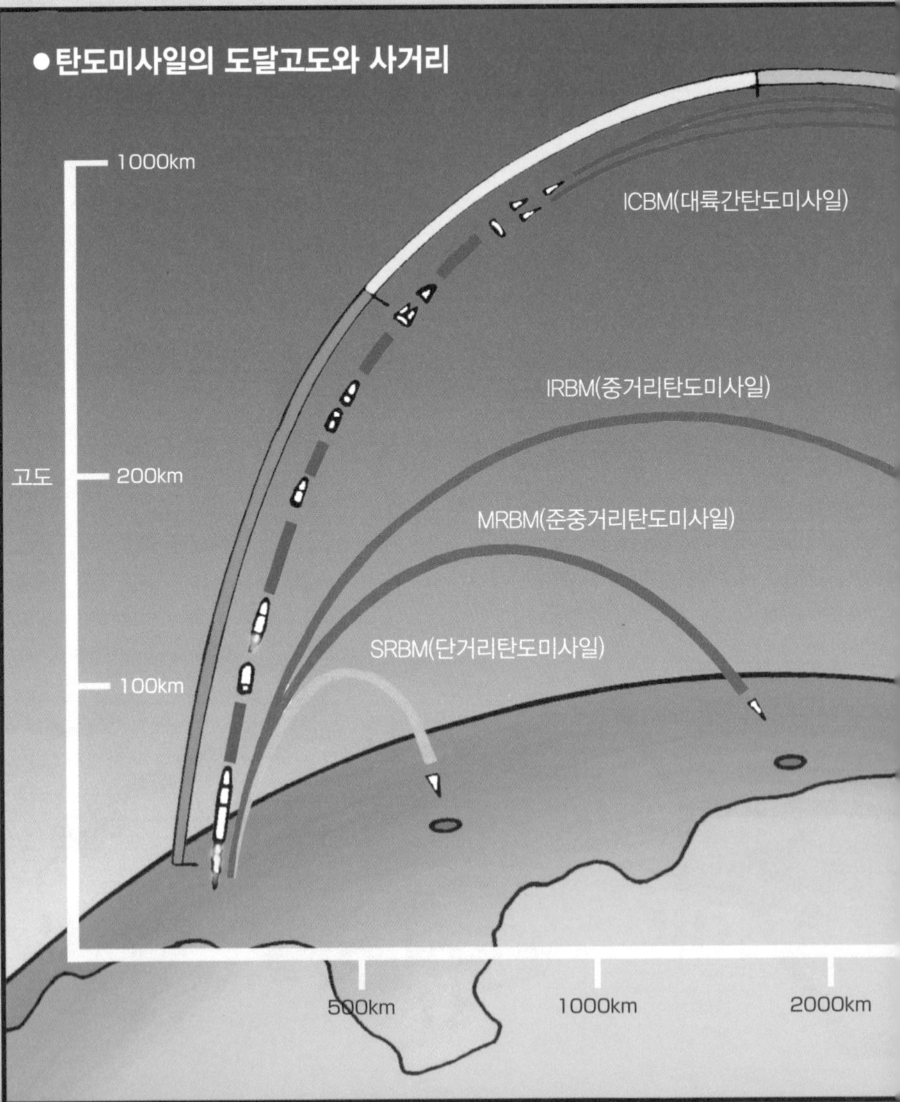
●탄도미사일의 도달고도와 사거리
1000km
ICBM(대륙간탄도미사일)
IRBM(중거리탄도미사일)
고도
200km
MRBM(준중거리탄도미사일)
SRBM(단거리탄도미사일)
100km
500km
1000km
2000km

가는 지대지미사일이다. 발사 후 겨우 몇 분 만에 부스터(미사일을 가속하는 로켓엔진 또는 모터)를 끝까지 연소하고, 그 후에는 관성으로 비행한다. 그 비행과정은 우주개발에 사용되는 민간용 로켓과 거의 유사하다.

탄도미사일은 사거리에 따라 다음과 같이 *분류된다.

*ICBM(대륙간탄도미사일) : 사거리 5,500km 이상

*IRBM(중거리탄도미사일) : 사거리 2,000km ~ 6,000 정도

*MRBM(준중거리탄도미사일) : *사거리 800km ~ 1,600 정도

*SRBM(단거리탄도미사일) : 사거리 800km 이하

이 외에 잠수함에서 발사되는 탄도미사일은 사거리에 관계없이 *SLBM(잠수함 발사 탄도미사일)으로 분류된다.

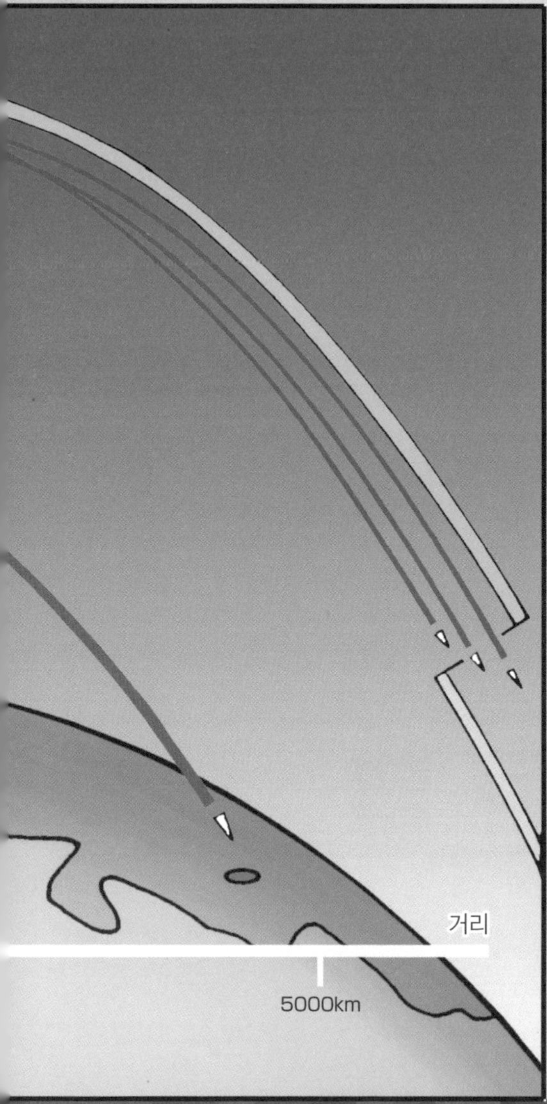
거리
5000km

탄도미사일에는 SRBM에서 ICBM까지 여러 종류가 있지만, 사거리가 긴 탄도미사일의 탄두일수록 고고도까지 도달하게 된다(보다 높은 고도에서 탄도 비행시키면 도달거리는 길어지게 된다). 각 미사일은 소정의 고도에 도달하는데 필요한 속도(가속종료시의 속도)가 결정되어 있고, ICBM은 초속 5~7km, IRBM은 초속 2~4km, SRBM은 초속 2km이하 정도다. 탄도미사일의 궤도는 가장 작은 에너지로 비행하는 최소 에너지 궤도를 취하는 것이 일반적이지만, 경우에 따라서는 디프레스드 궤도(Depressed trajectory, 적의 발견을 늦추기 위해 취하는 최소 에너지 궤도보다 낮은 궤도), 로프티드 궤도(Lofted trajectory, 중력가속도를 이용해서 재돌입시의 속도를 올리기 위해 취하는 최소 에너지 궤도보다 높은 궤도)가 채택되는 경우도 있다.

*분류=이하 본문에서 소개하고 있는 탄도미사일의 사거리에 따른 분류는 엄밀하게 정의된 것은 아니다. 또한, 핵탄두를 탑재한 것은 전술탄도미사일로 분류하기도 한다. *ICBM=Inter-Continental Ballistic Missile. *IRBM=Intermediate-Range Ballistic Missile. *MRBM=Medium-Range Ballistic Missile. *SRBM=Short-Range Ballistic Missile. *사거리 800km이하=사거리 500km이하로 정의하기도 한다. *SLBM=Submarine Launch Ballistic Missile.

04. 원형공산오차

미사일 등의 명중 정확도를 나타내는 지표

ICBM의 명중 정확도는 거의 브렌슐루스점에 의해 결정된다고 알려져 있다. 물론 대기권 외에서는 탄두가 공기의 저항 등의 외력을 받지 않기 때문에 계산대로 비행하지만, 대기권 재진입 후에는 마찰열과 바람 등의 영향을 받게 되기 때문에 100% 계산대로 낙하하여 명중되는 일은 드물다.

명중 정확도를 계산하는 하나의 지표로 *CEP(원형공산오차)라는 지표가 있다. 이것은 「발사된 미사일 탄두의 절반이 표적의 중심으로부터 어느 정도의 범위에 낙하하는가」를 나타내는 수치다. 다른 말로 표현하면 「착탄할 확률이 50%가 되는 반경을 그리는 원」이라 할 수 있다. 예를 들면 ICBM 피스키퍼의 CEP는 1만km 비행 시, 180m 이내로 알려져 있다. 이것은 1만km를 날아온 미사일의 탄두 가운데 50%가 표적을 중심으로 반경 180m 이내의 지역에 낙하한다는 것을 나타내는 것을 의미한다.

덧붙여서 CEP는 ICBM과 같은 탄도탄뿐만 아니라 미사일과 유도폭탄, 곡사포 등의 화포 등에도 사용되는 지표다.

여기서 ICBM의 CEP가 1만km 비행 시 1,000m라고 가정해 보자. 표적이 도시와 공장 등과 같이 완전 무방비 상태의 장소라면 충분히 파괴할 수 있겠지만, 표적이 견고하게 방어된 ICBM의 지하 격납시설이라면 그 정도론 충분하지 않다. 원래 지하 격납시설은 수백 미터 정도의 거리에 핵탄두가 착탄 · 폭발해도 파괴되지 않도록 만들어져 있기 때문에 그것을 파괴하는 데는 핵탄두의 파괴력을 크게 하거나, 보다 가까운 거리에 낙하시킬(CEP 수치를 작게 한다) 수밖에 없다.

즉, CEP는 무엇을 표적으로 하느냐에 따라 그 수치가 갖는 가치가 크게 변화하게 되는 것이다. 무엇보다 ICBM을 실제 사용할 경

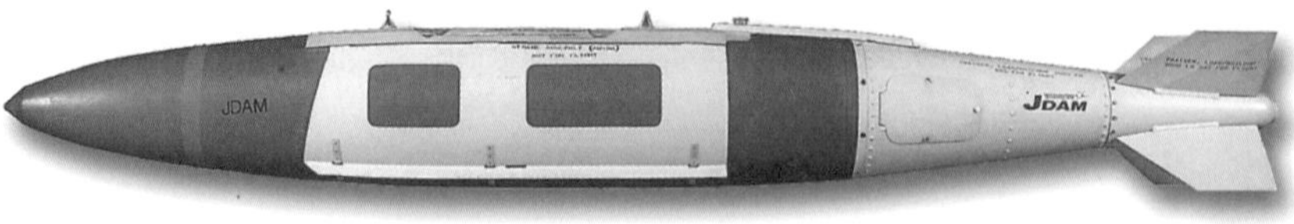
JDAM
JDAM

CEP는 탄도미사일뿐만 아니라 유도폭탄 등의 명중 정확도에도 사용된다. 사진은 Mk.84 자유낙하폭탄에 유도장치키트를 장착하여 *JDAM(합동정밀직격탄)으로 개조한 GBU-31. GPS유도로 무유도폭탄이 CEP 5m의 스마트 폭탄이 되는 것이다.

*CEP=Circular Error Probability. 평균오차반경, 원형공산오차라고도 칭한다.
*JADM=Joint Direct Attack Munition.

우 어떻게 하면 적이 반격할 수 없을 정도의 큰 타격을 줄 수 있을지가 중요한데, 이때 목표로 삼게 되는 것이 ICBM 그 자체와 발사 시설이며, 당연하게도 이들 전략 목표물은 매우 견고하게 방어되어 있기 때문에, CEP 수치를 작게 줄일 필요가 있다.

▼ CEP란?

도표는 유도폭탄 A(빨간 점)와 B(녹색 점)를 10발씩 투하했을 때 착탄점 분포도이다. 이때 A는 반경이 10m 원 내에 6발, B는 반경 30m 원내에 6발 낙하해 있다. 이 분포도를 통해 대략적으로 말하면 A의 CEP는 10m, B는 30m가 된다. 실제로는 표적(십자선의 교차점)으로부터 각각의 착탄점 오차를 측정, 표준오차를 구해서 CEP를 산출한다.

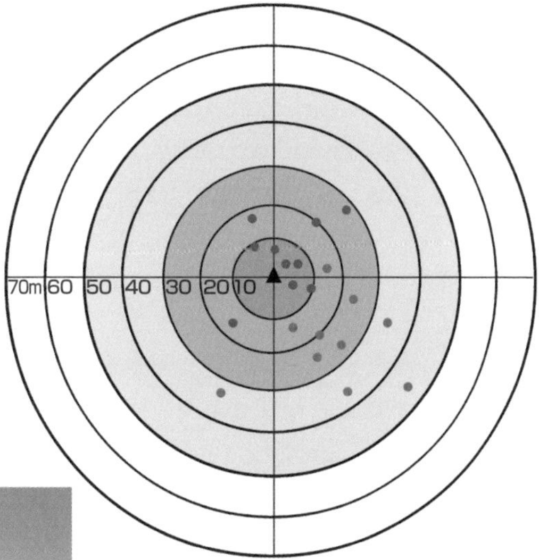
70m
60
50
40
30
20
10

사진은 미국 육군의 M120 박격포. 포신에 강선이 없는 활강포이며, 안정날개로 탄도를 안정시키는 포탄이기 때문에 측풍의 영향을 받기 쉽다. 이 때문에 사거리가 같더라도 다른 화포와 비교해서 CEP값이 커지게 된다. 단, 박격포는 정밀사격보다도 제압사격이 요구되는 화포이므로, CEP가 크다고 해서 무기로서의 가치가 떨어진다고 말할 수는 없다. 최근에는 사거리를 연장한 로켓어시스트탄과 레이저나 적외선으로 유도하는 박격포탄도 개발되어 있어 핀 포인트 사격과 이동표적 명중이 가능하게 되었다.

05. SRBM의 특징

야전부대가 운용하는 지대지미사일

화포나 다연장로켓과 함께 야전포병의 화력체계를 구성하는 3대 요소 중 하나가 대구경로켓이다. 여기서 말하는 대구경로켓이란 이른바 지대지미사일로, *사거리 800km 이하의 SRBM(단거리탄도미사일)을 말하는데, 이 중에는 초기의 SRBM처럼 ICBM의 개발과정에서 만들어진 것과 처음부터 야전부대가 군사목표를 공격하는 전술미사일로 만들어진 것까지 여러 가지가 있다. 그 운용은 대부분의 경우 야전부대가 하고 조직적으로 보면 야전포병 조직의 일부로서 운용되는 것이 많다.

야전부대에서 SRBM의 운용은 첫째로 화포의 사거리 밖에 있는 적을 공격하는 것에 있다. 화포의 사거리는 최대 30km정도이기 때문에, 그 이상의 거리에 대해서는 SRBM으로 커버하는 것이다. 적을 격멸하기 위해서는 적의 포격이 도달하지 않는 원거리에서 공격을 가하는 편이 효과적이기 때문이다.

미국 최초의 핵탄두 탑재 지대지로켓 MGR-1 어네스트 존. SRBM으로 분류된다. 1954년부터 1982년까지 유럽 주둔 미군에 배치되었다. 직경 76cm, 전장 8.31m, 발사중량 2,510kg, 속도 마하 2.3.

본래 이 거리를 커버하는 것은 항공기의 역할이지만, 항공기의 지휘권은 공군에 있기 때문에 야전부대의 요구에 즉각 대응하는 것은 어려운 일이며, 육 · 공군이 통합 운용되어 절대적인 항공우세를 얻을 수 있는 미군의 경우는 극히 예외적이라 할 수 있다. 야전부대로서는 직접 지휘 하에 있어 상시 사용 가능한 SRBM을 사용하는 편이 나으며, 이 때문에 SRBM은 야전군에 편입 · 운용되는 것이다.

또한 야전부대에 있어서 공격목표가 되는 것은 교전거리 내에 있는 화포 이외의 무기뿐만 아니라 전선후방에 위치한 적의 *치중대도 대상이 되는데, 이것도 SRBM에 의한 원거리 공격능력을 보유하게 되는 이유다.

그리고 야전군에서 탄도미사일을 운용한다고 하면 부대의 이동에 따라 미사일도 이동해야 한다. 언제 어디서든 필요할 때에 미사일을 발사할 수 없다면 가치가 없기 때문이다. 이 때문에 SRBM은 장륜식 또는 궤도차량에 탑재할 수 있고, 그러한 차량에서 발사할 수 있어야 한다. 이러한 이유로 로켓은 발사준비에 시간이 걸리지 않는 고체연료식이 바람직하고 미사일의 크기도 제한된다(차량에 탑재할 수 있는 미사일 수도 1기 정도가

*치중대 : 각종 군수지원을 제공하는 후방 전투근무지원부대의 집단.

한계일 것이다). 당연한 얘기겠지만, 다연장 로켓처럼 손쉽게 다룰 수 있는 무기가 아니므로 발사준비와 취급에도 수고와 시간이 걸리고, 한 번 발사하게 되면 다음 탄을 장전하기도 쉽지 않다. 대형 미사일을 공급하고 발사기가 되는 차량에 재장전하기 위해서는 별도 보급 시스템이 필요하다.

또한 탄도미사일을 운용한다 해도 한번의 전투에 투입할 수 있는 수량에는 한도가 있어 일발필중 보다는 1기로 공격목표에 대해 최대한의 효과를 얻는 것을 목표로 한다. 적 부대에 대해서 1발의 공격만으로 반격이 불가능할 만큼의 큰 타격을 주는 무기가 바람직한데. 그런 의미에서 보자면 SRBM에 탑재되는 탄두는 위력이 강한 핵탄두가 최적이라 할 수 있을 것이다.

하지만 핵탄두를 사용할 경우 적은 물론 인접한 아군도 피해를 입을 수 있다. 핵이 사용된 지역은 방사능에 의해 오염되어 장기간 사용할 수 없게 되고, 폭발 시에 발생하는 EMP의 영향도 고려할 필요가 있다.

이상과 같은 이유나 군축조약 등의 영향으로 냉전종결 이후 미국, 러시아 등 주요 국가에서는 SRBM의 보유량을 감소시키는 추세이지만, 이와는 반대로 러시아 등으로부터 유출된 로켓 및 핵개발 기술을 이용해서 제3세계의 국가들도 SRBM을 보유하게 되었다. 실제 구 소련의 스커드 등을 토대로 중동의 이슬람 국가나 북한에서 만들어진 탄도미사일은 큰 위협이 되고 있다.

나치 독일의 A4 로켓 기술을 이용해서 개발된 PGM-11 레드스톤. 미국 최초의 SRBM으로 4메가톤 위력의 열핵탄두를 탑재. 직경 180cm, 전장 21.1m, 발사중량 27,763kg, 속도 마하 5.5. 인공위성과 유인우주선의 발사로켓으로도 사용되고 있다.

06. 프랑스의 SRBM

1발로 적 지상군에 큰 타격을 준다

야전부대의 레벨에서 운용되는 SRBM(단거리탄도미사일)은 제2차 세계대전 이후에 개발되었다. 그 목적은 핵탄두로 적의 치중대 등이 있는 후방을 공격, 적이 반격할 수 없을 정도의

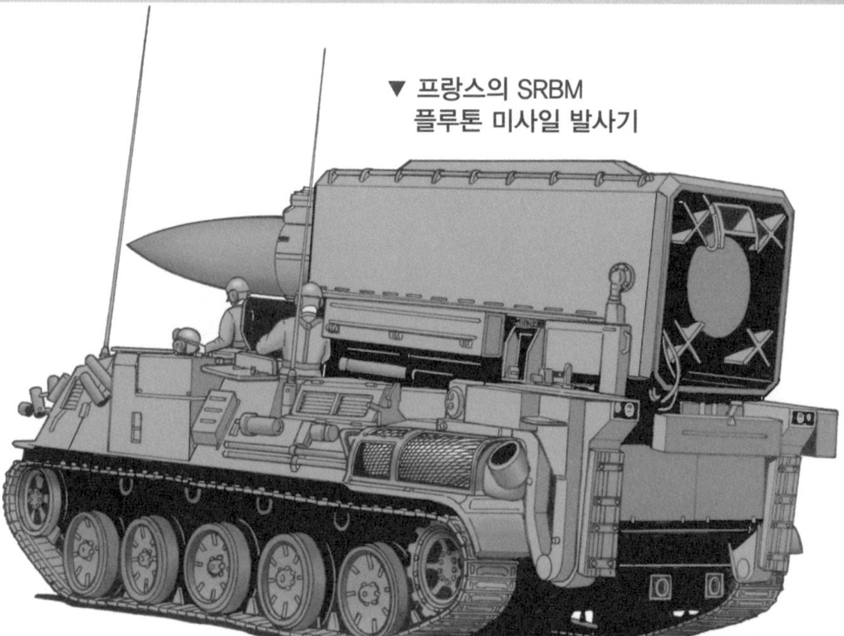

▼ 프랑스의 SRBM
플루톤 미사일 발사기

1960년대 초반, 프랑스에서는 미국으로부터 공급된 핵탄두 탑재 MGR-1 어네스트 존을 대구경 지대지로켓으로 운용하고 있었다. 하지만 1966년에 NATO 통합군에서 탈퇴하고 독자노선을 걷기 시작하면서, 어네스트존을 대체하는 후속 SRBM을 개발, 그 결과 탄생한 것이 플루톤 미사일로 1974년 5월부터 배치가 시작되었다. 최초의 실전 배치는 육군 제3보병연대로, 최종적으로 30기가 배치되어 5개 전술미사일 연대가 편성되었다. 미사일은 AMX-30 전차의 차체를 개조한 TEL에 탑재되었다. 사거리를 배로 늘린 슈퍼 플루톤의 개발도 계획되었지만 1983년에 중지되었다.

사거리 120km인 플루톤 미사일로 먼 거리에서 공격하면 아군의 손해를 크게 줄일 수 있다.
AMX-30을 개조한 전용 TEL 차량

●플루톤 미사일로 살펴보는 단거리 탄도미사일의 운용법

타격을 입히는 것이었다. 또한 SRBM은 핵탄두뿐만 아니라 화학무기를 탑재한 탄두나 *DPICM 등의 탄두를 탑재 · 운용할 수 있는 것도 특징이다.

*DPICM=Dual-Purpose Improved Conventional Munition. 다수의 자탄을 탑재, 공중에서 고밀도로 산포하여 대상지역을 제압하는 탄두.

▼ 플루톤 미사일 1단 고체연료식으로 직경 0.65m, 전장 7.64m, 발사중량 2,423kg. 사거리 120km, CEP 150m. 탄두는 15 kt 또는 25 kt의 핵탄두(AN-51) 또는 고성능작약탄두 등. 1993년에 퇴역했다.

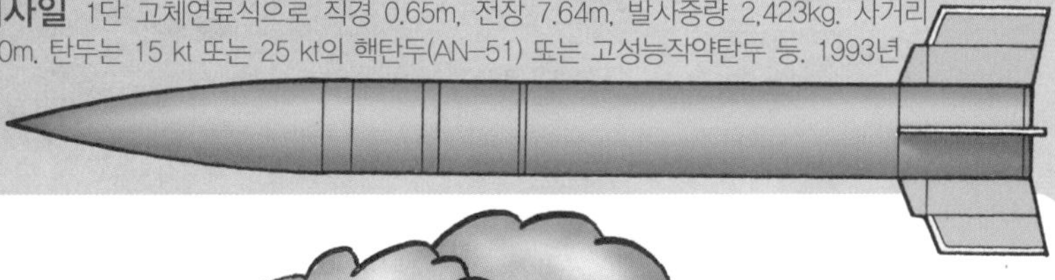

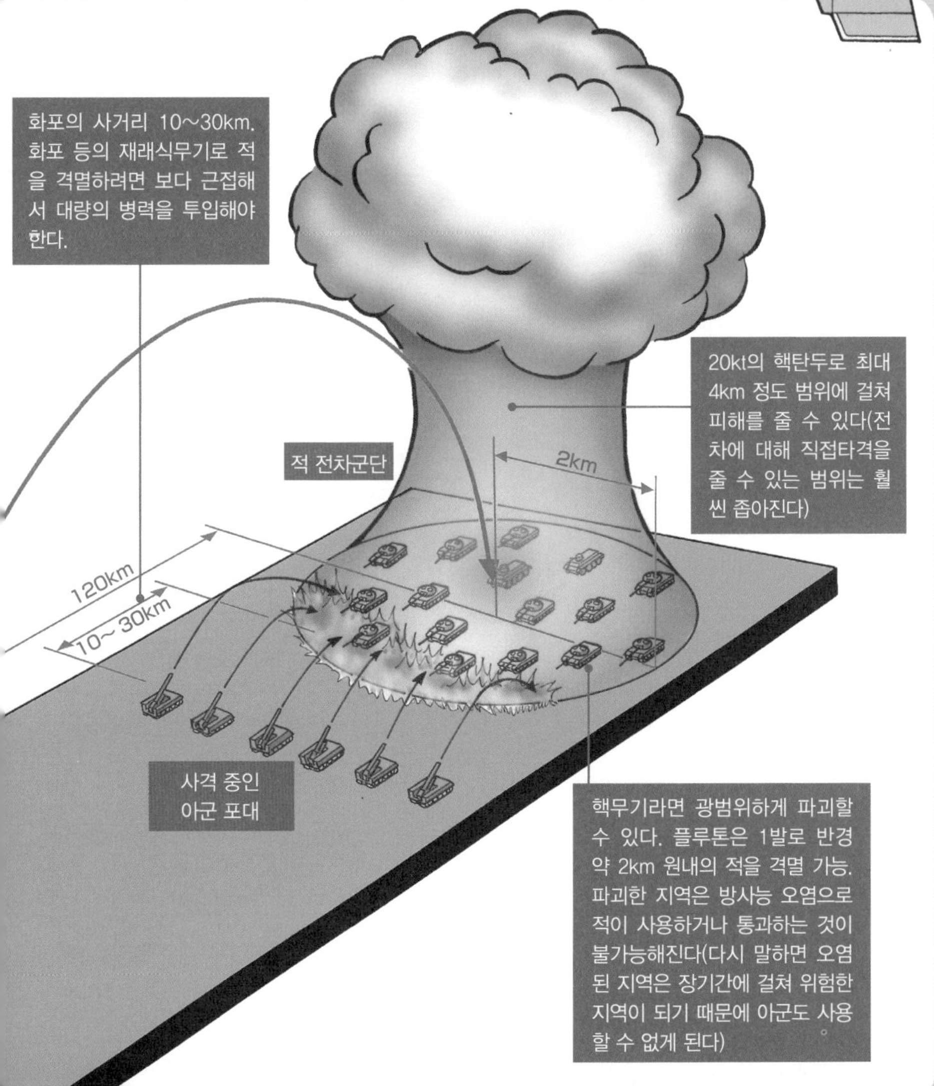

화포의 사거리 10~30km. 화포 등의 재래식무기로 적을 격멸하려면 보다 근접해서 대량의 병력을 투입해야 한다.
20kt의 핵탄두로 최대 4km 정도 범위에 걸쳐 피해를 줄 수 있다(전차에 대해 직접타격을 줄 수 있는 범위는 훨씬 좁아진다)
적 전차군단
2km
120km
10~ 30km
사격 중인 아군 포대
핵무기라면 광범위하게 파괴할 수 있다. 플루톤은 1발로 반경 약 2km 원내의 적을 격멸 가능. 파괴한 지역은 방사능 오염으로 적이 사용하거나 통과하는 것이 불가능해진다(다시 말하면 오염된 지역은 장기간에 걸쳐 위험한 지역이 되기 때문에 아군도 사용할 수 없게 된다)

07. 구 소련/러시아의 SRBM(1)

전 세계로 확산되는 스커드 미사일

스커드 A : 액체 1단식으로 발사중량 4,400kg, 사거리 130km, CEP 4,000m, 직경 0.88m, 전장 10.25m, 50 kt 핵탄두를 장착하는 단탄두식. 1957년에 실전 배치되었다.

스커드 B : 가장 널리 배치된 미사일로 이것을 토대로 다양한 변종이 만들어졌다. 액체 1단식으로 발사중량 6,370kg, 사거리 300km, CEP 450m, 직경 0.88m, 전장 11.25m, 단탄두식으로 핵탄두 외에 화학탄두, 고성능작약탄두를 탑재가능. 1965년에 실전 배치되었다.

스커드 C : 액체 1단식으로 발사중량 6,400kg, 사거리 600km, CEP 900m, 직경 0.88m, 전장 11.25m, 단탄두식으로 고성능작약탄두를 탑재. 스커드 A~C까지의 유도방식은 관성유도시스템.

스커드 D : 관성유도시스템에 더해 *레이더터미널호밍을 장착한 것으로 CEP도 50m로 향상되었다(이 유도방식이 실용화된 것은 1980년대 말로 알려져 있다). 액체 1단식으로 발사중량 6,500kg, 사거리 700km, 직경 0.88m, 전장 12.29m, 단탄두식으로 핵탄두, 화학탄두, 고성능작약탄두를 탑재 가능. 1989년에 배치되었다.

▼ 스커드 미사일의 베리에이션

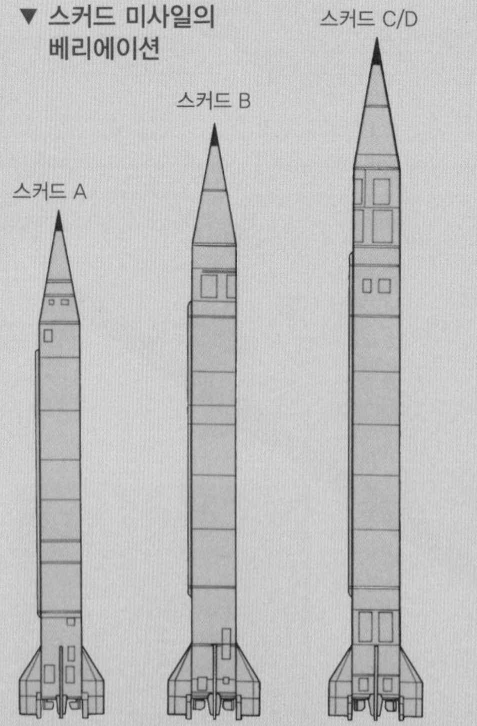
스커드 C/D
스커드 B
스커드 A

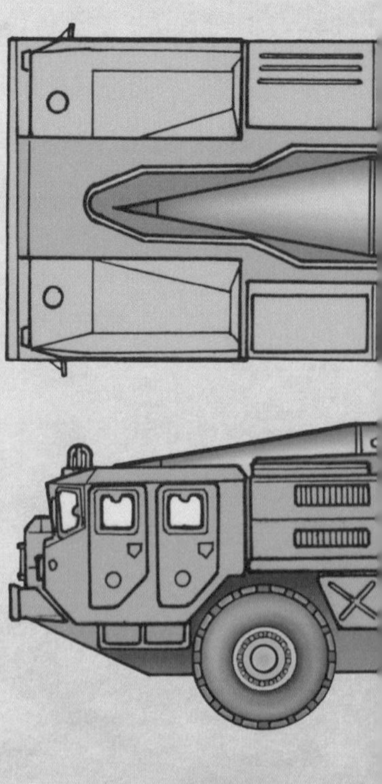

*레이더터미널호밍=미국의 퍼싱Pershing II 미사일에 탑재된 RADAG와 같은 종말유도장치.

스커드 미사일은 1950년대에 개발된 스커드 A를 기본으로 1980년대 말까지 개량 · 발전을 반복하면서 *A, B, C, D의 4가지 기본 타입이 만들어졌다. 제3세계 국가에 수출되거나 구 바르샤바 조약기구 가맹국에 배치되는 등 세계 곳곳에서 사용되었기 때문에 다양한 파생형이 만들어졌는데, 1991년 걸프전쟁에서는 *이라크군이 보유한 스커드를 둘러싸고 다양한 작전이 전개되는 등 그 존재 자체로 화재를 불러일으킨 무기이기도 하다.

▼ 스커드 B의 내부구조

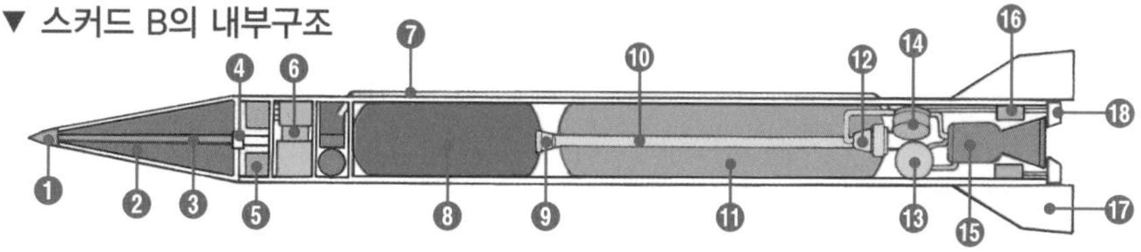
1
2
3
4
5
6
7
8
9
10
11
12
13
14
15
16
17
18

❶탄두신관 ❷화약 ❸점화약 ❹탄저신관 ❺안전아밍장치 ❻미사일유도장치 ❼도관 ❽연료탱크 ❾연료탱크커넥터 ❿연료배관 ⓫산화제탱크 ⓬산화제탱크커넥터 ⓭과산화수소탱크 ⓮터보펌프 ⓯로켓모터 ⓰액추에이터 ⓱안정핀 ⓲추진편향판

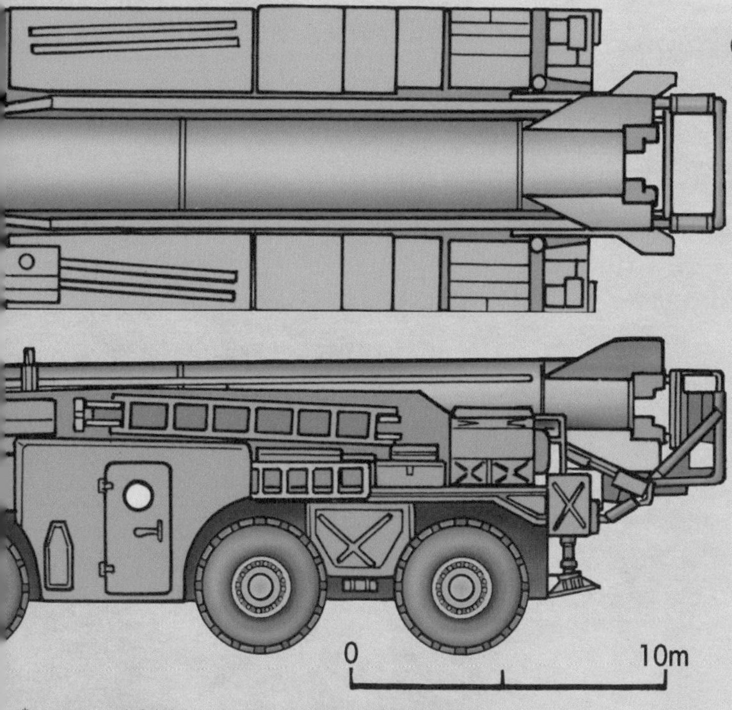
0
10m

▼ MAZ-543P TEL에 탑재된 스커드 B

JS-3 전차를 개조한 이동식 발사기에 탑재된 스커드 A를 제외하고, 스커드 B 이후는 장륜식 차량인 MAZ-543P TEL에 탑재하여 운용되었다. 발사 시에는 TEL의 뒤쪽으로 미사일을 수직으로 세워 발사한다. TEL은 전장 13.37m, 폭 약 3m, 최대 650km의 항속거리를 지닌다..

*A, B, C, D=발전단계마다 미사일의 전장 · 중량이 증대되고 사거리도 늘었으며 유도방식도 개량을 거쳐 명중 정확도가 향상되었다. 서방측 명칭은 각각 SS-1B, SS-1C, SS-1D, SS-1E.*엄밀하게 따지면 소련제 오리지널 스커드는 아니며, 그것을 토대로 개량을 거친 알 후세인이다.

08. 구 소련/러시아의 SRBM(2)

최신예 SRBM 9K720 이스칸달의 성능은?

제2차 세계대전 당시부터 로켓무기를 여러 용도로 운용해 온 러시아(구 소련)는 대전 이후에도 그 연장선상에서 SRBM을 적극적으로 개발 · 운용해 왔다. 9K720 이스칸달은 러시아 연방의 최신예 SRBM이다.

●9K720 이스칸달

2006년에 러시아 연방이 채택한 전역레벨 SRBM으로, 러시아군에서 운용하는 이스칸달 M과 수출용 이스칸달 E가 있다. 유도방식은 M형이 INS 및 E/O(전자광학유도시스템), E형은 INS만을 사용한다. M형은 미사일 컴퓨터에 입력한 표적의 항공사진, 또는 UAV(무인기)와 AWACS(공중조기경보통제기)로부터 표적영상을 수신해서 표적(이동표적이라도 가능)을 추적할 수 있어 CEP는 불과 5~7m 밖에 되지 않는다. 또한 비행궤도는 통상적인 탄도미사일보다 낮고 종말단계에서는 적의 미사일 방어시스템을 무력화하기 위해 디코이(유인체)를 사용한다. 전장 7.2m, 중량 3,800kg, 사거리 400km(M형).

▼이스칸데르 발사에 필요한 차량

지휘 · 정찰차량
(KAMAZ6륜트럭)
정보준비차량
(KAMAZ6륜트럭)
수송 · 발사대차량
(ASTROLOG트럭)
수송 · 재장전차량
(ASTROLOG트럭)
정비수리차량
(KAMAZ6륜트럭)
의료지원차량
(KAMAZ6륜트럭)

●프로그7(FROG-7) 미사일과 ZIL-135

일러스트는 ZIL-135 TEL(8륜 이동식 발사기)에 탑재된 프로그 7. ZIL-135 TEL은 기립식 발사대를 수송트럭에 얹은 것으로 재장전을 위한 크레인이 장비되어 있으며 야지에서도 400km의 항속거리를 자랑한다. 프로그 7은 1965년부터 소련군이 실전 배치를 개시한 이래 옛 동구권, 이집트, 아프가니스탄, 리비아 등의 국가에 전개되었으며 실전에도 투입되었다. 몇몇 국가에서는 여전히 현역으로 사용 중이다.

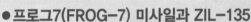

8륜 구동인 MAZ-79306을 개조한 ASTROLOG트럭에 2기 탑재된 9K720 이스칸달 미사일은 이동식 발사차량의 화물칸에 탑재되며, 비바람으로부터 보호하기 위해 접이식 덮개로 덮여져 있고, 발사 시에는 사진처럼 수직으로 세운다. 고성능작약, 고폭탄, 확산탄, 관통탄, 연료기화폭탄 등 10종류의 재래식 탄두가 탑재된다.

프로그 7 미사일은 고체연료 1단식으로 발사중량 2,300~2,500kg. 단탄두식으로 핵탄두, 화학탄두, 고성능작약탄두를 탑재할 수 있는 SRBM. 사거리 70km, CEP 500~700m. 직경 0.54m, 전장 9.1m. 확산탄이 탑재되는 프로그 7B도 개발되어 있다.

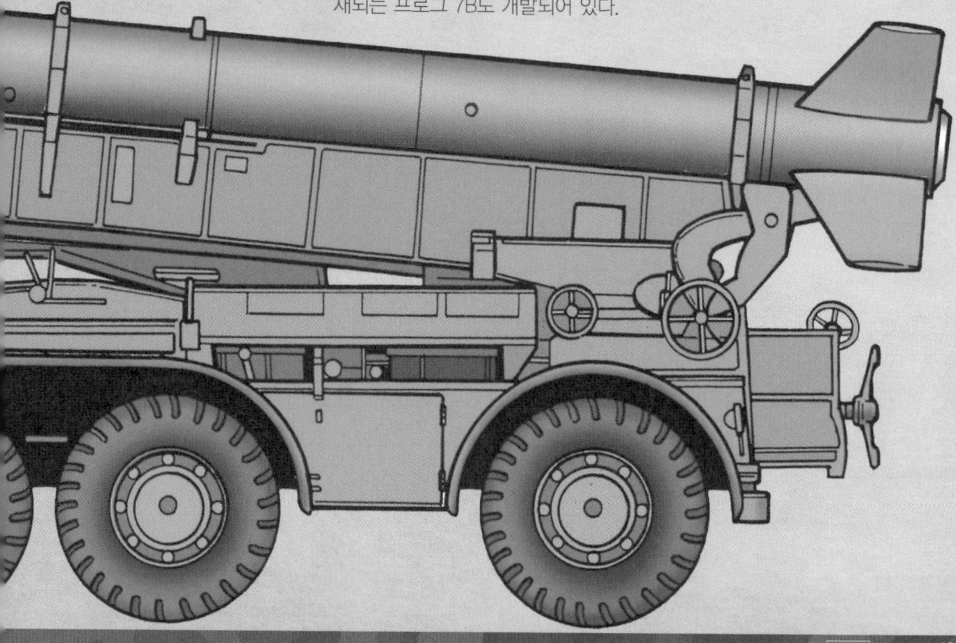

09. SRBM과 MRBM

레이더 유도로 낙하궤도를 변화시킨다

퍼싱 미사일은 미 육군에서 1950년대 말부터 60년대에 걸쳐 개발했으며, 1990년대 초반까지 유럽을 중심으로 전역레벨의 핵무기로 실전 배치되었다. 이 미사일은 크게

[아래] 퍼싱 I 은 미 육군 최초의 SRBM인 레드스톤의 후속으로 개발되었다. 1964년 서독의 제56야전포병대대에 배치되었던 것을 계기로 1971년까지 NATO 국가에 배치가 완료되었다. 1968년부터는 기동성의 향상과 유도시스템의 개량을 통해 I A의 배치가 개시되어 최종적으로 퍼싱 I 의 생산은 모두 I A로 변경되었다. 직경 1.02m, 전장 10.5m, 발사중량 약 4,600kg, 최대속도 마하 8, 400kt의 핵탄두 W50(수소폭탄이라 불리는 열핵탄두) 또는 재래식탄두를 탑재.

퍼싱 II 는 I 의 개량형으로, 사거리 연장, *핵탄두의 소형화와 함께 명중률이 향상되었다. 1984년부터 유럽에 실전 배치되었지만 *INF(중거리 핵전력 폐기조약)의 대상이 되어 1990년대 초반에 모두 폐기되었다. 전장 10.6m, 직경 1.02m, 발상중량 약 7,400kg, 최대속도 마하8 이상, 50kt의 핵탄두 W85 또는 재래식탄두 탑재.

*핵탄두의 소형화=400kt의 W50핵탄두에는 전역레벨에서 사용하기에는 위력이 너무 컸기 때문.

*INF=Intermediate–range Nuclear Force Treaty, 지상발사 중 · 단거리미사일과 순항미사일 폐기를 목적으로 했던 조약.

MGM-31A 퍼싱 I (사거리 약 740km의 SRBM)과 MGM-31B 퍼싱 II (사거리 약 1,800km의 MRBM)로 구분된다. 모두 2단식 고체연료로켓으로 기동성이 높고 단시간에 전개부터 발사까지 할 수 있다는 것이 특징이었다. 특히, 퍼싱 II에 채택된 유도시스템에는 관성유도장치에 더하여 종말유도용으로 *RADAG(레이더 지역유도) 방식이 탑재되어 있었다.

● 퍼싱 II 에 도입된 RADAG방식

미사일의 핵탄두가 대기권에 재진입해서 표적을 향해 낙하하는 단계에서 탄두 앞부분에 탑재된 레이더가 지상의 표적을 탐지 · 식별해서 탄두를 표적의 중심으로 유도한다. 탄두부는 레이더부, W85탄두, 유도제어부로 구성되어 있고, 유도제어부에 탑재된 컴퓨터가 새로 입력된 표적의 레이더 영상(신호)과 레이더가 탐지한 표적의 영상을 서로 비교하여 표적으로 정확하게 유도한다. 실제 유도작업은 컴퓨터 지령에 따라서 핀과 벡터스러스트제어(가변노즐에 의한 추력편향)을 통해 탄두부의 낙하궤도를 변화시켰다. 이와 같은 탄두를 *MaRV(기동 재돌입체)라 하는데, ICBM 이외의 탄도미사일 중에서는 이 방식의 탄두를 장착한 최초의 미사일이었다.

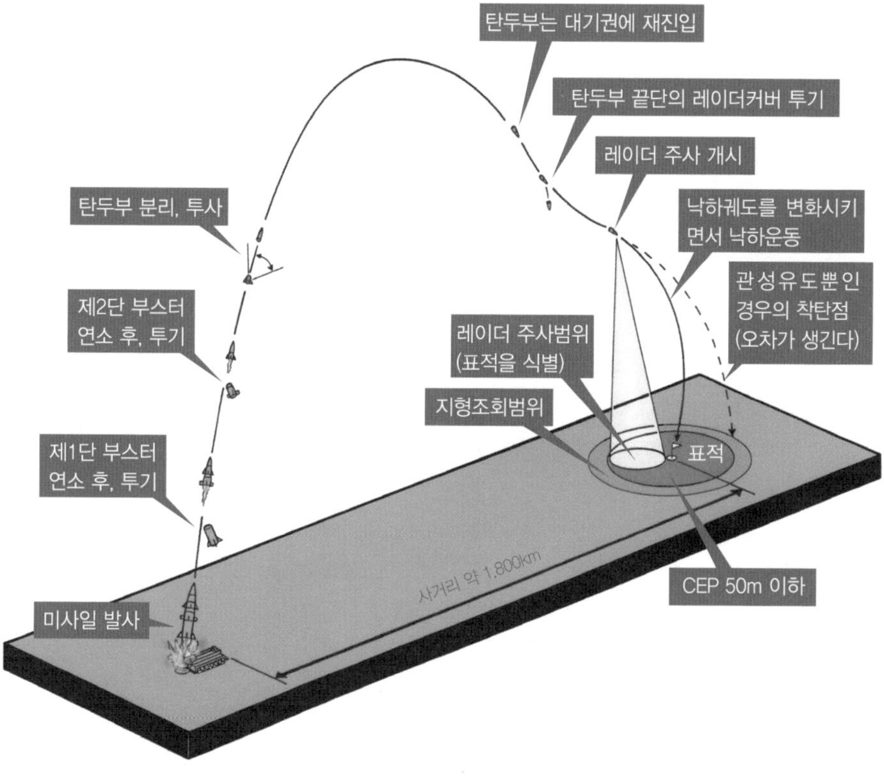
탄두부는 대기권에 재진입
탄두부 끝단의 레이더커버 투기
레이더 주사 개시
탄두부 분리, 투사
낙하궤도를 변화시키면서 낙하운동
관성유도뿐인 경우의 착탄점 (오차가 생긴다)
제2단 부스터 연소 후, 투기
레이더 주사범위 (표적을 식별)
지형조회범위
표적
제1단 부스터 연소 후, 투기
사거리 약 1,800km
CEP 50m 이하
미사일 발사

*RADAG=RADer Area Guidance.*MaRV=Maneuverable Re-entry Vehicle.

10. IRBM 특징

사거리는 짧아도 전략목적은 확실히 달성한다!

IRBM(중거리탄도미사일)이란 *사거리가 2,000~6,000km정도의 탄도미사일이다. 전장에서 전술목표에 대해 사용되는 SRBM에 비해서는 훨씬 사거리도 길고 위력도 강하지만, ICBM만큼은 아니어서 전략적인 운용을 목적으로 한다고 보기에는 조금 애매하다.

하지만 냉전시대 유럽의 NATO 국가들과 바르샤바 조약기구 가맹국 또는 중동의 이스라엘과 아랍국가와 같이 서로 적대하는 국가가 인접거리에 있는 경우에는 사거리가 그렇게 길지 않더라도 전쟁억지력이라는 전략적 목적을 충분히 달성할 수 있다. 실제로 미국의 퍼싱II와 소련의 SS-20의 유럽 배치는 바로 이러한 목적으로 이루어졌으며, IRBM에 고성능작약탄두는 물론 핵탄두까지 탑재가 가능했던 것 또한 이러한 이유 때문이었다.

ICBM만큼은 아니더라도 충분한 전략적 가치를 지닌 IRBM의 보유는 인접국가와 끊임없이 긴장 상태에 있는 국가에 있어, 전쟁억지력 보유와 상대적 우위를 점한다는 의미에서 매우 매력적인 일이었다. 때문에 제3세계의 국가들은 IRBM을 보유하기 위한 노력을 기울여 왔고, 실제로 냉전 종결 이후, IRBM을 중심으로 하는 탄도미사일보유가 세계적으로 확산되고 있는 추세이다. 그리고 이러한 미사일의 제공이 미국과 러시아 같은 대국이 아닌 전혀 별개의 국가를 통해 이뤄지고 있다는 점은 흥미롭다고 할 수 있을 것이다.

*사거리가 2,000~6,000km정도=MRBM
(준중거리탄도미사일)이라는 구분을 사용하지 않고, 사거리 500~5,500km정도의 탄도미사일을 IRBM으로 구분하는 경우도 있다.

미국이 개발한 초기형 IRBM 주피터(PGM-19). 전천후 발사준비태세를 갖추고 있다(돔 개폐식). 1단 액체연료식으로 사거리 2,410km, 직경 2.67m, 전장 18.3m, 49,800kg.

제3세계 국가의 국력으로 IRBM을 개발 · 보유하는 것은 쉬운 일이 아니다. IRBM의 개발에는 높은 기술과 축적된 노하우가 필요하기 때문이다. 그런데 여기에는 또 다른 선택지가 있다. 자국에서 개발할 수 없다면 다른 국가로부터 구입한다는 방법이 있기 때문이다. 그리고 그것을 판매하는 국가도 존재한다.

냉전시대에 미국과 소련은 외교정책이나 이념적 목적으로 탄도미사일을 타국에 제공했다. 하지만 냉전 이후 그러한 것과 관계없이 단순한 비즈니스적 목적에서 미사일을 상품으로 판매하는 국가가 나타났다. 대표적인 국가로는 중국을 들 수 있는데, 중국은 1950년대 말부터 약 20년이라는 장기간에 걸쳐 탄도미사일 개발 노하우를 높은 수준으로 쌓아올렸다. 중국에 있어 군사기술은 국제사회 속에서 인정받고 안정된 경제력을 얻는데 가장 유효한 것이었기에 중국 정부는 무기와 군수품 수출에 힘을 기울였다.

1979년에 설립된 *NORINCO(북방공업공사)라는 이름의 무기 제조판매회사는 이러한 중국 정부의 군사 비즈니스 창구라 할 수 있다. 이 회사의 많은 수출상품 속에서 눈에 띄는 것이 탄도미사일이었는데, 중국이 *INF조약에 참여하고 있지 않았기 때문에 적극적인 개발과 판매가 이루어졌던 것이다. 수출용 탄도미사일의 개발에는 *AVIC(중국항공공업집단공사)가 관여하고 있으며, 여기서 개발되어 수출된 미사일로는 M-9, M-11, M-18 등이 있다. 이라크나 파키스탄은 미사일을 구입, 이를 기반으로 독자적인 미사일 개발을 진행했다.

또한, 탄도미사일 확산 이유 중 하나로 이란과 북한의 관계와 같이 제3세계 국가간의 미사일 개발을 위한 상호협력을 들 수 있다.

중국의 IRBM(중거리탄도미사일) DF-21에는 500kt의 핵탄두 1발이 탑재되는 DF-21(사거리 1,750km), 개량형 DF-21A(사거리 2,150km), 재래식탄두형 DF-21C가 있다. DF-21C는 일러스트처럼 10륜구동 전용 TEL인 WS2500에 탑재된다. 차량의 최대 탑재량은 28톤.

*NORINCO=NORth INdustries COrporation.
*INF조약=1987년에 미국과 소련이 체결한 조약으로 지상발사식 중 · 단거리미사일과 순항미사일의 전폐(全廢)를 목적으로 했다.

11. ICBM 기술(1)

대기권 밖으로 쏘아 올려 명중시키기 위해서는?

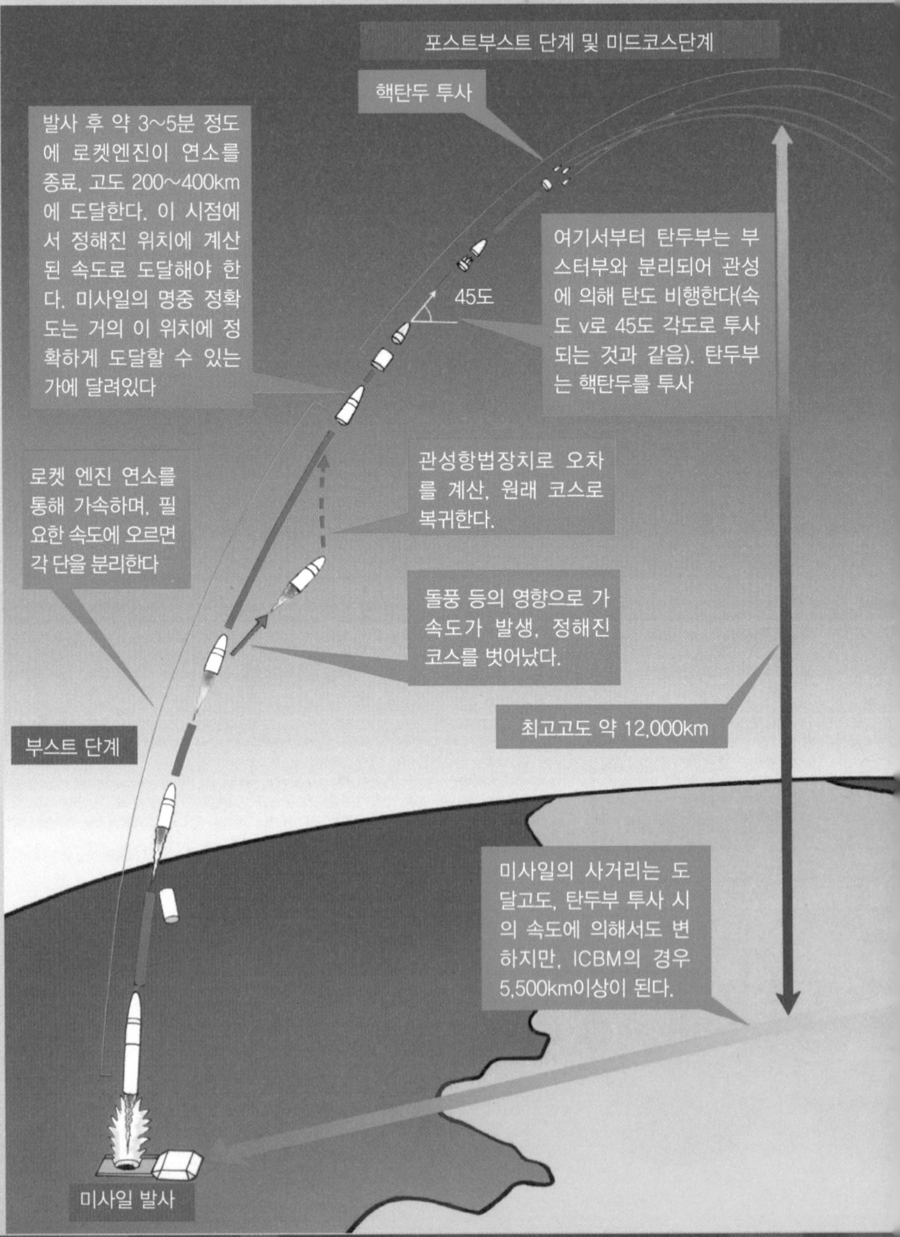

포스트부스트 단계 및 미드코스단계
핵탄두 투사
발사 후 약 3~5분 정도에 로켓엔진이 연소를 종료, 고도 200~400km에 도달한다. 이 시점에서 정해진 위치에 계산된 속도로 도달해야 한다. 미사일의 명중 정확도는 거의 이 위치에 정확하게 도달할 수 있는가에 달려있다
45도
여기서부터 탄두부는 부스터부와 분리되어 관성에 의해 탄도 비행한다(속도 v로 45도 각도로 투사되는 것과 같음). 탄두부는 핵탄두를 투사
관성항법장치로 오차를 계산, 원래 코스로 복귀한다.
로켓 엔진 연소를 통해 가속하며, 필요한 속도에 오르면 각 단을 분리한다
돌풍 등의 영향으로 가속도가 발생, 정해진 코스를 벗어났다.
최고고도 약 12,000km
부스트 단계
미사일의 사거리는 도달고도, 탄두부 투사 시의 속도에 의해서도 변하지만, ICBM의 경우 5,500km이상이 된다.
미사일 발사

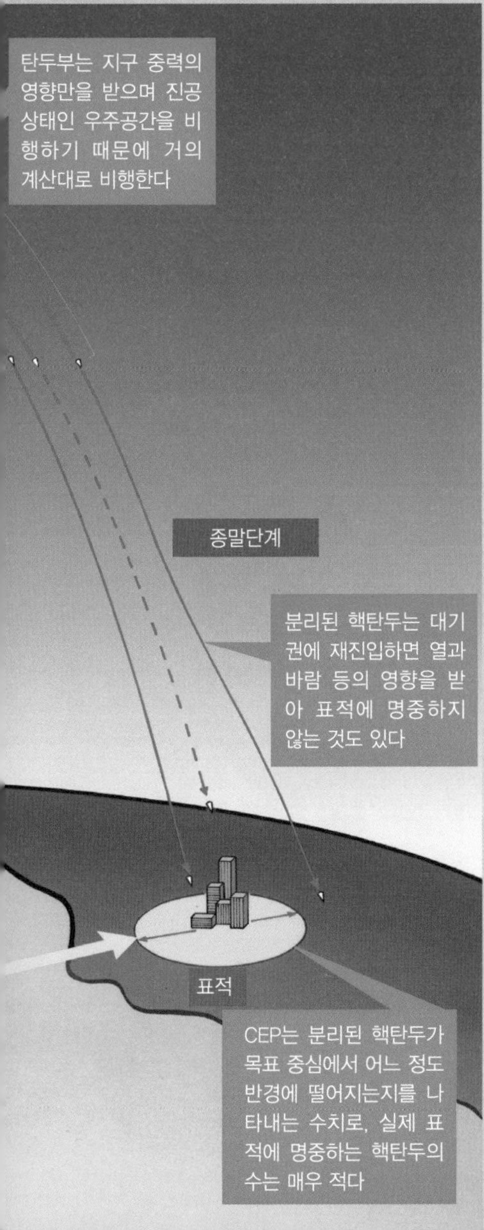

탄두부는 지구 중력의 영향만을 받으며 진공 상태인 우주공간을 비행하기 때문에 거의 계산대로 비행한다
종말단계
분리된 핵탄두는 대기권에 재진입하면 열과 바람 등의 영향을 받아 표적에 명중하지 않는 것도 있다
표적
CEP는 분리된 핵탄두가 목표 중심에서 어느 정도 반경에 떨어지는지를 나타내는 수치로, 실제 표적에 명중하는 핵탄두의 수는 매우 적다

탄도미사일에 긴 사거리(특히 대륙간을 비행할 수 있도록)를 갖게 하기 위해서는 바람 등의 공기저항을 받기 쉬운 대기권 내를 비행시키는 것보다 순간적으로 대기권 밖 고고도까지 상승시켜서 표적을 향해 탄도비행시키는 편이 훨씬 유리하다.

또한 부스터 연소 종료시점인 고도 약 200~400km 지점에서 약 45도의 각도로 탄두를 분리, 목표를 향해 돌입시키는데, 이것은 탄도미사일의 원조 A4로켓의 비행 원리와 근본적으로 다르지 않다.

● 탄도미사일을 표적에 명중시키는 기술

12. ICBM 기술(2)

관성유도란 어떤 유도방식인가

ICBM과 같은 탄도미사일을 표적에 명중시키는 데는 관성유도방식이 사용된다. 표적이 정지해 있다고 가정할 때 미사일은 발사위치와 표적의 위치(좌표)를 기억하고, 비행 중 현재위치를 알 수 있다면 표적을 향해 자력으로 비행할 수 있다고 하는 것이 관성항법의 기본 원리이다(실제로는 사전에 입력해 둔 비행코스와 현재위치를 비교 · 대조하는 것이다). 외부로부터 항법정보 없이 비행할 수 있는 이러한 항법을 실현시키는 것이 *INS(관성항법장치)다.

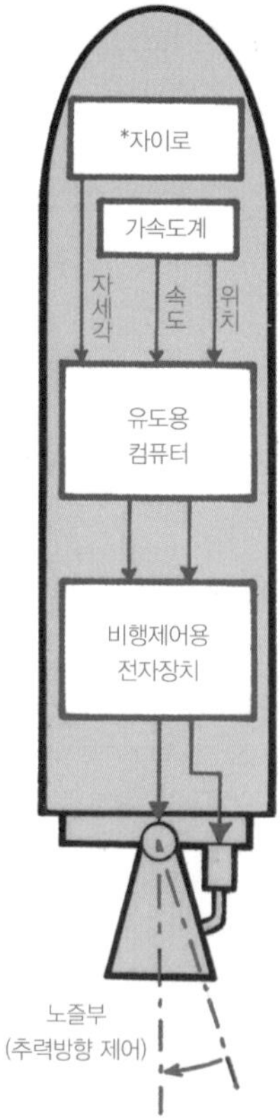
*자이로
가속도계
자세각
속도
위치
유도용 컴퓨터
비행제어용 전자장치
노즐부
(추력방향 제어)

오른쪽 사진은 새턴V(1960년대 후반~70년대 초반 우주개발에 사용된 로켓)에 탑재된 ST-124 관성항법장치. 당시에는 기계식 장치였기 때문에 높은 정밀도를 얻을 수 없었다. 현재는 INS도 레이저 광선을 이용한 레이저 자이로와 광섬유를 이용한 가속도계를 사용하게 되어 신뢰성이 향상되었다.

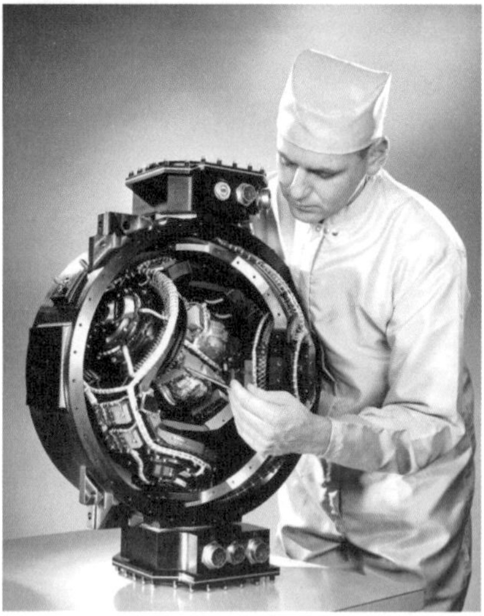

●관성유도방식의 원리

미사일의 관성유도시스템은 왼쪽 그림과 같은 구조로 되어 있다. INS를 구성하는 가속도계와 자이로에 의해 계측된 속도 · 위치정보 · 자세각 정보의 각 데이터가 유도용 컴퓨터에 보내지고 컴퓨터는 계측데이터를 계산한다. 그 결과와 사전에 입력된 비행프로그램을 비교해서 수정이 필요한 경우 컴퓨터가 비행제어용 전자장치에 수정명령을 보낸다. 전자장치는 명령에 따라 엔진의 노즐부분을 움직여서 추력의 방향을 변화시키고 비행방향을 수정 · 유도한다.

*INS=Inertial Navigation System. *자이로=자이로 스코프 또는 자이로 센서. 자이로 효과(고속으로 회전하는 물체가 회전상태를 유지하려고 하는 관성력)를 이용해서 물체의 각도와 각속도(角速度)를 계측하는 계측기.

●관성항법장치의 간단한 모델

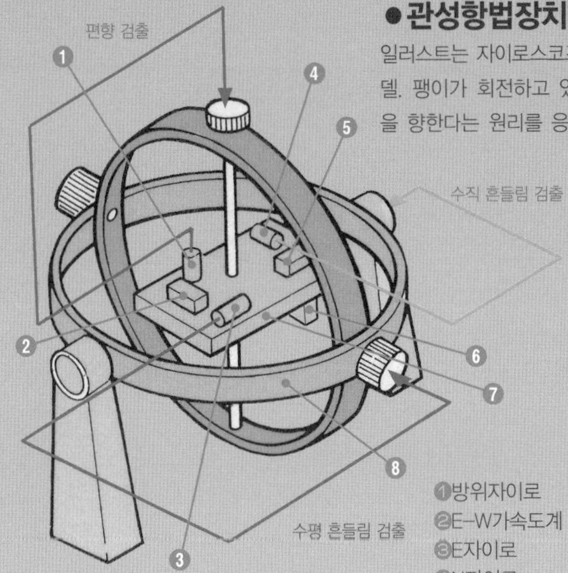
편향 검출
수직 흔들림 검출
수평 흔들림 검출
1
2
3
4
5
6
7
8

일러스트는 자이로스코프를 이용한 가장 간단한 INS의 모델. 팽이가 회전하고 있는 한 그 회전축은 지구의 중심을 향한다는 원리를 응용하고 있다. 장치는 플랫폼 상에 E–W(동서), N–S(남북), 수직방향 각각의 가속도계와 위치자이로, E자이로, N자이로를 두고 플랫폼을 지구 중심에 대해 항상 수직이 되도록 짐벌gimbal에 부착한 구조로 되어 있다. 각 가속도계는 각각의 방향에 가해지는 가속도를 각 자이로는 미사일 각 방향의 기울기를 검출한다.

①방위자이로
②E–W가속도계
③E자이로
④N자이로
⑤N–S가속도계
⑥수직가속도계
⑦플랫폼(안정대)
⑧짐벌

●관성유도의 원리

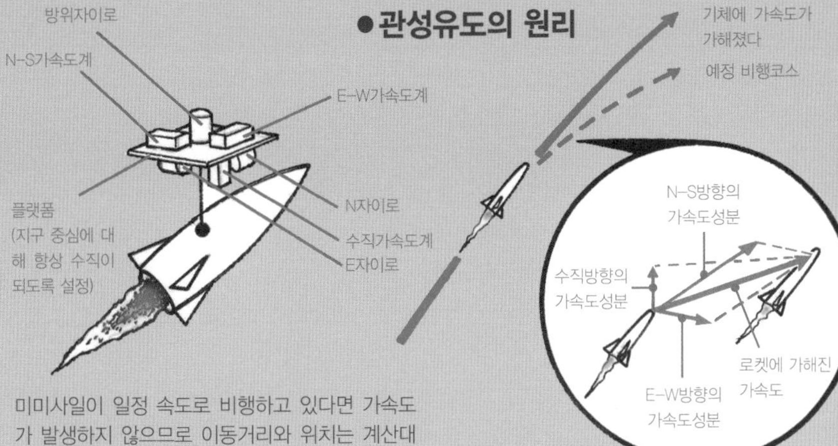
방위자이로
N–S가속도계
E–W가속도계
플랫폼
(지구 중심에 대해 항상 수직이 되도록 설정)
N자이로
수직가속도계
E자이로
기체에 가속도가 가해졌다
예정 비행코스
N–S방향의 가속도성분
수직방향의 가속도성분
로켓에 가해진 가속도
E–W방향의 가속도성분

미미사일이 일정 속도로 비행하고 있다면 가속도가 발생하지 않으므로 이동거리와 위치는 계산대로 이다. 하지만 예측하지 못한 가속도(대기권 내에서 돌풍 등 외력을 받게 되면 기체에 가속도가 생긴다)가 더해져 정해진 코스에서 이탈해도 INS의 플랫폼은 미사일 자세에 상관없이 항상 수평을 유지하도록 되어 있기 때문에 각각의 가속도계가 가속도를 검출하여 원래 코스에서 어느 정도 벗어났는지 계산 · 수정할 수 있다. 원리 자체는 간단하지만 실제로는 플랫폼을 항상 지구 중심에 대해 직각을 유지하도록 하는 것조차 쉽지 않다.

미사일이 비행코스에서 이탈하는 것은 돌풍이나 부스터부의 연소 및 분리되는 타이밍의 차이 등으로 예측하지 못한 가속도가 기체에 영향을 줄 때다. 여기서 기체에 가해진 가속도 E–W, N–S, 수직방향 각각의 가속도 성분을 검출하고, 이것을 가속도가 가한 순간의 시간에서 적분(적분 1회로 속도, 2회로 이동거리를 산출할 수 있다)한 결과를 합성하면, 현재의 위치를 알 수 있다.

13. ICBM 기술(3)

액체연료로켓과 고체연료로켓

로켓에는 크게 액체연료로켓과 고체연료로켓이 있다.

액체연료로켓은 연료탱크, 산화제탱크, 연료와 산화제를 연소시키는 엔진(연소실에 추진제를 보내기 위한 각종 제어밸브, 연소실, 연소가스를 분출시키는 노즐) 등으로 구성된다. 또한, 같은 액체연료로켓이라도 추진제를 연소실에 보내는 방법에 따라 2가지로 분류되는데, 하나는 가압탱크에 투입된 고압의 질소가스를 일정 압력으로 연소탱크와 산화제탱크로 보내서 그 압력으로 연소실에 추진제를 보내는 방법이며 다른 하나는 터빈 구동용 가스 발생장치에서 발생하는 고압가스(또는 로켓의 연소가스를 이용)로 구동되는 터빈 펌프를 이용, 추진제를 연소실로 보내는 방법이다(일반적으로 전자는 주로 소형로켓에 사용되는 방식이다). 양자 모두 연소실에 보내진 추진제를 연소, 이때 발생한 고온 · 고압의 가스를 노즐 부분에서 외부로 분출하고 그 반작용으로 로켓은 추진한다.

*액체연료로켓의 추진제는 연료로 케로신(등유), 산화제로 액체산소가 사용되는 것이 일반적이지만 우주개발용 로켓은 별개이므로 군용 미사일에는 맞지 않는다. 액체산소는 상온에서 미사일 내부 탱크에 충전 · 보존해 둘 수 없으므로 발사 직전에 주입하는데, 주입에 시간이 걸려 미사일을 즉시 발사할 수 없기 때문이다(초기형 ICBM 아틀라스나 타이탄 I 이 그다지 실용적인 무기가 아니었던 것은 이 때문이다). 그래서 타이탄 II 에서는 보존할 수 있는 추진제로 연료로는 비대칭디메틸하이드라진, 산화제로 사산화질소를 사용하여 미사일에 충전해 두고 즉시 발사할 수 있게 하였다. 이 추진제는 양자가 접촉하는 것만으로 자연적으로 연소를 개시하는 장점이 있어 자기착화성추진제Hypergolic propellant라고 불리는데, 사산화질소는 독성이 강하고 부식성이 높기 때문에 장시간 탱크 내에 충전해 두면 탱크를 부식시키고, 폭발사고가 일어날 위험이 있었다. 실제로도 타이탄 II 는 큰 사고를 수차례 일으킨 바 있었다.

한편 고체연료로켓은 그레인이라고 불리는 고체추진제, 연소실(그레인을 충전하는 용기로 연소실을 겸한 케이스가 일체형으로 되어 있다), 점화장치 등으로 구성되어 있다. 구조가 매우 간단하므로 액체연료로켓에 비해 구조효율을 작게 할 수 있다. 그레인은 산화제와 연료를 혼합해서 굳힌 것으로 과염소산암모늄의 미소분말(微小粉末) 산화제에 연소온도를 높여서 *비추력을 증가시키기 위해 알루미늄분말을 첨가한 부타디엔계 합성고무를 연료로 사용한다. 이 경우, 혼합한 알루미늄분말이 연소되면서 백색분말인 알루미나를 생성하는데, 이렇게 눈에 띄는 흰색 연기를 내뿜게

*액체로켓 추진체=가장 연비가 좋은 조합으로 연료에 액체수소, 산화제에 액체산소를 사용하는 방법이 있다(일본의 H-II 로켓에서 사용하고 있다). 그러나, 이것도 상온에서 로켓에 충전해 둘 수 없기 때문에 군용 미사일에는 맞지 않다.

되면 미사일의 접근 사실은 물론 비행 궤적을 통해 발사 지점이 발각될 수 있으므로 군사무기인 미사일에는 잘 맞지 않으며, 연기가 발생하지 않도록 약제를 사용하기도 한다.

고체연료로켓은 취급과 보관이 비교적 간편하기에 보존하기 쉽고, 연소면적을 크게 차지하므로 큰 추력을 얻을 수 있으며, 비용을 억제할 수 있다는 장점이 있다. 반면, 한번 점화시키면 도중에 연소를 중단, 다시 점화시킬 수 없다는 단점이 있다.

반면에 액체연료로켓은 구조가 복잡하지만 분사 제어가 용이하므로, 연소를 중단시키거나 다시 점화하여 추력을 조정하는 것이 가능하다. 이 때문에 예를 들어 *피스키퍼의 경우 가속에 사용하는 부스터 부분은 고체연료로켓이지만, 탄두 재돌입체에 장착된 PBV(Post Boost Vehicle)는 액체연료로켓을 사용하고 있다.

● 액체연료로켓과 고체연료로켓의 차이

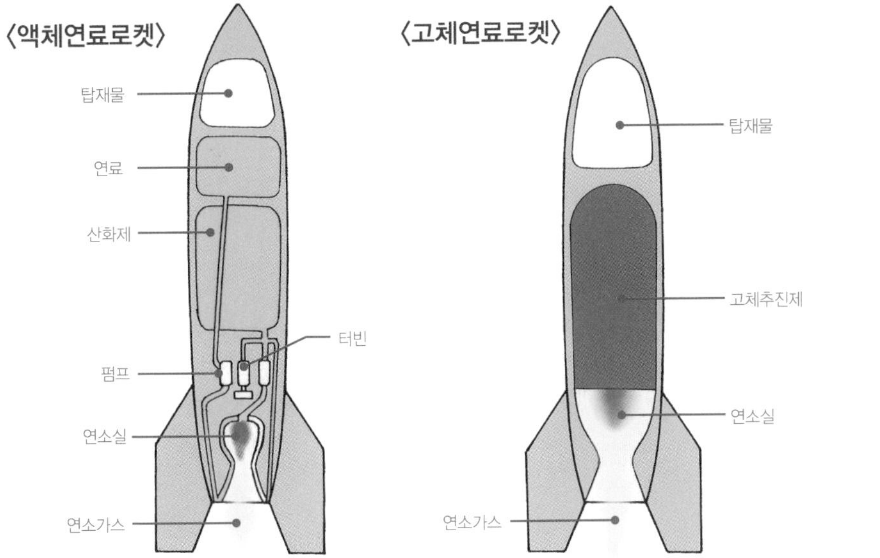
〈액체연료로켓〉
탑재물
연료
산화제
터빈
펌프
연소실
연소가스
〈고체연료로켓〉
탑재물
고체추진제
연소실
연소가스

양쪽을 비교해보면 액체연료로켓의 구조가 복잡한 것을 알 수 있다.

*비추력(specific impulse)=로켓엔진의 연료효율을 나타내는 척도. *피스키퍼=P.162 참조.

14. ICBM 기술(4)

ICBM의 각 비행단계와 탄두의 분리

ICBM과 같은 탄도미사일의 비행은 다음과 같은 단계로 구분된다.

부스트 단계 : 미사일이 발사되어 로켓의 부스터(엔진)가 연소를 종료할 때까지. 통상 3~5분간으로 이 사이에 미사일은 대기권 밖에 도달하고, 탄도가 표적에 명중하도록 계산된 궤도에 들어간다. 미사일을 요격하는 경우 이 단계라면 격추시킬 기회가 많다.

포스트부스트 단계 : 부스터의 연소를 종료한 미사일에서 탄두의 분리가 완료되기까지의 단계. 복수의 재돌입체(RV)에 수납된 핵탄두를 가진 경우에는 재돌입체가 분리되기까지를 말한다.

실험으로 대기 중을 낙하하는 피스키퍼의 RV. 피스키퍼의 탄두부는 PBV가 자세를 변화시키면서 탑재한 10발의 RV를 방출하는 MIRV방식. 피스키퍼의 PBV에는 W87핵탄두를 탑재한 Mk.21 RV를 11발 탑재할 수 있었지만, 1979년에 조인된 *SALT II (제2차 전략무기제한협정)을 고려해서 10발로 줄인 모델이 1989년부터 배치되었다.

*MIRV=Multiple Independently-targetable Re-entry Vehicle. *PBV=Post Boost Vehicle. 복수의 RV가 탑재되는 비행체로 버스bus라고도 불린다. *RV=Re-entry Vehicle. *SALT=Strategic Arms Limitation Talks.

●*MIRV 다탄두 각개 재돌입체 방식의 ICBM 비행

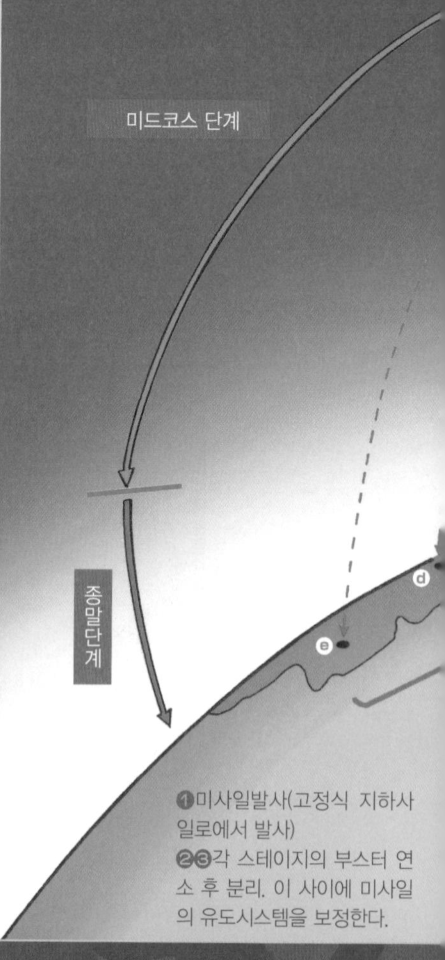
미드코스 단계
종말단계
d
e

❶미사일발사(고정식 지하사일로에서 발사)
❷❸각 스테이지의 부스터 연소 후 분리. 이 사이에 미사일의 유도시스템을 보정한다.

미드코스 단계 : 분리된 재돌입체가 궤도에 들어가서 탄도비행을 하며 대기권에 재돌입하기까지. 분리된 재돌입체는 관성에 의해 탄도를 그리면서 상승을 계속하고, 고도 약 1,200km에 도달한 후 낙하를 시작, 대기권으로 재돌입하는데, 이때의 최대 속도는 마하20을 넘는다고 한다. 전체 항정 중에서 이 단계가 가장 길다.

종말단계 : 대기권으로 재돌입해서 표적에 명중하기까지. 이 단계가 가장 짧고 미사일 요격이 가장 어렵다.

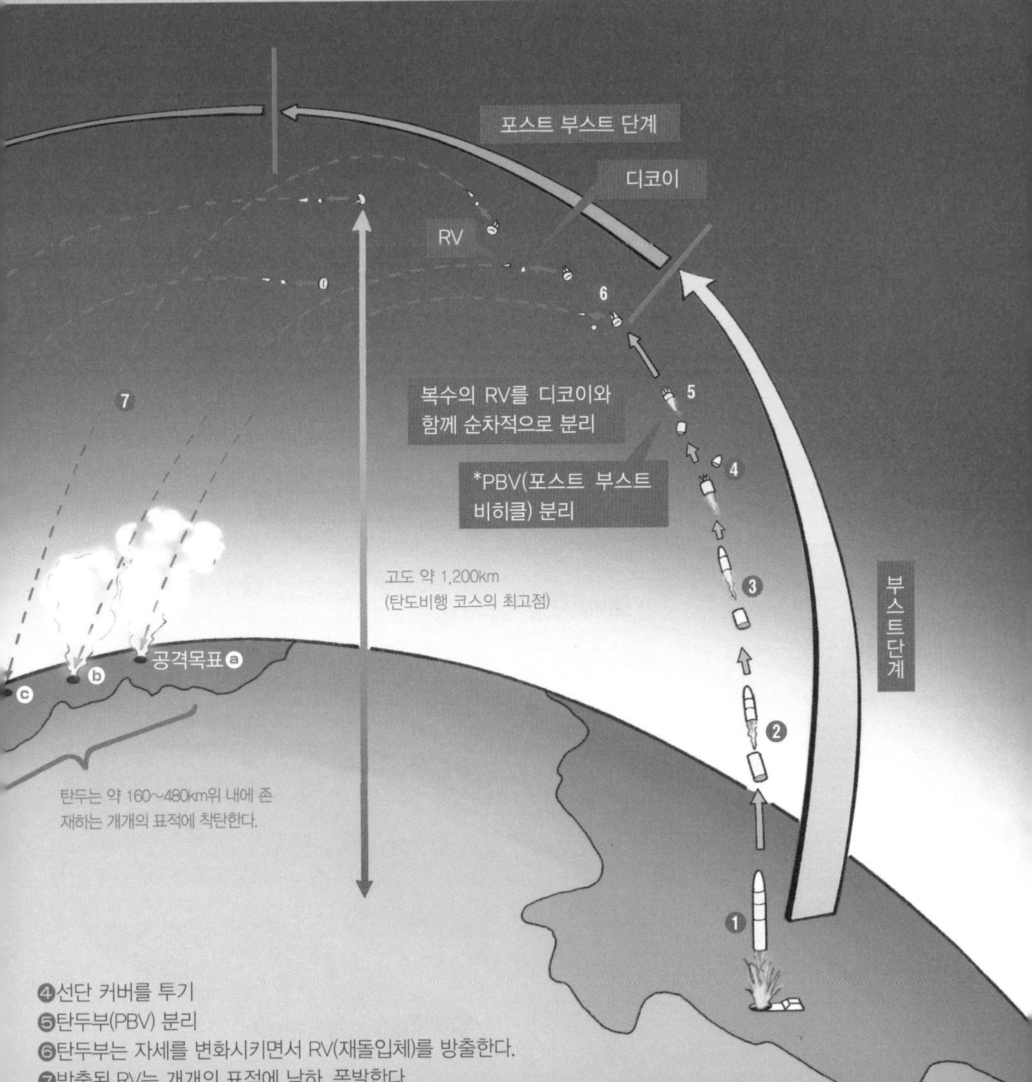

포스트 부스트 단계
디코이
RV
6
복수의 RV를 디코이와 함께 순차적으로 분리
5
*PBV(포스트 부스트 비히클) 분리
4
3
2
1
7
부스트단계
고도 약 1,200km (탄도비행 코스의 최고점)
공격목표 a
b
c
탄두는 약 160~480km위 내에 존재하는 개개의 표적에 착탄한다.
④선단 커버를 투기
⑤탄두부(PBV) 분리
⑥탄두부는 자세를 변화시키면서 RV(재돌입체)를 방출한다.
⑦방출된 RV는 개개의 표적에 낙하, 폭발한다.

15. ICBM 기술(5)

ICBM 핵탄두 탑재 방식의 진화

ICBM의 탄두에는 단탄두식, 복수탄두 또는 *MRV(다탄두 재돌입체)식, MIRV(다탄두 각개 재돌입체)식이 있다. 이러한 탄두의 탑재방식은 후자로 갈수록 더욱 기술적으로 발전한 것에 해당한다.

이렇게 여러 방식의 탄두가 개발된 것은 명중 정확도의 문제 때문이었다. 초기형 ICBM의 단탄두식은 미사일에 1개의 핵탄두밖에 탑재하지 못하고 명중률도 낮았기 때문에, 수 메가톤 급 위력의 아주 강력한 탄두 하나로 도시 등과 같은 표적 등을 한 번에 파괴해버리려는 발상이었다.

그러나 표적이 적의 ICBM 지하사일로나 지하에 설치된 사령부 등 방어가 견고한 개별 표적이라고 한다면, 파괴력이 아무리 크다 하더라도 명중 정확도가 낮아서는 충분히 파괴할 수 없다. 여기서 1기의 미사일에 복수의 핵탄두를 탑재해서 하나의 표적에 명중할 확률

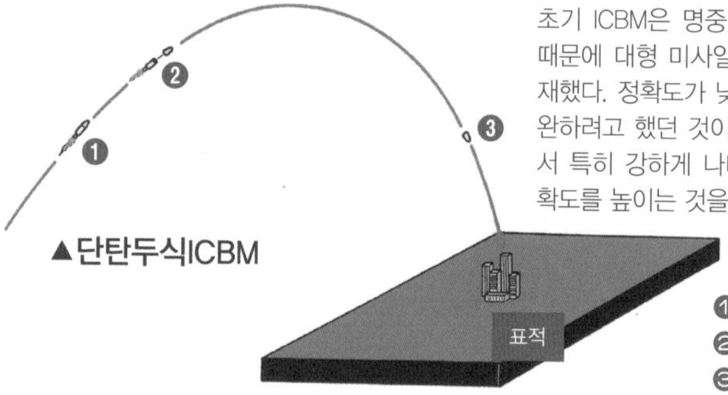
표적

▲단탄두식ICBM

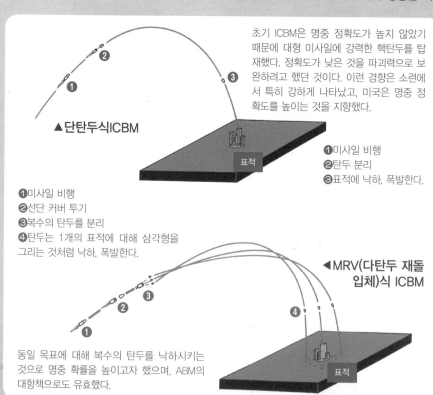

초기 ICBM은 명중 정확도가 높지 않았기 때문에 대형 미사일에 강력한 핵탄두를 탑재했다. 정확도가 낮은 것을 파괴력으로 보완하려고 했던 것이다. 이런 경향은 소련에서 특히 강하게 나타났고, 미국은 명중 정확도를 높이는 것을 지향했다.

❶미사일 비행
❷탄두 분리
❸표적에 낙하, 폭발한다.

❶미사일 비행
❷선단 커버 투기
❸복수의 탄두를 분리
❹탄두는 1개의 표적에 대해 삼각형을 그리는 것처럼 낙하, 폭발한다.

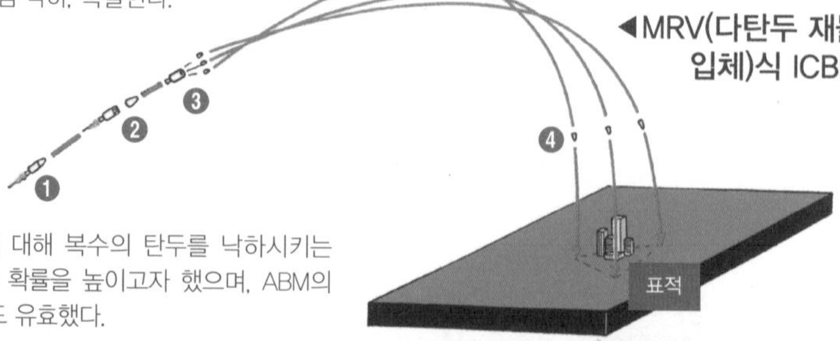
표적

◀MRV(다탄두 재돌입체)식 ICBM

동일 목표에 대해 복수의 탄두를 낙하시키는 것으로 명중 확률을 높이고자 했으며, ABM의 대항책으로도 유효했다.

*MRV=Multiple Re-entry Vehicle

제1장 개인휴대무기
제2장 대공미사일
제3장 공중발사미사일
제4장 탄도미사일
제5장 잠수함발사 탄도미사일

을 높이려는 발상으로부터 탄생한 것이 바로 MRV이다.

그리고 탄도미사일의 유도 및 제어기술이 향상(탄두를 투사하는 위치를 계산한대로 실현시킬 수 있게 되었다)되어 명중 정확도가 높아지면서 MIRV가 출현했다. 핵탄두의 명중률이 높아지면 복수로 탑재하고 있는 핵탄두를 각각 별개의 표적에 낙하시켜 적에게 보다 큰 피해를 입힐 수 있다는 발상이다. 이런 방식은 1기의 미사일로 다수의 표적을 공격할 수 있기 때문에 적에 대한 억지력도 향상된다고 생각되었다.

또한, 실현되진 않았지만(기술적으로는 충분히 기능) *MaRV(기동성 재돌입체)라는 방식도 있었다. 지금까지 대기권 내에 돌입한 핵탄두는 그저 자유 낙하할 수 밖에 없었지만, 핵탄두에도 좀 더 적극적으로 기동 할 수 있는 기능을 부여하여 명중 정확도를 높히는 동시에 ABM(대탄도탄요격미사일)의 회피수단으로도 사용하려는 것이었다. 비록 ICBM에는 이 방식이 실용화되지 않았지만 그 대신 미국의 IRBM인 퍼싱II 탄두에 오면서 적용될 수 있었다.

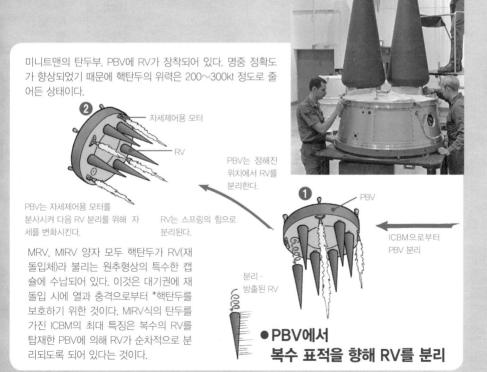

미니트맨의 탄두부. PBV에 RV가 장착되어 있다. 명중 정확도가 향상되었기 때문에 핵탄두의 위력은 200~300kt 정도로 줄어든 상태이다.

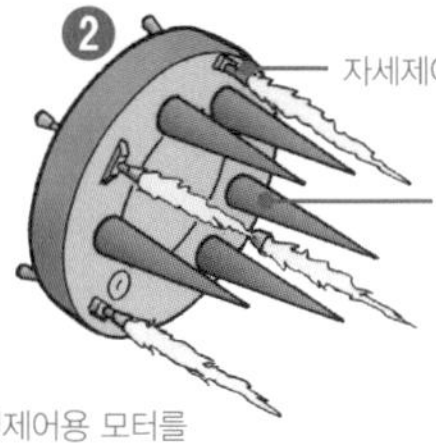
2
자세제어용 모터
RV
PBV는 자세제어용 모터를 분사시켜 다음 RV 분리를 위해 자세를 변화시킨다.

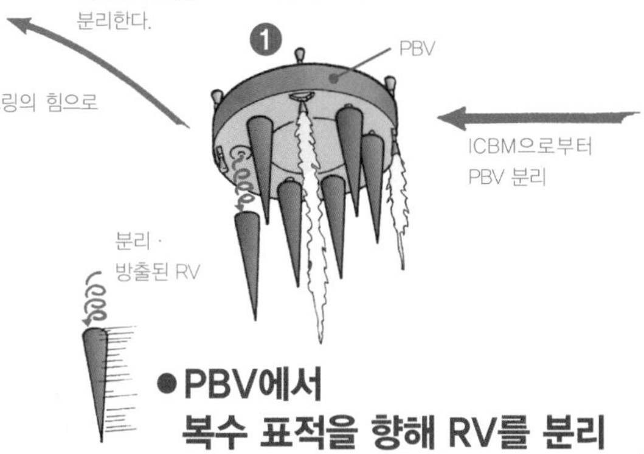
PBV는 정해진 위치에서 RV를 분리한다.
RV는 스프링의 힘으로 분리된다.
1
PBV
ICBM으로부터 PBV 분리
분리·방출된 RV

MRV, MIRV 양자 모두 핵탄두가 RV(재돌입체)라 불리는 원추형상의 특수한 캡슐에 수납되어 있다. 이것은 대기권에 재돌입 시에 열과 충격으로부터 *핵탄두를 보호하기 위한 것이다. MIRV식의 탄두를 가진 ICBM의 최대 특징은 복수의 RV를 탑재한 PBV에 의해 RV가 순차적으로 분리되도록 되어 있다는 것이다.

● PBV에서 복수 표적을 향해 RV를 분리

*MaRV=Maneuverable Re-entry Vehicle. *핵탄두를 보호하는 기능을 하는 것=단탄두식처럼 탄두가 부스터에서 직접 분리되어 비행하는 경우에도 탄두부는 대기권 재돌입용으로 어떤 형태로든 보호장치가 설치되어 있다.

16. 미국의 ICBM(1)

소련에 대항하기 위해 급박하게 실전 배치

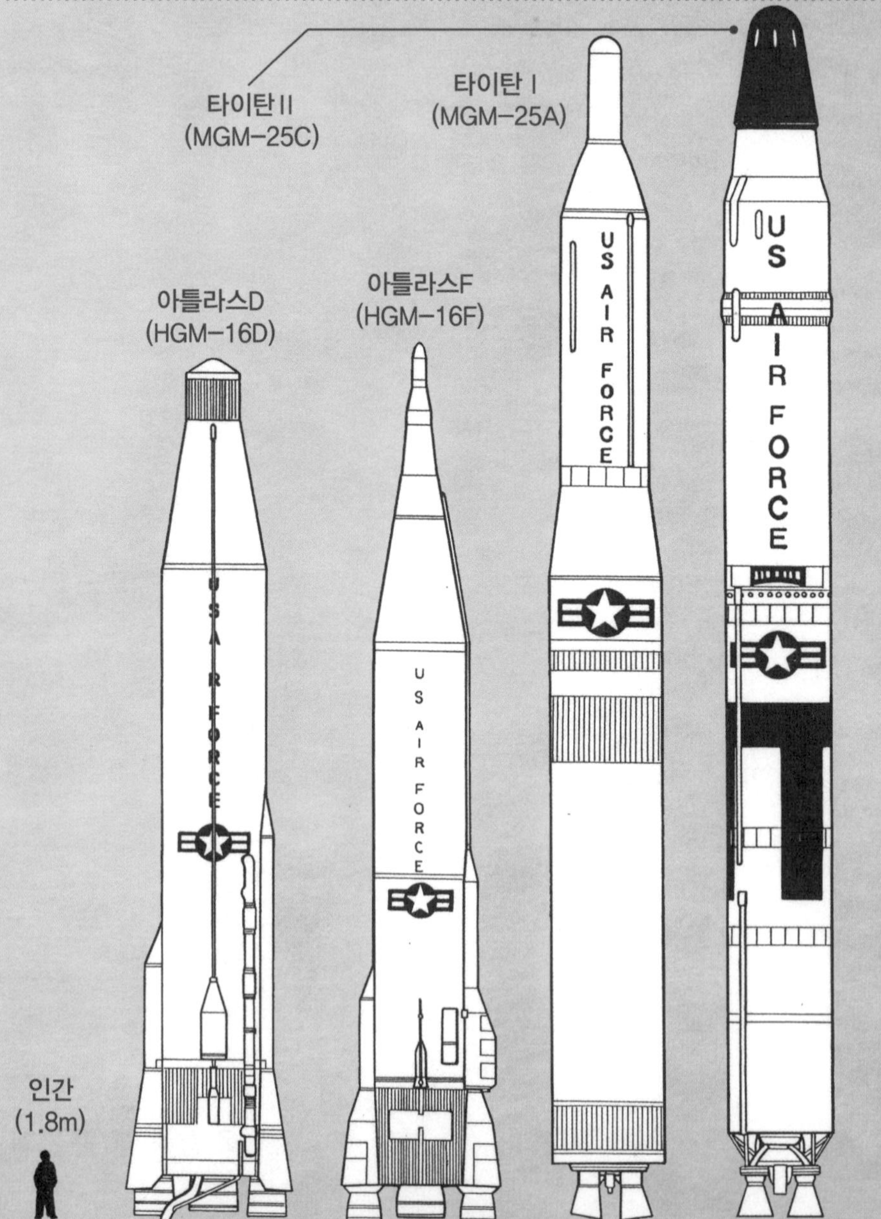
타이탄 II
(MGM-25C)
타이탄 I
(MGM-25A)
아틀라스D
(HGM-16D)
아틀라스F
(HGM-16F)
인간
(1.8m)
US AIR FORCE

제2차 세계대전 직후 미국은 나치독일의 A4(V-2)로켓과 관련기재 및 연구자료를 대량으로 획득하고 로켓개발의 핵심인력인 과학자 및 기술자들을 본국으로 데려왔는데, 미국의 탄도미사일 개발은 이를 바탕으로 시작되었다.

미국의 탄도미사일 개발사에서 최초로 성공한 것은 전술미사일 레드스톤이었다. 육군이 개발한 이 미사일은 직경 1.77m, 전장 23.13m, 발사중량 약 28톤의 SRBM(단거리탄도미사일)으로 사거리 400km. A-4로켓을 토대로 개발, 1952년에 발사에 성공했다.

다음으로 개발된 주피터는 직경 2.67m, 전장 18.4m, 1단식 액체연료로켓으로 2,400km의 사거리를 보유한 미국 최초의 IRBM(중거리탄도미사일)이었다. 그러나 사거리 5,500km를 넘는 ICBM의 개발은 난항을 거듭하여 아틀라스의 완성을 기다려야만 했다.

미국 최초의 ICBM(대륙간탄도미사일) 아틀라스는 액체연료로켓으로 1959년 9월, 발사에 성공, 익월말에 실전 배치라는 이례적인 스피드로 완성되었다. 이것은 소련이 1957년에 8K71 신형로켓의 발사에 성공하고, 1959년 2월에는 8K71을 토대로 한 세계 최초의 대륙간 탄도미사일 R-7(SS-6 샙우드)의 전략미사일부대를 편제하고 있었기 때문이었다. 아틀라스는 A~F형까지 개발되어 실전 배치된 것은 D 및 E/F였다. 아틀라스D는 직경 3m, 전장 23.11m, 사거리 14,000km.

아틀라스에 이어 타이탄 I 은 아틀라스와 병행 개발되었지만 미국 최초의 다단식 대륙간 탄도미사일이 되었다. 타이탄 II 는 그 발전형으로 최초로 연료를 미사일 내에 충전해 두는 것이 가능하게 되었고, 사일로 내 발사가 가능하여 즉응성이 높아졌다. 또한, 미사일 유도에 INS가 사용되도록 한 것은 타이탄 II 부터이다. 직경 3.05m, 전장 31.4m, 2단식 액체연료로켓으로 사거리 16,000km. 1963년부터 실전 배치되었지만, 당시는 우주개발에 열을 올리던 시대여서 타이탄 II 는 유인우주비행 제미니 계획의 로켓으로 전용되었다.

캘리포니아주 반덴버그 공군기지의 지하사일로에서 발사된 타이탄 II. 사일로 내에서 점화하는 핫 런칭 방식이었기 때문에 사진처럼 맹렬한 배연이 분출되고 있다.

17. 미국의 ICBM(2)

신형 미사일 개발은 냉전 종결로 백지화

미국 최초의 고체연료로켓 ICBM(대륙간 탄도미사일)은 미니트맨 Ⅰ ~ Ⅲ이다. 1950년대에 개발이 개시되었던 미사일이지만 후속이 된 피스키퍼가 *START Ⅱ(제2차 전략무기삭감조약)의 대상이 되어 2005년에 퇴역했기 때문에 미니트맨Ⅲ는 현재도 작전 배치 중이다(탑재한 핵탄두는 갱신과 개량이 지속되고 있다). 직경 1.7m, 전장 18.2m, 3단식 로켓으로 사거리 13,000km, CEP는 150m.

한편, 피스키퍼를 대신하여 보다 소형의 이동발사방식의 ICBM을 개발하려고 계획한 것은 *SICBM(소형대륙간탄도탄) 미제트맨이다.

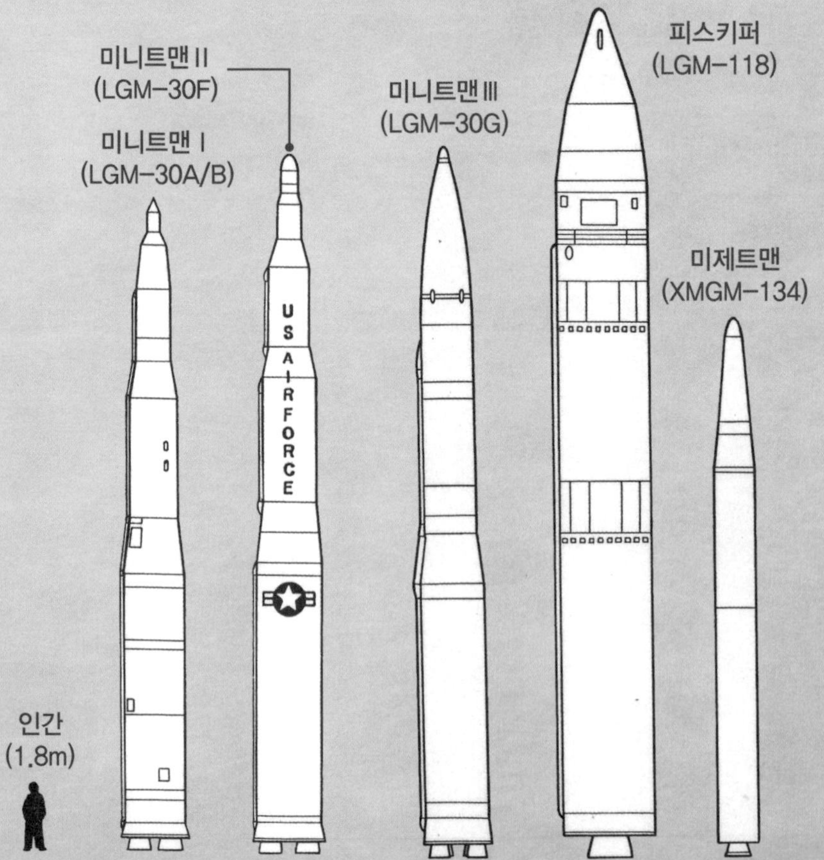
미니트맨Ⅱ
(LGM-30F)
미니트맨Ⅰ
(LGM-30A/B)
미니트맨Ⅲ
(LGM-30G)
피스키퍼
(LGM-118)
미제트맨
(XMGM-134)
인간
(1.8m)
US AIR FORCE

*START=STrategic Arms Reduction Treaty. 1993년에 미국과 러시아 사이에 조인된 군축조약. 핵탄두 수의 감축과 MIRV방식 ICBM의 전량 폐기를 목표로 했다.

이것은 직경 1.17m, 전장 14m, 중량 13,600kg, 3단식 고체연료로켓의 소형 탄도미사일로 1980~1990년대에 걸쳐 개발되었다. 탄두는 MIRV가 아닌 단탄두지만 CEP는 90m를 목표로 하고 있었다. 도로 주행이 가능한 TEL 차량을 개발하고 여기에 미제트맨을 탑재시켜 수천 기의 미사일을 미국 본토 전체에 배치, 항상 이동 대기시켜 생존성을 높이려는 구상이었으나 동서냉전의 종결로 1992년에 백지화되었다.

[위]시험발사로 쏘아올린 미니트맨Ⅲ. 배치는 1970년이지만 현재도 미국의 전략핵공격능력을 담당하고 있다. 2020년경까지 운용할 계획이다.
[하래]미니트맨Ⅲ의 탄두부분. RV인 Mk.12A가 PBV에 3기 탑재되어 있다. PBV는 「버스」라고도 불리며, 오른쪽 사진의 슈라우드로 덮여있다. 현재의 RV는 Mk.21(핵탄두는 W87)로 갱신되었다.

*SICBM=Small Inter-Continental Ballistic Missile.

18. 미국의 ICBM(3)

아틀라스와 미사일 발사 사일로

미국 최초의 ICBM인 아틀라스 미사일은 1959년 10월에 실전 배치되었다. 실전 배치된 것은 D 및 E/F형으로, E형부터 처음으로 타이탄 I 에도 사용되었던 INS와 정밀도가 높

●미사일 발사방식

사일로에서의 미사일 발사방식에는 크게 *핫 런칭방식과 콜드 런칭방식이 있다. 전자의 경우 연소가스에 의해 사일로가 손상을 입기 때문에 재사용에는 시간이 걸리지만 재사용 자체는 용이한 편이다. 덧붙이자면 타이탄 II 와 미니트맨은 핫 런칭방식, 피스키퍼는 콜드 런칭방식이다.

〈핫 런칭 방식〉

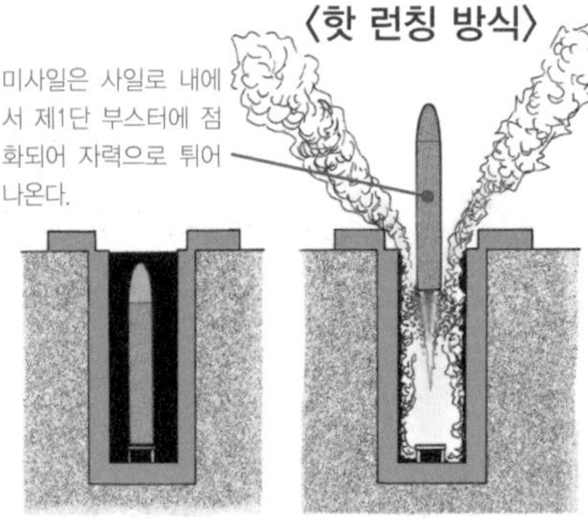
미사일은 사일로 내에서 제1단 부스터에 점화되어 자력으로 튀어나온다.

〈콜드 런칭 방식〉

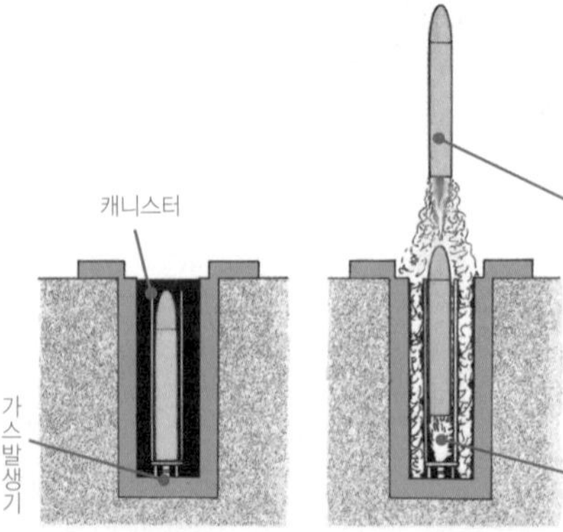
캐니스터
가스발생기
고압가스로 사일로 밖으로 사출된 후, 제1단 부스터를 점화한다.
고압가스로 사출

▼사일로에 수납된 아틀라스

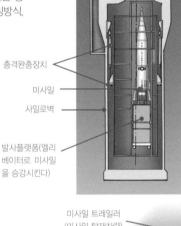

충격완충장치
미사일
사일로벽
발사플랫폼(엘리베이터로 미사일을 승강시킨다)

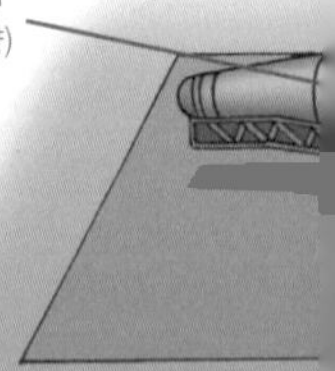
미사일 트레일러
(미사일 탑재차량)

*핫 런칭 방식과 콜드 런칭방식=Launch를 「론치」라고 표기한 것도 있지만, 본서에서는 「런치」로 한다. 덧붙이자면 점심인 「lunch」는 단축형으로 정식으로는 「luncheon」이라 한다.

은 RV가 탑재되었다. F형부터는 지하사일로방식이 채택되었지만, 아틀라스F는 추진제 문제로 엘리베이터로 사일로에서 꺼내어 발사해야 했으며 발사준비에는 최소 30분이 걸렸다.

아틀라스F형 이전까지는 *관 발사기가 사용되었다. 이것은 언덕 그늘에 설치된 철근 콘크리트 구조의 반지하식 발사기에 수납하는 방식으로, 지붕을 겸하는 발사기 뚜껑을 슬라이드시킨 다음, 미사일을 수직으로 세워 발사했다.

●아틀라스 발사용 사일로 시설

아틀라스의 추진제는 연료로 케로신, 산화제로 액체산소를 사용했다. 액체산소는 상온에서 미사일 기체의 탱크에 충전 · 보존할 수 없기에 발사 직전에 주입하는데, 이 작업에 시간이 걸리기에 미사일의 즉각 발사는 불가능했다. 이 때문에 발사 30분 이전에 미사일을 지하 사일로에서 꺼내어 일러스트처럼 차량으로 작업을 했으며, 이 동안에는 미사일이 무방비 상태가 된다. 아틀라스의 발사방식은 초기형 핫 런칭 방식으로 분류된다.

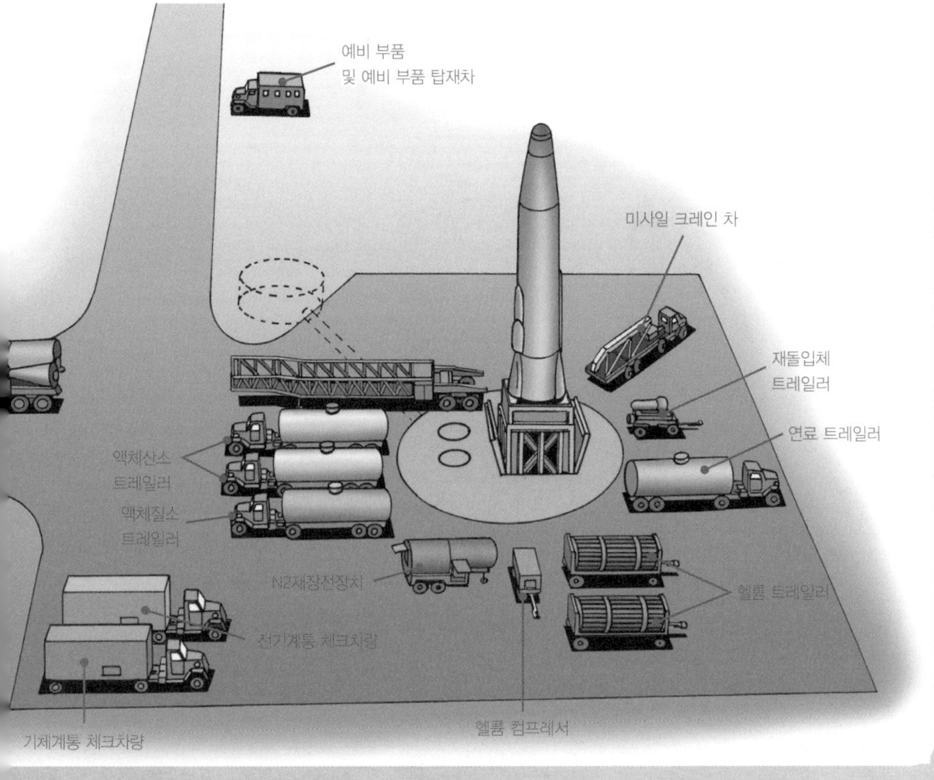
예비 부품
및 예비 부품 탑재차
미사일 크레인 차
재돌입체
트레일러
연료 트레일러
액체산소
트레일러
액체질소
트레일러
N2재장전장치
헬륨 트레일러
전기계통 체크차량
헬륨 컴프레서
기체계통 체크차량

*관 발사기=coffin launcher라는 명칭이었다.

19. 미국의 ICBM(4)

미군 최대의 파괴력을 가진 ICBM 타이탄

타이탄은 미국의 제2세대 ICBM으로 개발은 마틴 마리에타에서 담당했으며 Ⅰ과 Ⅱ의 두 가지 모델이 있었다. 타이탄Ⅰ은 액체연료를 사용한 최초의 2단식 탄도미사일로 탄두는 아틀라스 F와 같은 Mk.4 RV로 3.75메가톤 위력의 W38 핵탄두를 탑재했는데, 1962년 4월에 처음 실전 배치되었다.

타이탄Ⅰ의 추진제는 케로신과 액체산소였지만, 타이탄Ⅱ에는 연료로 하이드라진 혼합물(비대칭디메틸하이드라진), 산화제에 사산화질소를 사용함으로써 최초로 상온에서 추진제를 보존할 수 있게 되었고 미사일 내에 충전해 두는 것도 가능해졌다. 사일로 내 발사가 가능하게 되면서 진정한 의미에서의 지하사일로 발사방식이 완성되었다 할 수 있을 것이다.

타이탄Ⅱ는 2단째를 1단째와 같은 직경으로 만들면서 로켓엔진을 강화, 발사중량도 50% 정도 증가되었으며, 사거리도 1.5배 연장되었다. 또한 탄두부의 Mk.6 RV의 핵탄두도 9메가톤인 W-53을 장비하게 되면서 위력이 크게 증대되어, 미국이 보유한 ICBM 중 역대 최강의 파괴력을 지니게 되었다. 타이탄Ⅱ는 1963년부터 실전 배치되었다.

사일로에서 발사된 타이탄Ⅱ. 타이탄Ⅱ가 배치된 것은 1963년의 일로, 최초의 타이탄Ⅱ 중대가 부대편성을 완결해서 데이비스 몬턴 공군기지에 실전 배치된 것은 같은 해 6월이었다. 이후 타이탄Ⅱ는 리틀록, 맥코넬, 데이비스 몬턴 등, 3개 공군기지에 배치되어, 1987년까지 임무를 수행했다. 각 기지에서 타이탄Ⅱ를 운용하는 것은 *SMW(전략미사일항공단)로, 1개 SMW는 2개의 전략미사일중대와 1개의 전략미사일정비중대로 구성되어 있었다. 전략미사일중대는 1개 중대가 9기의 미사일을 담당, 1개의 기지에 18기가 배치되었기에 3개 기지를 합쳐 54기가 실전 배치되어 있었던 셈이 된다.

*SMW=Strategic Missile Wing.

▼타이탄 II 의 기체구조

❶산화제탱트전부돔 ❷탱크주입구커버 ❸자동기압조정라인 ❹블러스트포트 ❺산화제외부도관 ❻산화제탱크 ❼산화제탱크후부돔 ❽연료탱크전부돔 ❾연료탱크 ❿외부구조재 ⓫연료탱크후부돔 ⓬엔진(제1단:LR87AJ-5) ⓭점검구 커버 ⓮롤제어장치 ⓯엔진(제2단:LR91AJ-5)

최대직경 3.05m(1단째와 2단째는 같은 직경), 전장 31.3m, 발사중량 약 149.7톤, 사거리 약 15,000km

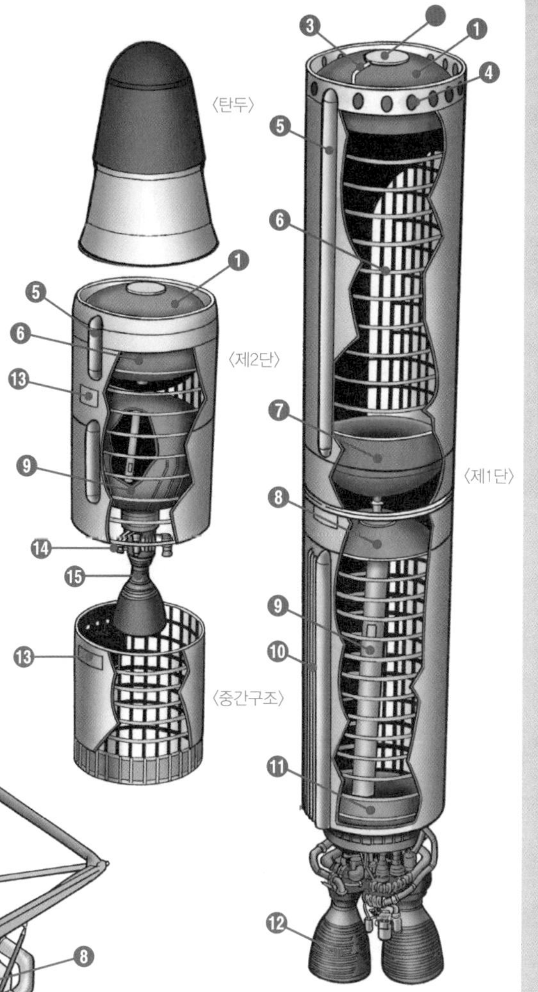
〈탄두〉
〈제2단〉
〈중간구조〉
〈제1단〉

❶엔진프레임 ❷연료공급용배관 ❸산화제공급용배관 ❹산화제제거용배관 ❺연료제거용배관 ❻압력조정밸브 ❼연소실 ❽열교환기 ❾터빈구조(연료의 연소가스로 구동, 연료를 가압시켜 연소실에 보낸다) ❿터빈스타터 ⓫터빈배기관

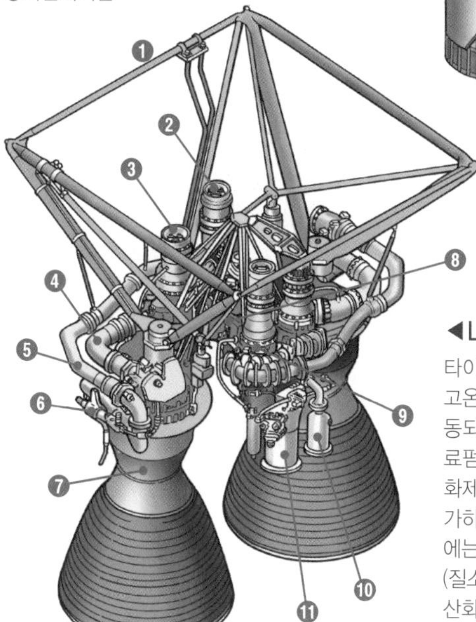

◀LR87AJ-5 액체로켓엔진

타이탄 II 의 액체연료로켓엔진은 연료를 연소시켜 고온고압의 연소가스로 회전하는 터빈에 의해 구동되는 펌프(연료배관부와 산화제배관부에 각각 연료펌프, 산화제펌프가 배치되어 있다)로 연료 와 산화제를 연소실로 보냈는데, 이렇게 연료에 압력을 가하여 연료효율을 높일 수 있었다. 액체연료로켓에는 이와 같은 터빈구동펌프방식과 압력공급방식(질소나 헬륨과 같은 고압가스의 압력으로 연료와 산화제를 연소실로 보내는 방식)이 있는데, 주로 전자가 많이 사용되고 있다.

20. 미국의 ICBM(5)

획기적인 ICBM 미니트맨의 등장

타이탄Ⅱ의 후속인 미니트맨은 Ⅰ~Ⅲ형까지 있으며 미국의 ICBM 중 최초의 고체연료 로켓(3단식) 방식을 채택했다. 이로써 발사명령에 즉각 대응할 수 있게 되었을 뿐 아니라 미사일 본체도 소형화할 수 있어 추진제의 저장이 가능하며 정비도 거의 불필요해졌다.

미니트맨Ⅰ(LGM-30A/B)에는 전장 16.45m의 30A(미니트맨1A)와 전장 17m의 30B(*미니트맨ⅠB)가 있는데, 1962년 초부터 실전 배치에 들어갔다가 1969년에 미니트맨Ⅱ로 교체되면서 퇴역했다.

미니트맨Ⅱ(LGM-30F)는 직경 1.8m, 전장 18.2m, Mk.11 재돌입체를 탄두부에 탑재. 사거리가 12,500km(Ⅰ형의 사거리는 10,000km)로 연장되어 명중 정확도도 향상되었다. 이 때문에 발사중량도 Ⅰ형의 약 29.5톤에서 약 31.7톤으로 증대되었다. 실전 배치는 1966년 4월부터 2단계로 이루어졌다.

1970년 12월에는 미니트맨Ⅲ(LGM-30G)

사일로에 수용된 미니트맨의 점검 작업. 미니트맨은 발사관 내에서 부스터에 점화해서 발사하는 핫 런칭 방식. 미니트맨의 사일로는 발사관 자체가 크고 여유가 있었기 때문에 중간에 개조하여 캐니스터라 불리는 관을 설치, 콜드 런칭 방식의 피스키퍼를 운용할 수 있었다. 캐니스터는 미사일의 크기에 맞춰 직경을 변경할 수 있으므로 미사일을 사일로에서 발사하는 고압가스의 효과를 높일 수 있다는 장점이 있었다.

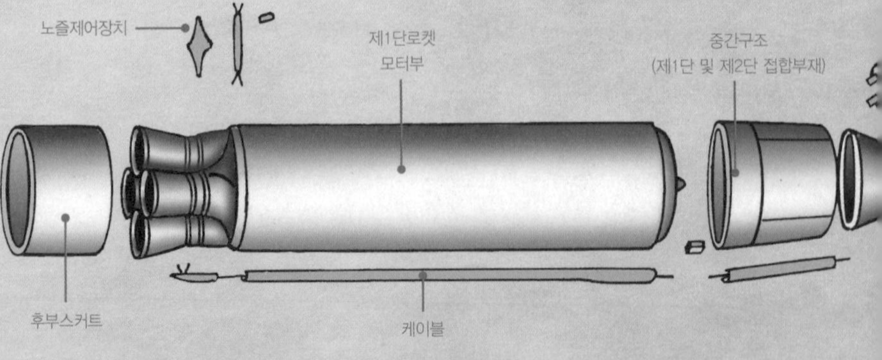
노즐제어장치
제1단로켓
모터부
중간구조
(제1단 및 제2단 접합부재)
후부스커트
케이블

*미니트맨ⅠB=재돌입체를 Mk.11로 변경, 제2단의 구조재의 금속재질을 변경하여 기체의 강화를 도모했다.

가 실전 배치되었는데, 미니트맨 I , II 와의 가장 큰 차이점이라면 탄두부에 MIRV가 채택되었다는 점으로, 3개의 재돌입체를 가진 탄두는 복수의 표적을 공격할 수 있어 파괴력이 향상되었고, 여기에 ABM(탄도탄요격미사일)의 대항책으로 디코이와 채프를 장착하면서 생존성도 높아졌다. 미니트맨 III 는 전장 18.2m, 직경 1.85m, 발사중량 약 34.5톤, 사거리 13,000km, 약 550기가 배치되었다. *START II 에 따라 배치수는 크게 줄어들었지만 현재도 작전 배치 중이다.

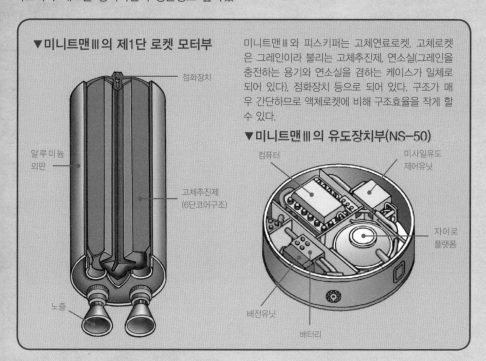

▼미니트맨 III 의 제1단 로켓 모터부

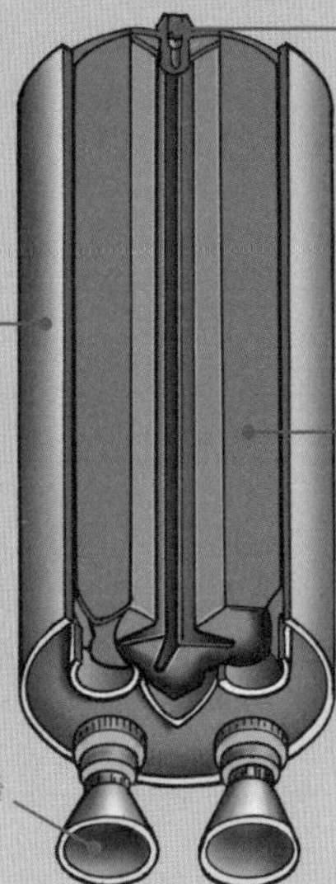
점화장치
알루미늄
외판
고체추진제
(6단코어구조)
노즐

미니트맨 III 와 피스키퍼는 고체연료로켓. 고체로켓은 그레인이라 불리는 고체추진제, 연소실(그레인을 충전하는 용기와 연소실을 겸하는 케이스가 일체로 되어 있다), 점화장치 등으로 되어 있다. 구조가 매우 간단하므로 액체로켓에 비해 구조효율을 작게 할 수 있다.

▼미니트맨 III 의 유도장치부(NS-50)

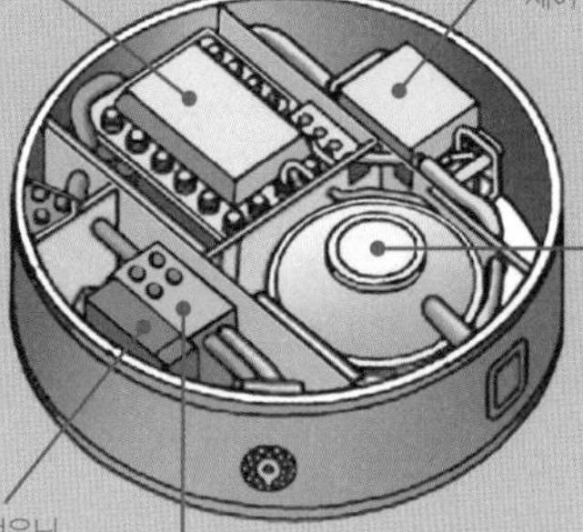
컴퓨터
미사일유도
제어유닛
자이로
플랫폼
배전유닛
배터리

▼미니트맨 III 의 전체 구조

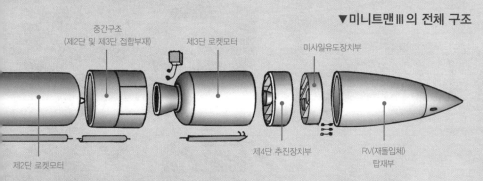

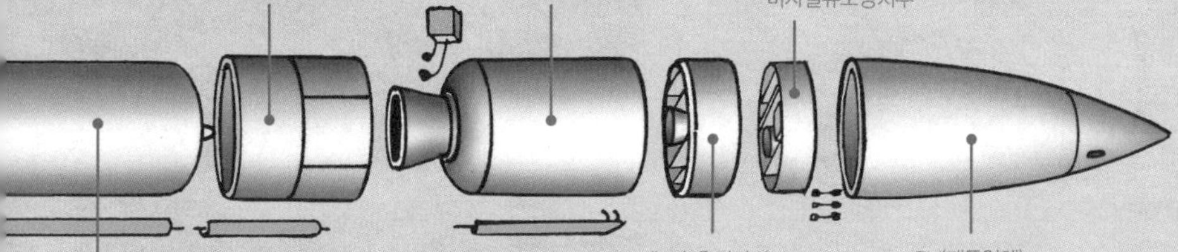
중간구조
(제2단 및 제3단 접합부재)
제3단 로켓모터
미사일유도장치부
제2단 로켓모터
제4단 추진장치부
RV(재돌입체)
탑재부

*탄두부=Mk.12 재돌입체를 탑재한 핵탄두 W-78은 335kt의 파괴력을 가진다. *START II =STrategic Arms Reduction Treaty.

21. 미국의 ICBM(6)

조약에 따라 퇴역한 피스키퍼

미니트맨의 후속으로 개발된 것이 피스키퍼(LGM–118)이다. 이 미사일은 직경 2.34m, 전장 21.6m, 3단식 고체연료미사일로 사거리 9,600km. 탄두부는 MIRV방식으로 Mk.21 재돌입체(W–87핵탄두)를 10개 탑재한 PBV가 탑재되었다.

1972년 개발 당시 *MX(실험용 미사일)라는 명칭으로 불렸던 피스키퍼는 지금까지 미국이 축적해온 ICBM 개발기술을 집약한 고정밀도의 미사일로 견고한 *소련의 ICBM 지하사일로를 공격·파괴할 수 있는 위력을 가지고 있으며, 무엇보다 미사일에 높은 생존성을 부여

지하사일로에서의 발사 시험 중인 MX(이후 피스키퍼). 하얀 연기는 미사일을 사일로로부터 사출하기 위한 고압가스. 사일로에서 쏘아 올릴 때 미사일 본체를 지키기 위해 방호타일(본체중앙에 보이는 검은 사각형 모양의 것)이 부착되어 있다. 지상으로 미사일이 나온 뒤, 제1단 부스터가 점화되면 방호타일은 항력 저항이 발생되지 않도록 떨어져 나간다.

▼피스키퍼의 전체 구조

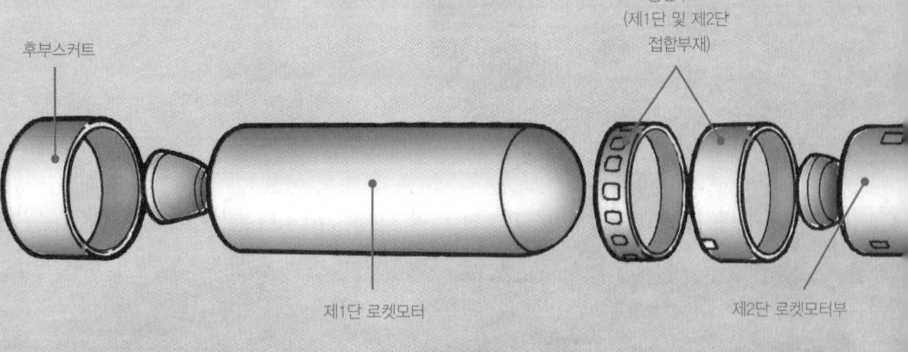
중간구조
(제1단 및 제2단
접합부재)
후부스커트
제1단 로켓모터
제2단 로켓모터부

*MX=Missile eXperimental.*소련의 지하사일로=미국의 지하사일로는 직경 6m 정도의 두꺼운 철강제의 관 주위를 강화콘크리트와 바위로 단단히 하여 견고히 하고 있다. 소련의 사일로도 비슷할 것으로 추측된다.

하기 위해 계획되었다. 당초 생존성 향상을 위해 적의 공격을 받기 쉬운 종래의 고정식 지하사일로 발사식이 아닌 철도와 특수한 차량을 개발해서 이동식 발사대에서 발사하는 방법이 검토되었지만 결국 미니트맨의 사일로를 개조하여 사용했다. 1986년 6월부터 피스키퍼의 배치가 시작되었지만 START II(제2차 전략무기감축협정)에 따라 2003년에 모두 퇴역했다.

MIRV방식의 탄두를 가진 ICBM의 최대 특징은 RV가 복수의 표적을 향해 분리되도록 하는 PBV를 가지고 있다는 점이다. 일러스트는 피스키퍼의 PBV로 미사일의 제4단째에 해당한다. 피스키퍼는 고체연료를 사용하는 미사일이지만 PBV에는 액체연료로켓이 사용되었다. 복수의 RV를 다른 표적을 향해 분리하기 위해서는 PBV의 자세를 프로그램대로 정확히 변화시킬 필요가 있는데, 연소 중단과 재점화를 통해 추력 조정이 가능한 액체연료로켓이 구조는 복잡하지만 제어 및 유도에 유리하기 때문이다. 미니트맨 III에도 같은 방식이 사용되고 있다.

◀피스키퍼의 탄두부 구조

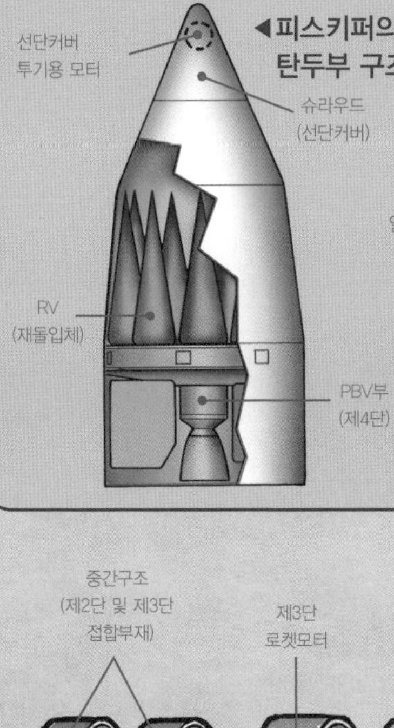
선단커버
투기용 모터
슈라우드
(선단커버)
RV
(재돌입체)
PBV부
(제4단)

▼피스키퍼의 PBV

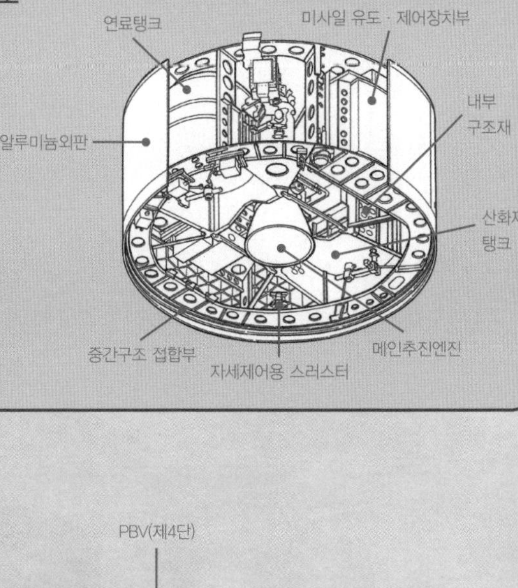
연료탱크
미사일 유도 · 제어장치부
내부
구조재
알루미늄외판
산화제
탱크
중간구조 접합부
메인추진엔진
자세제어용 스러스터

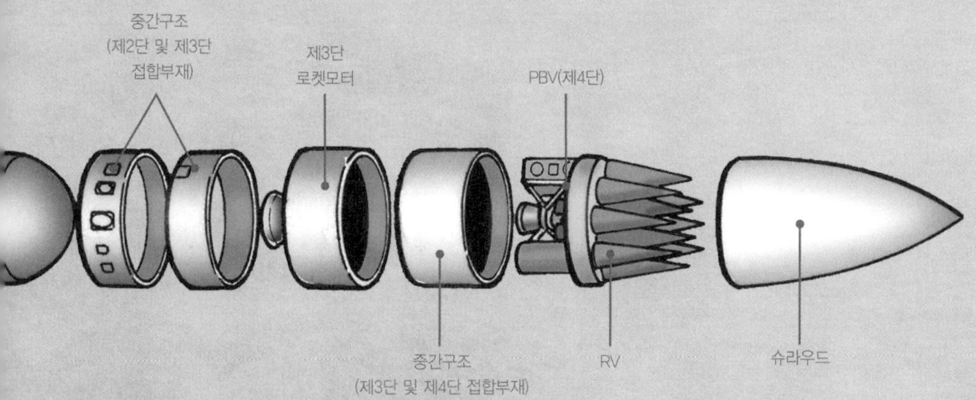
중간구조
(제2단 및 제3단
접합부재)
제3단
로켓모터
PBV(제4단)
중간구조
(제3단 및 제4단 접합부재)
RV
슈라우드

22. 타이탄II의 발사용 설비

지휘소와 사일로가 연결된 발사설비

타이탄II 기지시설의 중심이 된 것은 발사설비Complex로 1기의 미사일을 수납한 지하사일로와 연결탑 및 발사관제 · 지휘소가 각각 지하터널로 연결되어 있었다. 레벨2부터 레벨9까지의 각 층에는 미사일 추진제의 충전설비와 관리설비, 미사일 발사설비, 발사시의 충격완충장치, 사고에 대비한 *저수탱크 등이 설치되어 있었다. 사일로는 두꺼운 콘크리트로 둘러싸였으며 그 위에는 콘크리트 슬랩이라 불리는 *사일로 덮개가 씌워져 있었다.

미사일 발사설비의 건설에는 미국본토에 존재하는 공군기지 중에서 지반이 안정되고 발사시설을 배치하는데 충분한 공간을 확보할 수 있는 장소가 선정되었다. 대형 타이탄II 미사일은 깊이 48m의 지하사일로에 수납되어 있었다. Ⓐ미사일사일로 Ⓑ출입구 및 연결탑 Ⓑ발사관제탑 ❶콘크리트슬랩(사일로 덮개) ❷저수탱크 ❸타이탄II 미사일 ❹연료이송용펌프 ❺통로 ❻통기 및 긴급탈출구 ❼폭발충격파완충흡수장치 ❽사일로출입구 ❾엘리베이터 ❿블러스트도어(섬광•방사능차단용도어) ⓫블러스트록(섬광•방사능차단구획) ⓬방사능세정용샤워 ⓭블래스트도어 ⓮통로 ⓯거주 및 휴식구획(부엌 및 식당, 화장실 및 샤워, 침대 등이 있다) ⓰발사관제구획(미사일 발사제어유닛, 미사일 발사지령장치, 미사일 발사제어콘솔, 동력제어콘솔 등이 있다) ⓱기계실(통신장치, 미사일 발사장치, 공기정화장치 등이 있다) ⓲감압밸브 ⓳긴급탈출구 ⓴통기 및 긴급탈출구 ㉑외부통기구

*저수탱크=로켓 추진제가 누설되어 폭발 위험이 있을 때, 내부에 물을 주입하여 사고를 방지했다.
*사일로 덮개=이 덮개는 발사관제 · 지휘소에서 조작하지 않으면 열리지 않도록 되어 있다.

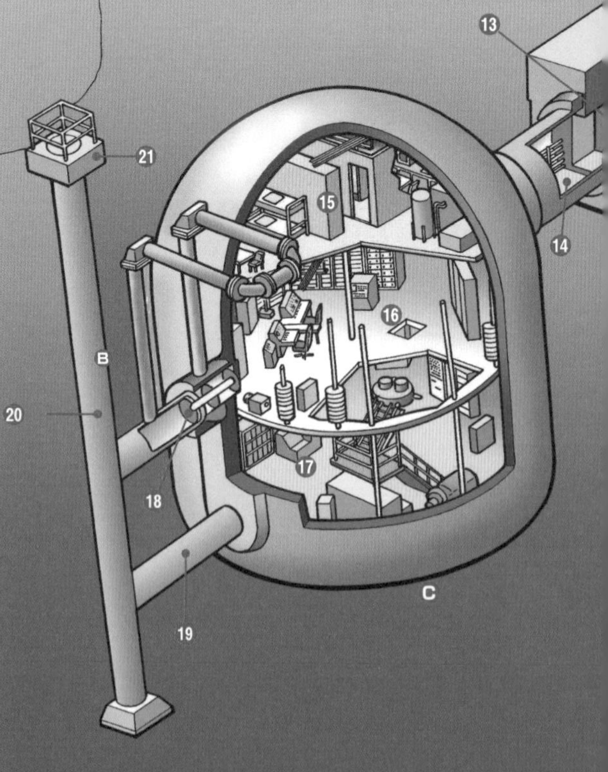
13
21
15
14
16
B
20
17
18
C
19

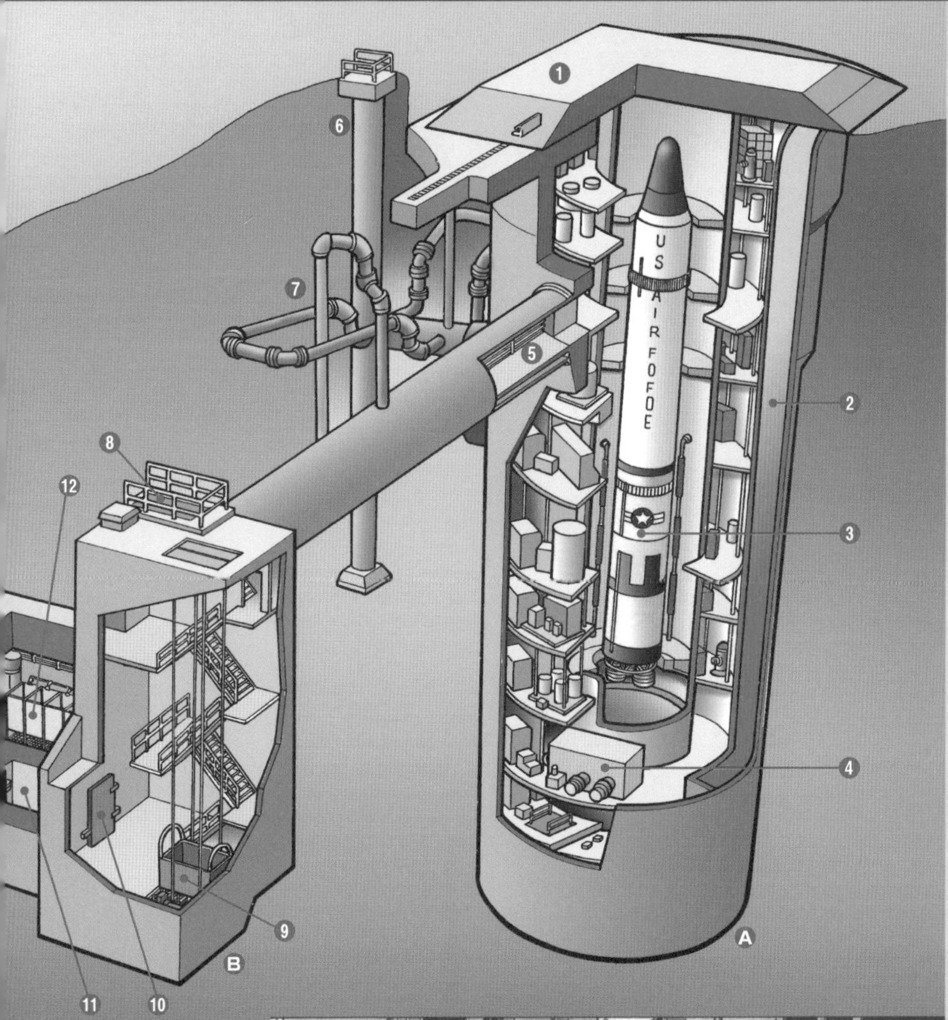
1
2
3
4
5
6
7
8
9
10
11
12
A
B
US AIR FORCE

타이탄 II 발사관제에는 장교 2명을 포함, 4명의 요원이 필요했다. 1960년대 초반에 완성된 이 시설은 당시 최신기술을 투입했다고는 해도 아날로그 장치여서 다수의 조작원이 필요했는데, 4명이 1팀으로 48시간 대기임무를 수행했다. 좌측이 발사관제 콘솔로 장교가, 우측은 발사관제 유닛으로 장교의 지시에 따라 부사관이 조작했다.

23. 미니트맨의 발사용 설비

제어센터와 사일로를 분리한 시설

미니트맨 운용부대는 1개 중대가 50기를 담당하고 5개의 시설Facility을 구성했는데, 각 시설은 총 면적 3,200평방미터 면적에 분포되어 있었다. 1개의 시설은 발사제어센터, 발사제어 지원시설, 미사일 지하사일로 등으로 구성, 10기의 미사일을 운용했다. 시설에는 관리

발사시설센터는 콘크리트로 덮여있고 폭발시 충격완충장치가 설치된 캡슐형 건물로 지하 20m에 위치해 있다. 그곳은 2명의 발사관제사관이 24시간 대기하고 미사일 발사를 준비하는 중추부와 발전기나 공기정화기 등이 설치된 지원설비 등 2가지로 구성되어 있다. 1개의 발사제어센터에서 약 10기의 사일로 모니터, 컨트롤 및 미사일 발사를 한다. ❶발사제어지원시설 ❷LH송수신안테나 ❸액세스용 엘리베이터 ❹공기통풍관 ❺발사제어판넬 ❻침대 ❼방음판넬 ❽발사제어센터 외벽 ❾비상용냉각수탱크 ❿기재캐비넷 ⓫충격흡수장치 ⓬액세스도어 ⓭하수처리탱크 ⓮디젤연료탱크 ⓯공기통풍관 ⓰통기관 ⓱물탱크 ⓲VHF/UHF 안테나 ⓳긴급탈출구

▼미니트맨 발사제어센터

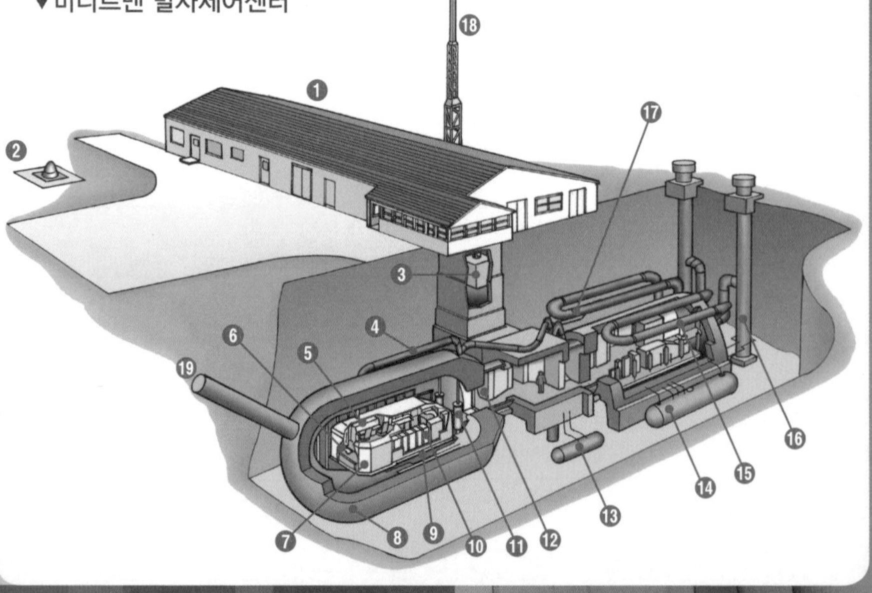

사관, 발사관제사관, 미사일 및 발사시설의 보수 · 관리요원, 보안요원이 근무하고 있다.

①콘크리트슬랩(사일로 덮개) ②미니트맨Ⅲ미사일 ③발사관(발사관 내에서 부스트 점화 · 발사하는 핫론치방식) ④지하2층 기계실 ⑤발사대 ⑥발사관 ⑦오토콜리메이터(미사일 자이로축의 수직축 수정용 미러) ⑧미사일 정비용 발사관내 출입구와 정비대 ⑨지하1층 컴퓨터실(미사일을 자동관리하고 미사일 발사도 지령을 받아 수행한다) ⑩폐쇄장치구동모터 ⑪인원출입용 터널폐쇄장치 ⑫수직사다리 ⑬인원출입용 터널폐쇄문 ⑭인원출입용터널 ⑮경비원 사무소 ⑯사일로관리기기 ⑰발사준비소

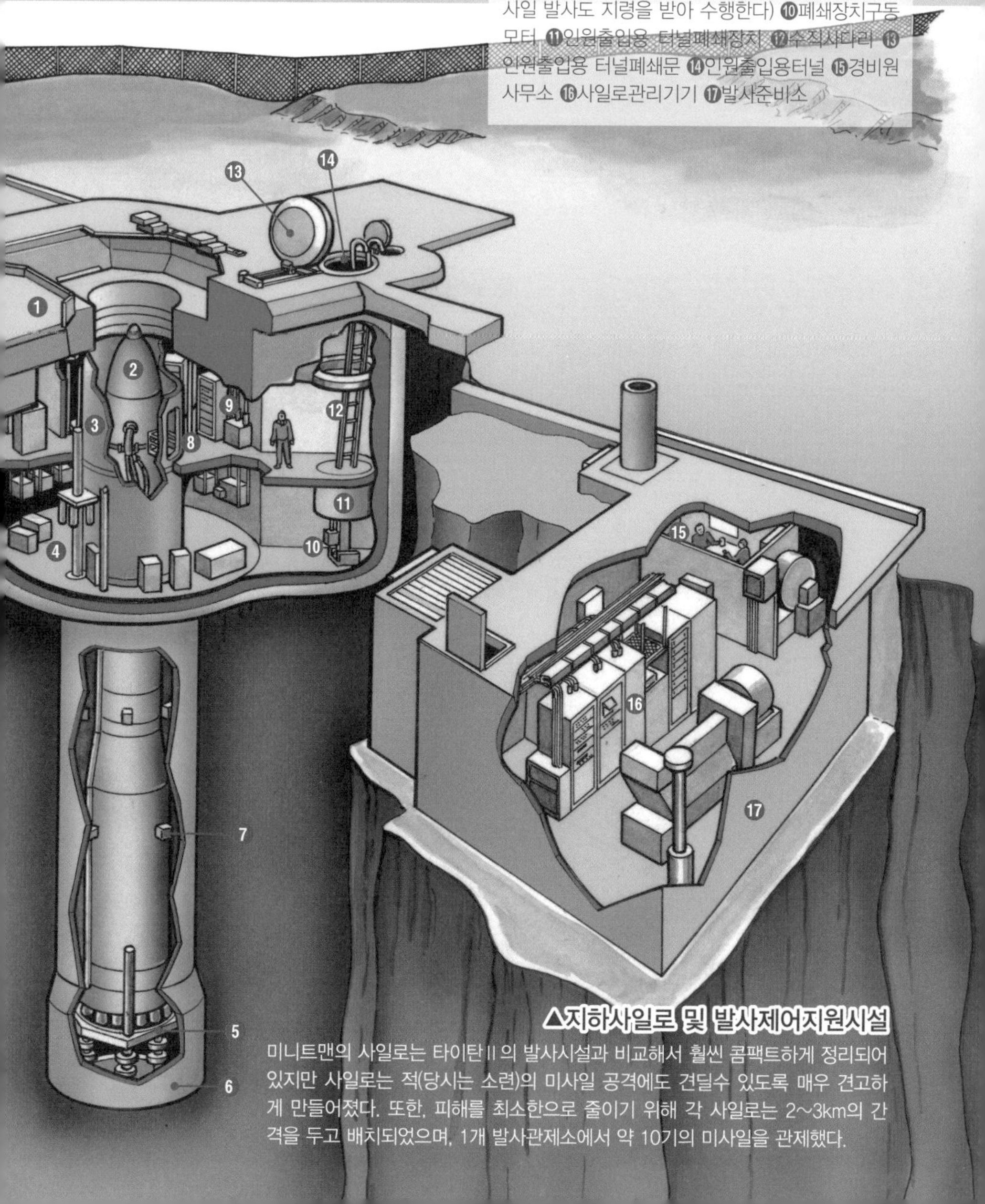
13
14
1
2
9
12
3
8
11
10
4
15
16
17
7
5
6

△지하사일로 및 발사제어지원시설

미니트맨의 사일로는 타이탄Ⅱ의 발사시설과 비교해서 훨씬 콤팩트하게 정리되어 있지만 사일로는 적(당시는 소련)의 미사일 공격에도 견딜수 있도록 매우 견고하게 만들어졌다. 또한, 피해를 최소한으로 줄이기 위해 각 사일로는 2~3km의 간격을 두고 배치되었으며, 1개 발사관제소에서 약 10기의 미사일을 관제했다.

24. 미사일 발사요원

폐쇄된 공간에서 발사명령을 기다리는 임무

1950년대 후반, 소련과 미국이 ICBM을 실전 배치한 이래 미국에서는 공군 미사일항공단에서 이를 운용하고 있었다. 이 부대에서는 유사시를 대비하여 즉각 미사일을 발사할 수 있도록 다양한 요원이 근무하고 있었는데, 특히 심한 스트레스와 싸우면서 중요한 임무를 수행했던 것은 발사제어사관이었다.

예를 들어 미니트맨의 운용부대에서는 발사제어센터에 24시간 교대로 2명의 발사제어사관이 들어가 있었다. 사관이 내부에 들어가면 건물은 공격에 대비하여 견고한 대형 도어로 의해 외부세계와 차단되었다. 2명의 사관은 근무 중 계속 대통령으로부터의 명령에 대비하여 명령이 하달되면 즉시 미사일을 발사할 수 있도록 대기한다. 하지만 단순히 명령을 기다리고만 있는 것이 아니라 미사일과 발사설비를 모니터링하고 발사태세를 유지하며 안전관리, 발사순서의 체크 등, 많은 임무를 수행해야 했는데, 이 때문에 식사는 물론 수면도 발사제어콘솔 앞의 의자(폭발의 충격을 완화하고 앉아있는 사람을 방호하는 기능이 있다)에 앉은 상태로 해결했다.

[위]세계를 멸망시킬 수 있는 ICBM의 발사를 책임진다는 높은 긴장감 속에서 좁은 공간에 틀어박혀 수행해야 하는 비상대기근무는 스트레스가 극심했다. 때문에 1977년부터는 2명의 발사제어사관으로 구성된 1개조가 24시간 교대로 센터에서 근무하는 체제에서 1인 36시간 체제로 변화, 12시간 센터에서 근무한 후 지상의 발사제어지원시설에서 12시간 휴식을 취하고, 다시 12시간 근무하도록 바뀌었다. 덕분에 12시간 교대로 1명이 바뀌지만, 2명의 사관이 상주하며 임무를 수행할 수 있었다. 사진의 지원설비에는 주방이 설치되어 내부에서도 요리를 만들 수 있었으며, 따끈한 식사는 스트레스 해소에도 도움이 되었다.

[아래]1960년대의 미니트맨 발사제어센터. 내부에는 발사관제용 컴퓨터가 배치되어, 2명의 발사요원으로 미사일을 발사할 수 있었다. 각각의 콘솔은 3~4m 떨어져 있어, 각 콘솔에 삽입하는 발사키를 혼자서는 동시에 돌릴 수 없도록 했다. 또한, 센터가 침입자에 의해 점거되었을 경우에 대비하여 내부의 인간을 살상시킬 수 있는 화학무기가 설치되어 있었다고 한다.

17:23:13

미니트맨Ⅲ에는 지금까지 발사키의 조작을 혼자서 할 수 없도록 분리해 두었던 콘솔이 의사소통을 도모하고 작업효율을 높이기 위해 나란히 배치되었다(사진은 1990년대 미니트맨Ⅲ의 발사제어센터). 여기에 맞춰서 발사제어센터 내부의 배치도 약간 변경되어 수면용 침대도 설치되었다.

U.S. AIR
8052

냉전 당시 적의 핵 공격으로 지상의 사령부와 통신설비가 기능을 상실할 경우에 대비하여 *ALCC가 취역했다. 이것은 C-135수송기를 개조한 EC-135 A형 및 G형으로, 핵공격 지시의 권한을 가진 장성급 고위장교와 참모를 24시간 공군에 대기시켜 항공기에서 ICBM을 발사·제어할 수 있었다. 1992년까지 운용되었다.

*ALCC=Airborne Launch Control Center, 항공기발사관제센터.

25. 구 소련/러시아의 ICBM(1)

소련도 나치 독일의 로켓을 원형으로 삼았다

소련도 미국과 같이 나치 독일로부터 A4로켓과 자재, 기술자료 등을 접수하여 과학자나 기술자를 자국에 보내 로켓개발에 협력시켰다. 1954년에는 A4로켓을 토대로 만든 R-1로켓의 발사에 성공했는데, 이후 탄도미사일로 실용화된 것이 바로 R-5이며 핵탄두를 탑재, 소련 최초의 IRBM이 되었다.

여기서는 세계 최초의 ICBM인 R-7부터 1960년대 소련의 ICBM에 대하여 해설하고자 한다.

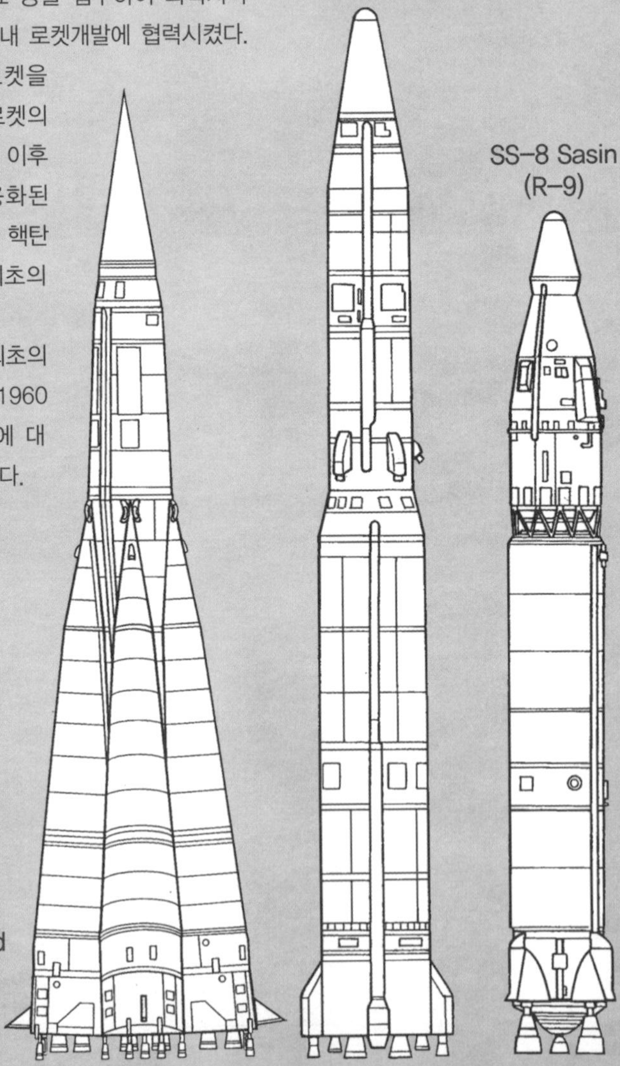
SS-7 Saddler
(R-16)
SS-8 Sasin
(R-9)
SS-6 Sapwood
(R-7)

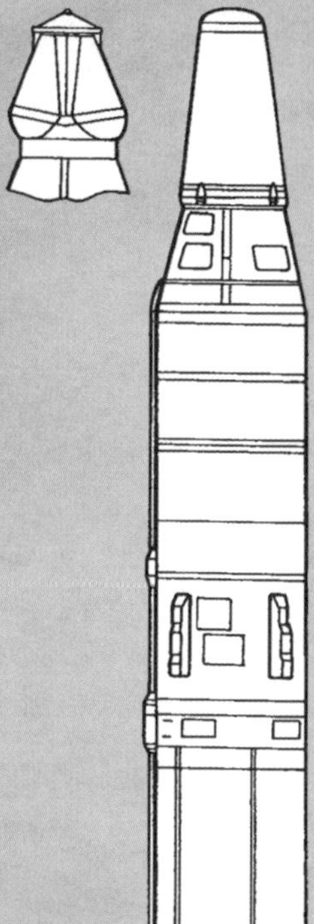
SS-9 Scarp
(R-36)

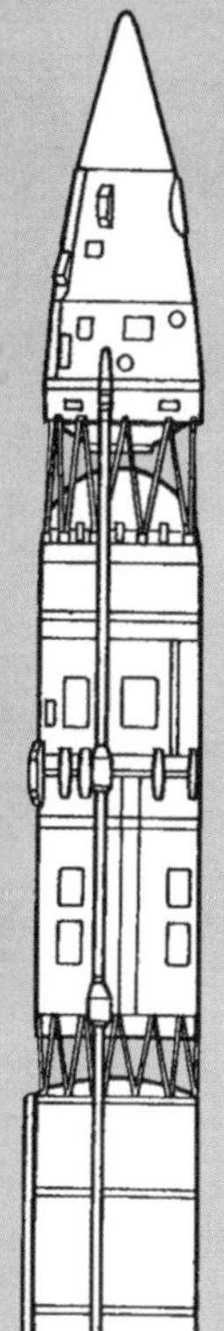
SS-X-10 Scrag

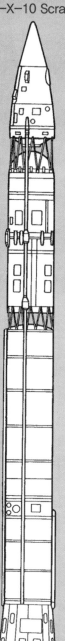

SS-6 Sapwood(R-7) : 소련이 보유한 세계 최초의 ICBM으로 1959년 실전 배치. SS-6는 세계 최초의 인공위성 스푸트니크를 쏘아올렸던 R-7로켓을 핵탄두 운반수단으로 사용하고 있다. 최대직경 약 10m, 전장 28m. 연료로 케로신, 산화제로는 액체질소를 사용.

SS-7 Saddler(R-16) : 본격적으로 실전 배치된 ICBM. 최대직경 약 3m, 전장 30.25m. 액체연료 2단식으로 5메가톤의 핵탄두를 탑재한 단탄두방식. 사거리는 약 11,500km. 초기에는 라디오 지령에 의한 유도방식이었지만 후에 관성유도방식으로 변경.

SS-8 Sasin(R-9) : 탑재하는 핵탄두에 따라 통상형과 중량형의 2종류가 존재했다. 통상형(중량 1.7톤, 5메가톤의 핵탄두를 탑재)은 사거리 약 12,500km. 중량형은 사거리 10,300km지만 보다 무거운 탄두를 탑재할 수 있었다. 최대직경 2.68m, 전장 24.2m, 액체연료 2단식. 1964년 모스크바 붉은 광장 퍼레이드에서 최초 공개되었다.

SS-9 Scarp(R-36) : 제3세대 ICBM으로 액체연료 3단식, 4종류의 모드가 존재한다. 기본형이 모드1과 2로 25메가톤의 핵탄두를 탑재, 사거리 약 12,000km. 직경 3m, 전장 35m, 발사중량 약 190톤. 모드4는 4.5메가톤의 탄두(3개의 핵탄두를 탑재한 MRV방식)를 탑재하며, 미국의 미니트맨 지하사일로를 공격하기 위해 개발되었다. 1967년부터 실전 배치.

SS-X-10 Scrag : 1965년 5월 붉은광장 퍼레이드에서 최초 공개되었으나, 실전 배치되지 않았다. 사거리 약 8,000km, 직경 3m, 전장 37m, 액체 3단식. 최초 1단째에 *짐벌 노즐이 채택되었다.

인간
(1.8m)

*짐벌 노즐(gimbaled nozzle)=미사일의 비행방향을 제어하기 위해 추력의 방향을 변화시킬 수 있도록 로켓엔진 전체를 좌우로 움직이는 기구.

26. 구 소련/러시아의 ICBM(2)

냉전 종결 이후에도 핵미사일을 포기하지 않다!

SS-17 Spanker(RS-16) : 액체연료 2단식. 3단째를 겸하는 탄두는 MIRV방식으로 PBV기능을 보유했다. 탄두의 종류와 탑재형식에 의해 3개의 모드가 있는데, 모드1과 3은 파괴력 200kt의 MIRV. 사거리는 둘 다 약 10,000km이다. 최대직경 2.25m, 전장 33.9m. 발사는 콜드 런칭방식이며 1978년부터 실전 배치.

SS-18 Satan(RS-20Zh-15) : SS-8의 후속인 대형탄도미사일로 소련의 제4세대 ICBM. 고체연료 2단식 부스터에 탄두는 모드에 따라 최대 8~10개의 핵탄두를 탑재하는 MIRV방식과 단탄두방식이 있었다. 직경 3.2m, 전장 36.5m. 1975년부터 모드1의 배치를 시작, 모드5와 6은 1980년대 후반부터 배치되었다.

SS-19 Stiletto(RS-18) : 액체 2단식 부스터로 PBV기능을 보유한 탄두를 탑재. 직경 2.5m, 전장 27m. 3종류의 모드가 있고, 모드1과 3은 MIRV방식으로 탄두파괴력은 500kt. 모드2는 5메가톤 탄두의 단탄두식(PBV에 1개의

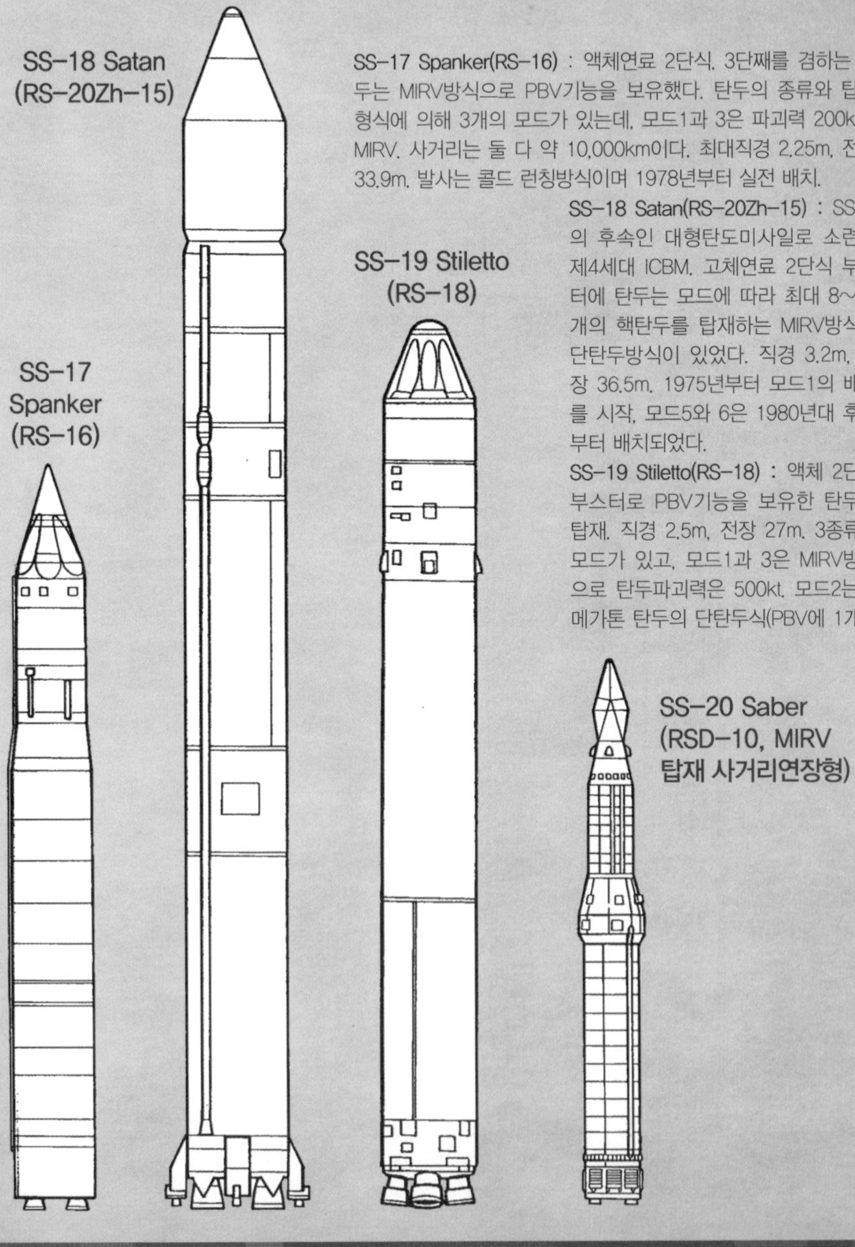
SS-18 Satan
(RS-20Zh-15)
SS-17
Spanker
(RS-16)
SS-19 Stiletto
(RS-18)
SS-20 Saber
(RSD-10, MIRV
탑재 사거리연장형)

핵탄두를 탑재). 사거리 10,000km로 발사는 핫 런칭방식. 1974년에 모드1, 77년에 모드2, 79년에 모드3가 배치되었다.

SS-24 Scalpel (RS-22) : 고체연료 3단식 부스터에 PBV기능을 보유한 MIRV방식 탄두가 탑재된 제5세대 ICBM. 10개의 핵탄두가 장착되며, 파괴력은 300~500kt정도로 알려져 있다. 지하사일로 외에 고체연료로켓을 활용, 철도를 사용한 이동발사대방식도 만들어졌다. 직경 2.4m, 전장 24m, 사거리 11,000km, CEP는 200m. 1987년에 모드1, 89년에 모드2의 배치가 개시되었다.

SS-25 Sickle(RT-2PM) : 부스터부는 고체연료 3단식. 탄두부는 PBV기능을 보유하였으며, 550kt의 핵탄두를 장착한 단탄두방식. 콘크리트 등으로 보호받는 표적공격용으로, 사거리 10,500km. 최대직경 1.8m, 전장 21.5m. TEL차량에 탑재되어 이동·발사되며, 1985년경부터 실전 배치되었다.

SS-X-26 : 소련붕괴 후 러시아에서 개발된 ICBM. 소형이동발사식 미사일로 미국의 SICBM 미제트맨의 포지션에 해당한다.

SS-27 SickleB(RT-2PM2) : RT-2PM의 개량형으로 1997년부터 실전 배치되었다. 요격대책으로 이동변경능력(우주공간 및 고층 대기권 한정), 방사선 및 전자파 방어 능력을 보유. 고체연료 3단식으로 PBV기능을 지닌 단탄두식. 최대직경 1.86m, 전장 22.7m, 사거리 11,000km.

RS-24 Yars : 2010년부터 실전 배치된 최신형 ICBM. 미국의 미사일 방어시스템 동유럽 배치를 견제하기 위해 개발되었다. 고체연료 3단식, 4개의 핵탄두를 탑재한 MIRV방식. 최대직경 2m, 전장 20.9m, 사거리 12,000km.

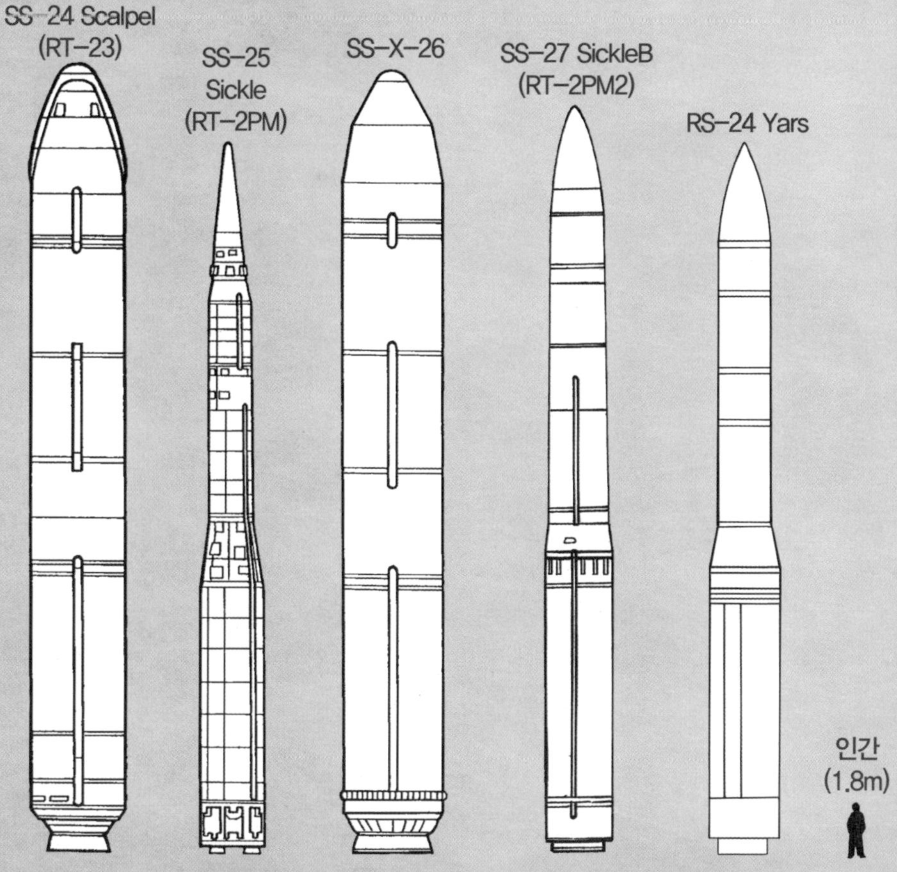

SS-24 Scalpel
(RT-23)
SS-25
Sickle
(RT-2PM)
SS-X-26
SS-27 SickleB
(RT-2PM2)
RS-24 Yars
인간
(1.8m)

27. 중국의 탄도미사일(1)

미러와는 반대로 핵전력 증강을 추진하는 중국

급속한 경제성장을 바탕으로 중국은 급격하게 군사력을 확대하고 있다 중국의 군사력을 지탱하는 주요한 기둥 가운데 하나가 ICBM을 비롯한 각종 탄도미사일인데, 현재 지상발사형 ICBM을 보유하고 있는 국가는 미국, 러시아, 중국뿐이다. 1991년에 체결된 START I, 1993년의 *START II, 2002년의 *SORT(전략공격능력삭감조약)에 근거하여 미국과 러시아는 핵탄두 수의 삭감에 노력했으며, ICBM 등의 탄도미사일도 배치 수를 꾸준히 줄여왔다.

장거리 ICBM DF-41의 *TEL차량 상상도. 차체는 14륜 대형차량으로 미사일을 캐니스터에 수납해서 운반하는데, 캐니스터 내부에는 에어컨이 장비되어 미사일의 품질(특히 연료)을 유지한다. 발사 시에는 캐니스터를 수직으로 세우며, 발사 직전에 캐니스터 끝단의 돔형커버를 폭파, 제거한다. DF-41은 현재도 개발이 진행 중으로, 사거리는 미국 본토도 겨냥 가능한 10,000km 이상으로 추정된다.

▼DF-41(동풍41) 탑재 TEL차량

*START II=양국이 보유한 핵탄두 수를 3,000~3,500발 이하로 삭감함과 동시에 ICBM의 MIRV화를 금지하는 내용이었다(이 조약은 러시아가 비준을 거부). *SORT=Strategic Offensive Reductions Treaty. 모스크바조약이라고도 불리는 핵군축조약으로 핵탄두 수를 1,700~2,200발 이하로 삭감하는 내용이었다(단, 폐기의무는 없고 MIRV에 관해서도 금지조항은 없다). *TEL차량의 상상도=중국의 잡지에 게재된 상상도에 근거하여 게재.

한편, 이러한 교섭에 참가하지 않은 중국은 일관되게 전력을 확대하고 ICBM을 시작으로 핵전력을 증강시키고 있는데, 현재 ICBM만도 60기 이상을 보유하고 있다고 알려져 있으며, 핵탄두 탑재 IRBM이나 MRBM을 포함하면 훨씬 많은 수를 보유하고 있다. 또한, 핵탄두의 MIRV화에도 전념하여 DF-5와 DF-31에 탑재하는 데 성공했다고 한다.

●중국 탄도미사일의 사거리

각 미사일의 사거리를 표시하는 원은 북경을 중심으로 하여 나타내고 있다(북경에서 발사할 경우를 가정한 사거리이다).

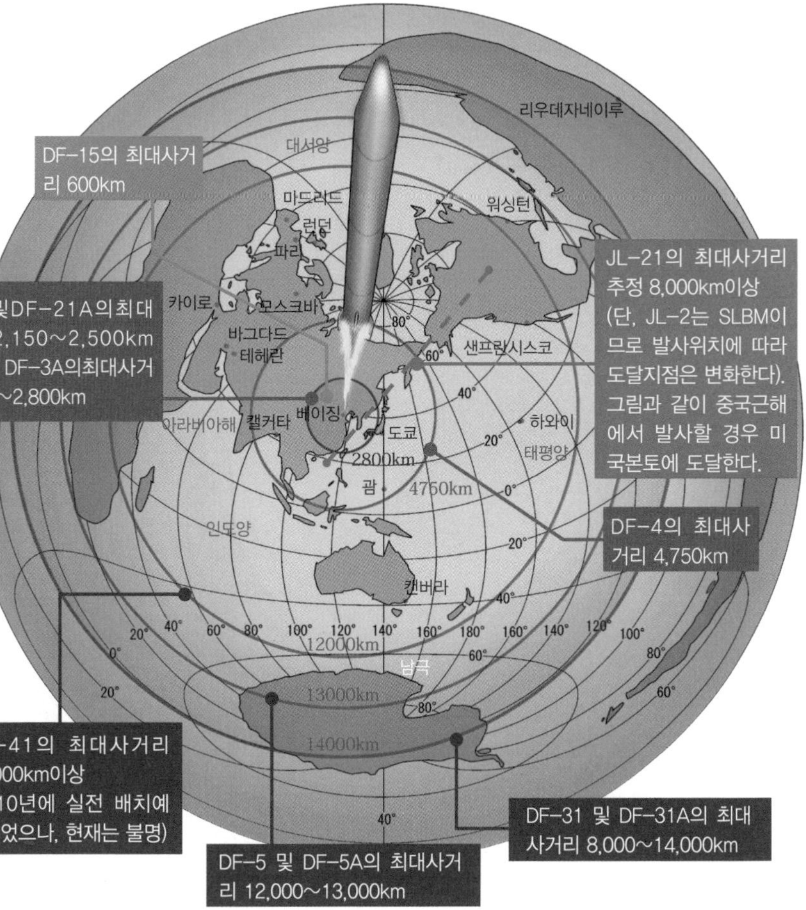
리우데자네이루
대서양
DF-15의 최대사거리 600km
마드리드
런던
파리
워싱턴
JL-21의 최대사거리 추정 8,000km이상 (단, JL-2는 SLBM이므로 발사위치에 따라 도달지점은 변화한다). 그림과 같이 중국근해에서 발사할 경우 미국본토에 도달한다.
카이로
모스크바
DF-21및DF-21A의최대사거리 2,150~2,500km DF-3 및 DF-3A의최대사거리 2,400~2,800km
바그다드
테헤란
샌프란시스코
아라비아해
캘커타
베이징
도쿄
하와이
태평양
2800km
괌
4750km
인도양
DF-4의 최대사거리 4,750km
캔버라
12000km
남극
13000km
14000km
DF-41의 최대사거리 12,000km이상 (2010년에 실전 배치예정이었으나, 현재는 불명)
DF-31 및 DF-31A의 최대사거리 8,000~14,000km
DF-5 및 DF-5A의 최대사거리 12,000~13,000km

SRBM (단거리탄도미사일)
IRBM (중거리탄도미사일)
ICBM (대륙간탄도미사일)
SLBM (잠수함발사탄도미사일)

28. 중국의 탄도미사일(2)

탄도미사일 개발로 본 중국의 세계전략

중국은 아시아에 전개되어 있는 미군의 기지 및 미국 본토를 공격하는 것을 목적으로 SRBM부터 ICBM까지 단계적으로 개발 · 발전시켜왔다. 개발은 1059(DF-1)을 시작으로 본격적인 탄도미사일인 DF-2, 나아가 DF-3, DF-4로 발전을 거쳐, 마침내 사거리 13,000km이상으로 중국 국내에서 미국 본토를 공격할 수 있는 ICBM으로 완성한 것이 DF-5였다(모두가 액체연료로켓으로 제1세대로 분류된다).

이들의 다음 세대로, 고체연료로켓이며 TEL차량에 의해 운반 · 발사 가능한 DF-31 및 DF-31A(DF-31의 사거리 연장형)도 미국 본토 공격에 충분한 사거리를 보유하고 있는데, 이를 탑재하는 TEL차량은 도로 이동식이어서 비포장도로에서의 이동능력이 없다. 때문에 러시아의 MAZ916트럭의 기술을 도입, 작전능력의 제한이 적고 비포장도로 이동능력이 높은 TEL차량을 개발하고 있는 것으로 알려져 있다.

●중국의 주요 탄도미사일

DF-1 : DF 탄도미사일 시리즈 제1호. 구 소련제 SS-2 SRBM을 모방 생산한 것. 즉응성을 높이기 위해 미사일에 충전, 저장 가능한 연료(TG-20/AK-20)를 사용한다. 액체식 1단 로켓으로 최대 사거리는 약 550km.

DF-2(CSS-1) : DF-1을 토대로 해서 중국이 개발한 최초의 탄도미사일. 1단 액체연료식으로 직경 1.65m, 전장 20.6m, 발사중량 32,000kg, 사거리 약 1,050km(DF-2A는 1,250km).

DF-3(CSS-2) : 보존가능한 액체연료를 사용한 추진시스템을 탑재한 중국 최초의 미사일. 1971년부터 배치되었다. 1단 액체연료식으로 직경 2.25m, 전장 24.0m, 발사중량 64,000kg, 사거리 약 2,650km(다탄두 탑재식의 개량형인 DF-3A는 2,800km).

DF-1
DF-2(CSS-1)
DF-3(CSS-2)
인간
(1.8m)

DF-4(CSS-3) : 중국 최초의 인공위성 로켓, 장정 시리즈의 토대가 된 미사일. 1981년부터 배치되었다. 2단 액체연료식으로 직경 2.25m, 전장 28m, 발사중량 82,000kg, 사거리 4,750km, 2Mt 단탄두 탑재.

DF-5(CSS-4) : 미국 본토를 공격할 수 있도록 완성된 ICBM. 2단 액체연료식으로 직경 3.35m, 전장 32.6m, 발사중량 약 183t. 1981년경부터 배치되었다. 개량형인 DF-5A는 사거리가 13,000km로 연장되었다.

DF-15(CSS-6) : 수출용으로 개발했던 전술미사일 M-9을 자국에서도 채택한 것. 1991년부터 인민해방군 제2포병대에 배치되었다. 1단 고체식으로 직경 1m, 전장 10m, 발사중량 6,000kg, 사거리 600km. 고성능 작약탄두 및 90kt 핵탄두 탑재.

DF-5
(CSS-4)
DF-4
(CSS-3)

DF-21(CSS-5) : 1982년에 완성한 중국 최초의 SLBM JL-1을 육상발사용으로 개조. TEL에서 발사된다. 2단 고체연료식으로 직경 1.4m, 전장 10.7m, 발사중량 14,700kg, 사거리 약 1,700km(DF-21A는 1,800km).

DF-41 : DF-31의 발전형으로 1990년대부터 개발이 개시되었다. 2010년에 IOC(초기작전능력) 획득 예정이었지만 아직도 배치가 진행되지 않은 것으로 보인다. 전장 약 15m. MIRV 방식이며, 최대사거리는 12,000km정도.

DF-31(CSS-9) : DF-4의 후속에 해당하는 탄도미사일로 차량 이동형으로 개발되었기 때문에 SLBM JL-2와 기본 설계를 공유한다. 3단 고체연료식으로 직경 2.25m, 전장 13m, 발사중량 42,000kg, 사거리 8,650km(DF-31A는 11,200km). MIRV방식 탄두 탑재.

JL-2(CSS-NZ-4) : 중국 최초의 SLBM인 JL-1의 후속으로 전장 13m 정도. 3단 고체연료식. 사거리는 약 8,000km로 알려져 있다. 094급 전략원잠에 12기 탑재.

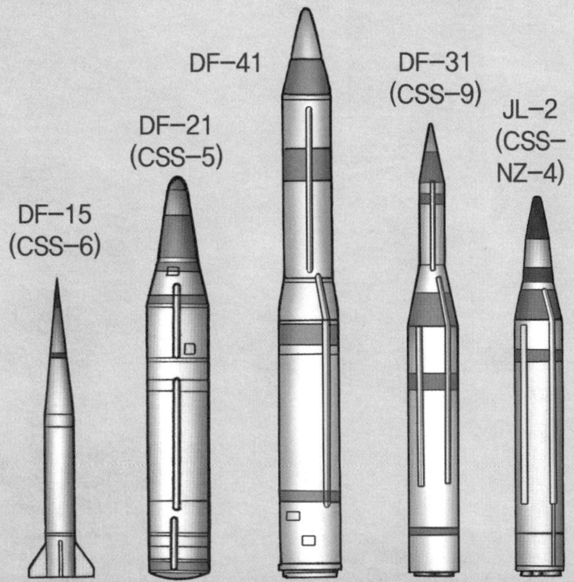
DF-41
DF-31
(CSS-9)
DF-21
(CSS-5)
JL-2
(CSS-
NZ-4)
DF-15
(CSS-6)

고체연료식 미사일과 TEL 차량

1981년에 배치된 DF-5까지 제1세대로 분류된 탄도미사일은 발사 직전에 시간을 두고 연료를 주입하는 액체연료식인데다 사일로 발사방식이었기 때문에 적의 공격에 대해 취약성이 염려되었다. 이 때문에 중국에서는 1970년대부터 고체연료식 미사일 개발에 착수. 1982년 최초의 SLBM인 JL-1의 발사에 성공하고 10년 정도의 기간에 고체연료로켓

●DF-31A미사일과 TEL

▼HY4031대형트레일러(DF-31A탑재)

DF-31이나 사거리 연장형 DF-31A와 같은 제2세대 미사일을 육상에서 이동·발사하는 것이 이동식 발사대인 TEL 차량이다. 2010년에 행해진 중국건국 60주년 군사퍼레이드에서 최초로 공개되었다. 이동 가능한 사일로 발사방식에 비해 비닉성(秘匿性)이 높아 위험한 존재가 되었다.

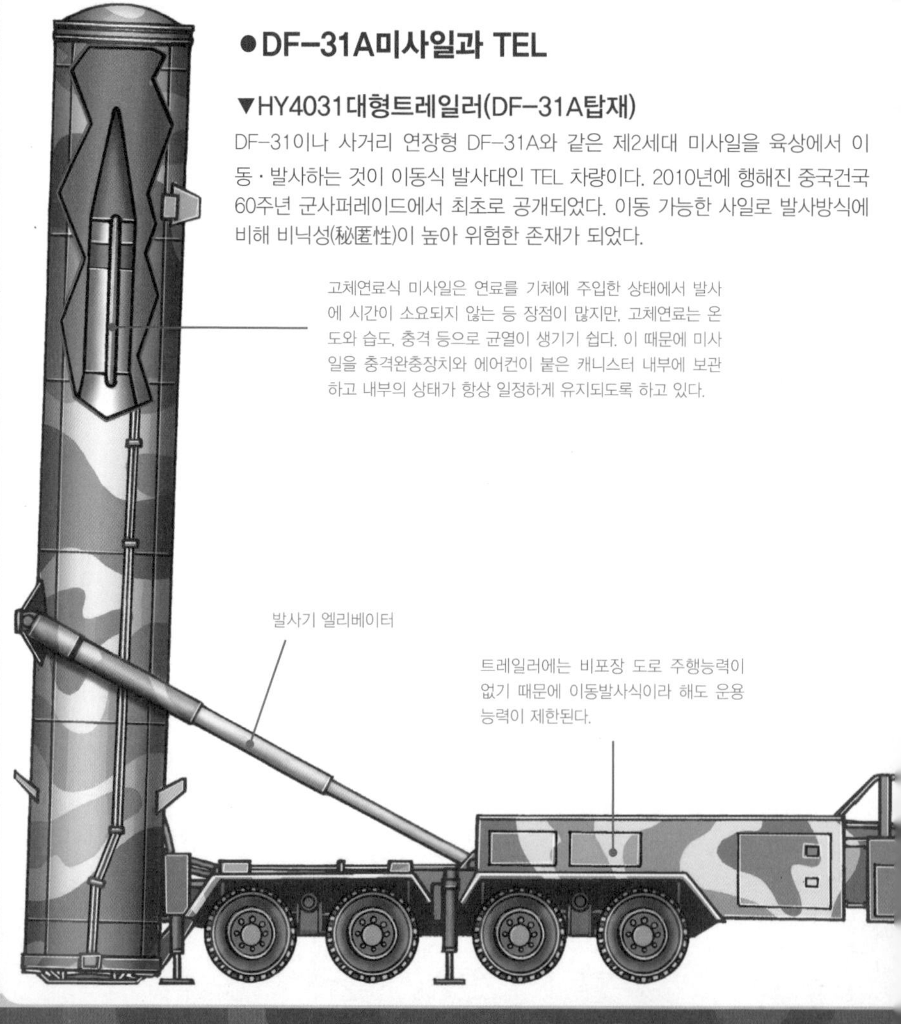
고체연료식 미사일은 연료를 기체에 주입한 상태에서 발사에 시간이 소요되지 않는 등 장점이 많지만, 고체연료는 온도와 습도, 충격 등으로 균열이 생기기 쉽다. 이 때문에 미사일을 충격완충장치와 에어컨이 붙은 캐니스터 내부에 보관하고 내부의 상태가 항상 일정하게 유지되도록 하고 있다.
발사기 엘리베이터
트레일러에는 비포장 도로 주행능력이 없기 때문에 이동발사식이라 해도 운용능력이 제한된다.

기술을 손에 넣었다. JL-1의 육상버전인 이동발사식 탄도미사일인 DF-21도 만들어졌다.

그리고 현재 주력이 된 육상형 이동발사식 탄도미사일 DF-31의 개발(JL-2 개발과 병행해서 이루어졌다)은 1978년부터 시작되어, 실용화된 것은 2002년경으로 알려져 있다. DF-31는 미국본토를 완전히 사거리 내에 넣을 수 없었기 때문에 사거리연장과 MIRV화를 도모한 DF-31A가 개발되었고 2006년에 발사실험에 성공하여, 현재는 배치도 상당히 진행되고 있다. 중국은 육상 발사형 탄도미사일로도 미국본토를 공격할 수 있게 되었다.

PBV 및 유도장치
제2단 로켓모터
세1단 로켓모터
RV
(재돌입체)
제3단 로켓모터
연료탱크
제어장치
추진엔진
방향제어 스러스터
산화제탱크
DF-31은 단탄두식이었지만, DF-31A에는 MIRV방식으로 3~5개의 탄두가 RV에 수납되어 PBV에 탑재되어 있다(핵탄두를 실은 RV는 1기뿐으로 다른 것은 디코이라는 설도 있다).
HY4031 대형트레일러. 자기위치를 정확히 측정하기 위한 GPS가 탑재되어 있다.

▼DF-31A(고체연료식 미사일)

▼DF-31A의 탄두부 구조

30. 중국의 탄도미사일(4)

탄도미사일을 운용하는 제2포병부대

제2포병부대는 인민해방군의 전략미사일부대로 핵탄두를 탑재하는 ICBM과 IRBM 등의 전략미사일을 운용한다. 또한 재래식탄두를 장착하는 SRBM 등의 전술미사일을 운용하는 전술미사일부대이기도 하며, 더 나아가 우주개발을 담당하는 우주군으로서의 측면도 가지고 있다. 부대를 구성하는 인원은 9만 ~ 10만 명 정도로 알려져 있으며, 그 반 수 이상이 특정 기술을 가지고 있는 엔지니어로 알려져 있다(인민해방군이 발행하는 책자를 보면 제2포병부대의 기사에도 이 점을 강조하고 있다).

중국이 보유한 핵무기 수는 400기 정도로 추정되고 있고, 그 중 110~140기가 핵탄두(단탄두식) 탑재 탄도미사일로 이것들을 운용하는 것이 제2포병부대이다. 2012년을 기준으로 ICBM인 DF-5가 약 20기, DF-4가 15~20기, DF-3가 15~20기, DF-31은 개량형인 DF-31A를 포함하여 불명, IRBM인 DF-21 및 SRBM인 DF-15나 DF-11 등이 80~100기로 추정되고 있다. 게다가 재래식 탄두 탑재의 MRBM, SRBM 또한 900~100기를 보유 중이라 알려져 있다.

부대는 6개의 탄도탄 발사기지에 전개되어 있고, 작전부대 레벨이 4개로 제51기지(4개 미사일여단으로 편성된 96101부대 : DF-3 및 DF-21), 제52기지(7개 미사일여단으로 편성된 96151부대 : DF-15 및 DF-11), 제55기지(4개 미사일여단으로 편성된 96301부대 : DF-4 및 DF-5), 제56기지(3개 미사일여단으로 편성된 96351부대 : DF-3 및 DF-4).

● 중거리탄도미사일 DF-15(M-9)

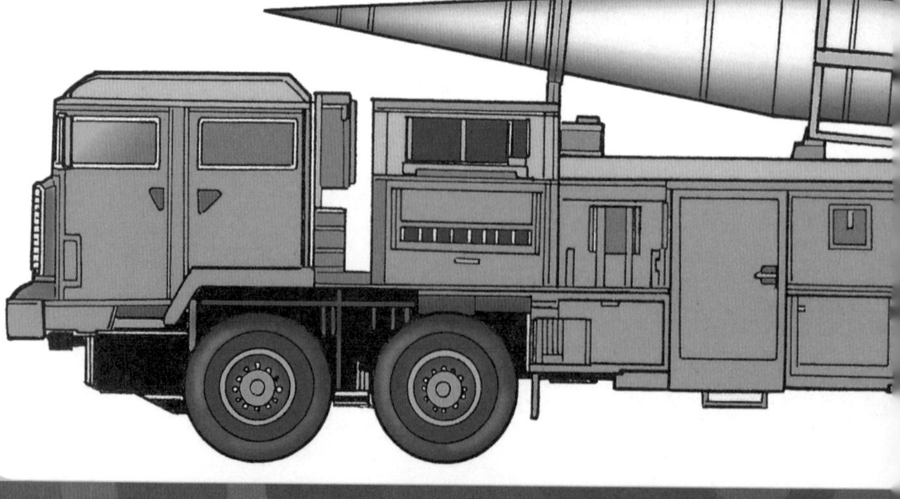

경제를 비롯하여 여러 가지 면에서 미국과 협조를 도모하는 중국이지만, 군사면에서는 미국을 제1의 가상적국으로 군비를 확장하고 있다. 사진은 제2포병대대 병사와 부대를 방문한 미해병대 장군.

준 작전부대 레벨이 2개로 제53기지(4개 미사일여단으로 편성된 96201 부대 : DF-3 및 DF-21), 제54기지(96251부대 : 3개 미사일 여단으로 편성된 DF-4 및 DF-5)로 되어 있다.

부대를 편성하는 미사일여단은 사령부(제1~4처 및 통신처), 정치처(인사 및 의료), 장비부(기술 및 정비보수), 후근부(수송), 3~5개의 도탄영(미사일대대)으로 편성되어 여단장은 *정사급(대교).

제2포병부대는 1957년에 지대지미사일을 장착한 제802포병영의 창설을 시작으로 1960년에 4개의 도탄영이 편성되었고, 이어서 미사일부대를 관할하는 총부가 창설되어 1966년에 독립병종으로 제2포병으로 명명되어 현재에 이르고 있다.

*정사(正師)=중국군의 대교大校 및 소장少將 계급을 일컫는 말. 대교는 대령과 준장의 중간 정도에 해당한다.

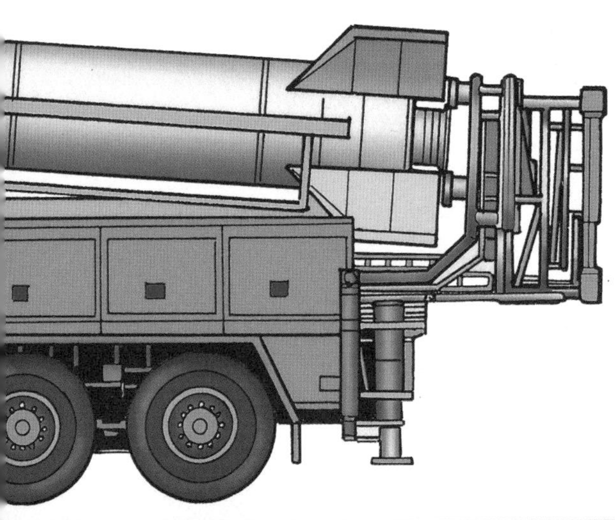

중국의 NORINCO(북방공업공사)가 수출상품의 주력으로 전술미사일 M-9을 개량한 것이 DF-15로 인민해방군에도 채택되어 제2포병부대가 운용하고 있다. 직경 1m, 전장 9.1m, 발사중량 6,200kg의 1단식 로켓. 사거리는 50~500km로 알려져 있으며, 탄두로는 90kt의 핵탄두부터 재래식탄두, 클러스터폭탄, 화학무기 등을 탑재할 수 있다. DF-15을 운반하는 것은 WS-2400 및 TAS-5450 TEL차량. 차내에는 지휘・관성장치 등 미사일 운용에 필요한 기재가 탑재되어 있다.

31. 북한의 탄도미사일(1)

동아시아 평화를 위협하는 대포동 미사일

1998년 8월에 북한이 동해를 향해 발사한 탄도미사일 대포동1(백두산1호)은 동아시아 안보의 큰 위협이 되었다. 그리고 2006년의 대포동2 및 2009년의 대포동2 개량형의 발사는 세계에 북한 탄도미사일의 존재를 알리고 국제사회의 중대한 현안이 되었다. 2009년의 발사실험에서 북한은 인공위성인 광명성 2호를 쏘아 올렸다고 주장했지만 궤도상에 해당 위성은 확인되지 않았다. 미사일은 동해와 일본 상공(도호쿠지방)을 통과해서 태평양에 떨어졌다.

북한의 군사력은 구식화된 재래식무기와 불충분한 훈련 때문에 상대적으로 위협도가 떨어지는 편이지만, 연간 군사예산의 3분의 2를 투입해서 개발을 진행하는 탄도미사일이나 핵무기만큼은 전혀 별개의 것으로 봐야 할 것이다.

현재 북한이 보유한 탄도미사일은 구 소련

● 대포동 발사대

일러스트는 2009년 3월에 위성에서 촬영한 북한의 무수단리(舞水端里) *미사일 발사시설 모습. 미사일 발사시설이라 해도 로켓 발사시설과 다르지 않다는 점과 발사 시 로켓 화염을 내뿜는 등의 모습을 알 수 있을 것이다.

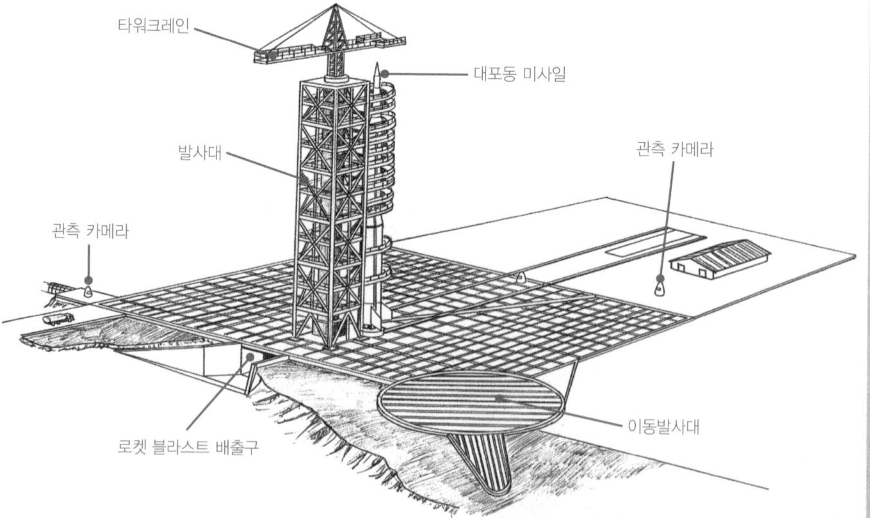
타워크레인
대포동 미사일
발사대
관측 카메라
관측 카메라
이동발사대
로켓 블라스트 배출구

*미사일 발사시설의 모습=위성사진을 기반으로 한 일러스트는 이미 Global Security 등에서 공개되었으나, 여기서는 그것과 조금 다른 각도에서 그려보았다.

제의 스커드, 구 소련제 SLBM을 토대로 한 무수단, 국산인 노동 및 대포동이다. 이것들 중 대포동2 개량형은 3단식으로 2단의 액체연료로켓에 고체연료로켓을 겸한 것으로 최대사거리가 약 4,300km로 알려져 있다.

결국 인접국가 뿐만 아니라 미국 본토의 일부도 사거리에 들어갈 수 있는 것으로 추측되고 있다. 또한 액체연료라 하더라도 상온보존이 가능한 것을 사용하고 있어 즉응성도 떨어진다고 보기 어렵다.

●북한 탄도미사일의 사거리

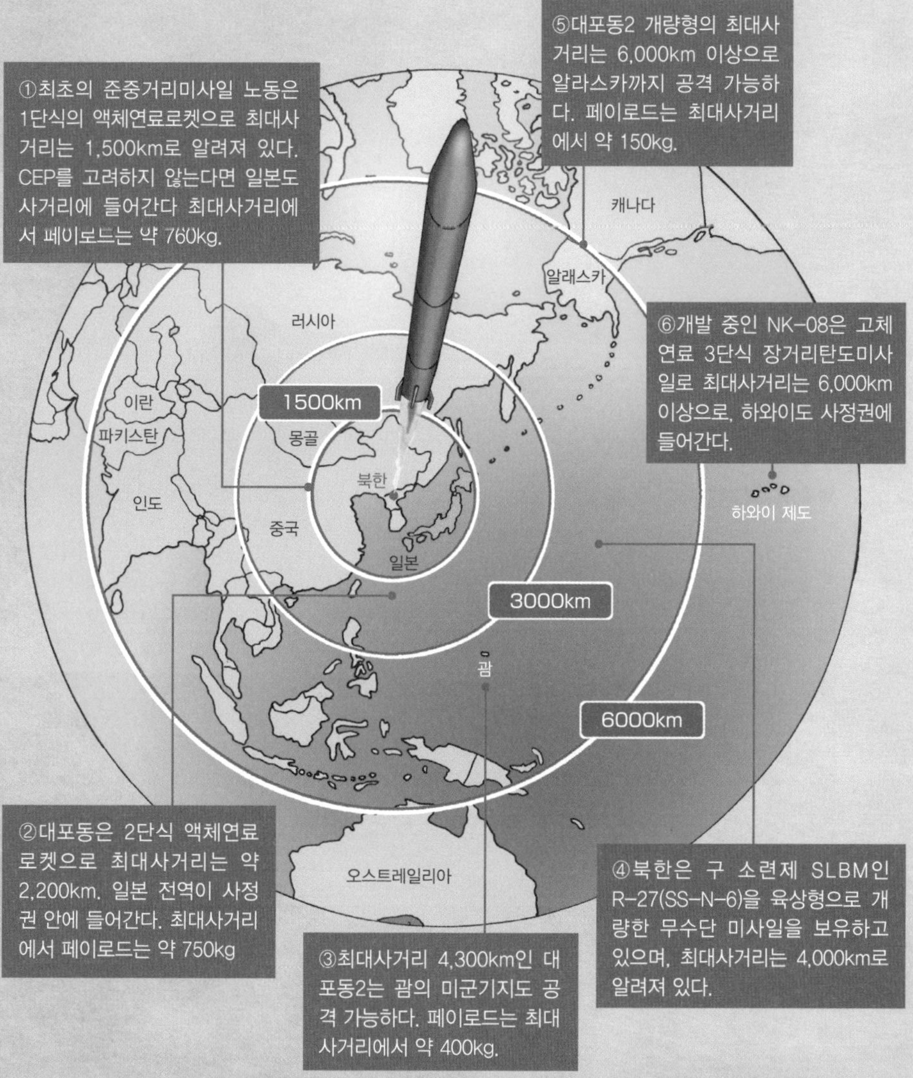

①최초의 준중거리미사일 노동은 1단식의 액체연료로켓으로 최대사거리는 1,500km로 알려져 있다. CEP를 고려하지 않는다면 일본도 사거리에 들어간다 최대사거리에서 페이로드는 약 760kg.
⑤대포동2 개량형의 최대사거리는 6,000km 이상으로 알라스카까지 공격 가능하다. 페이로드는 최대사거리에서 약 150kg.
캐나다
알래스카
러시아
⑥개발 중인 NK-08은 고체연료 3단식 장거리탄도미사일로 최대사거리는 6,000km 이상으로, 하와이도 사정권에 들어간다.
이란
파키스탄
1500km
몽골
북한
인도
중국
일본
하와이 제도
3000km
괌
6000km
②대포동은 2단식 액체연료로켓으로 최대사거리는 약 2,200km. 일본 전역이 사정권 안에 들어간다. 최대사거리에서 페이로드는 약 750kg
오스트레일리아
④북한은 구 소련제 SLBM인 R-27(SS-N-6)을 육상형으로 개량한 무수단 미사일을 보유하고 있으며, 최대사거리는 4,000km로 알려져 있다.
③최대사거리 4,300km인 대포동2는 괌의 미군기지도 공격 가능하다. 페이로드는 최대사거리에서 약 400kg.

32. 북한의 탄도미사일(2)

스커드를 기반으로 한 탄도미사일

북한의 탄도미사일 개발도 이란이나 파키스탄 등 제3세계의 국가들처럼 구 소련제 스커드 미사일에서 시작되었다. 1980년대에 초기형 스커드B 미사일을 입수한 북한(소련의 합의를 어기고 이집트가 제공했다고 알려져 있다)이 *역설계를 통해 얻은 기술을 토대로 발전시켜, 1990년대 개발된 것이 최대사거리 1,500km로 알려진 노동이었다. 이후, 노동에 이어 대포동1호를 개발했는데, 이 미사일은 노동1호에 스커드를 올린 것으로 1998년에 동해를 향해 발사되었던 것이 유일한 발사 실험이었다(이때 발사한 것은 인공위성 광명성1호를 쏘아 올리기 위해 3단째에 고체연료로켓을 붙인 NKSL-1이었다는 것이 통설이다).

대포동1에 이은 대포동2호는 중거리탄도미사일로 2단식 액체연료로켓이었는데, 1단째의 로켓부스터는 지금까지의 미사일과 달리, 스커드의 발전형이 아닌 새로운 설계였다. 대포동2의 존재가 실증된 것은 2006년의 발사 실험이었다.

▼NK-08과 이동발사차량 NK-08은 2012년 4월 김일성 탄생 100주년 군사 퍼레이드에서 등장한 ICBM이다. 일러스트처럼 TEL(중국제 WS-51200)에 탑재되어 있었는데, 구 소련제 SLBM R-27을 육상발사용으로 개량한 무수단의 기술을 응용한 것으로 3단식 고체연료로켓(무수단은 액체연료식 로켓이므로 NK-08도 같다는 설도 있다). 최대직경 1.8m, 전장 약 18m, 최대사거리 6,000km 이상으로 알려져 있다. 단, 사거리가 6,000km 이상이더라도 핵탄두를 탑재, 재돌입할 능력이 있는지는 별개의 문제다.

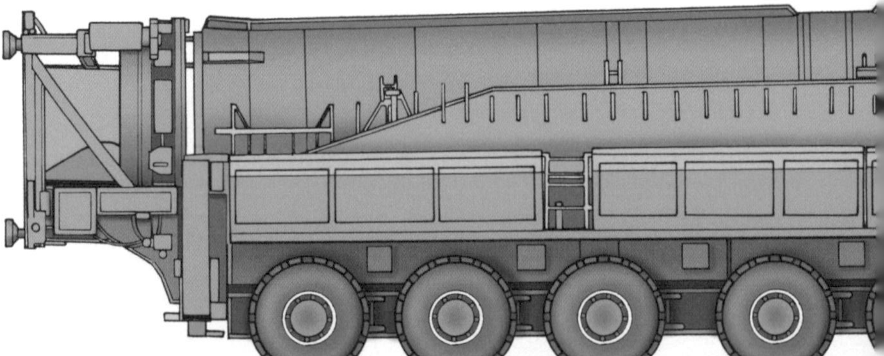

*역설계=역행분석. 타사의 제품을 분해하는 등 구조를 분석하고, 설계와 제조방법을 연구조사하는 일.

●북한 탄도미사일의 사거리

노동 : 북한이 최초로 개발한 사거리 1,000km를 넘는 MRBM. 1980년대에 입수한 스커드 미사일을 토대로 해서 개발된 1단식 액체연료로켓으로 단탄두 이동발사식. 최대직경 1.35m, 전장 약 16m, 최대중량 16,250kg. 사거리 1,300~1,500km, *CEP 190m.

대포동1 : 2단식 액체연료로켓으로 1단째는 노동, 2단째는 화성6이 사용되고 있는 IRBM. 최대직경 1.3m, 전장 약 25.8m, 최대중량 약 33,000kg, 사거리 2,000~2,200km.

NKSL-1(백두산1호) : 1998년 8월에 북한에서 일본 방향으로 발사된 미사일로 인공위성인 광명성 1호를 쏘아올리기 위한 것이었다고 알려져 있다. 대포동의 탄두를 제거하고 인공위성 발사용의 3단째 고체연료로켓을 탑재.

대포동2 : 2006년 발사 실험으로 유명해진 대포동1의 발전형 미사일. 2단식 액체연료로켓으로 1단째에는 새롭게 설계된 로켓 부스터가 2단째에는 노동이 사용되었다. 최대직경 2.2m, 전장 약 32m, 사거리 약 3,500~4,300km.

대포동2 개량형 : 대포동2의 개량형. 2단식의 액체연료로켓에 고체연료로켓을 탑재한 것으로 일설에는 사거리가 크게 연장되어 약 5,400~6,700km라고 한다. 2012년 4월에 발사된 은하3호는 대포동2의 개량형이었다고 한다.

NKSL-X-2 : 상세내용은 불명확하지만, 북한이 개발을 목표로 하는 대포동2의 발전형 ICBM.

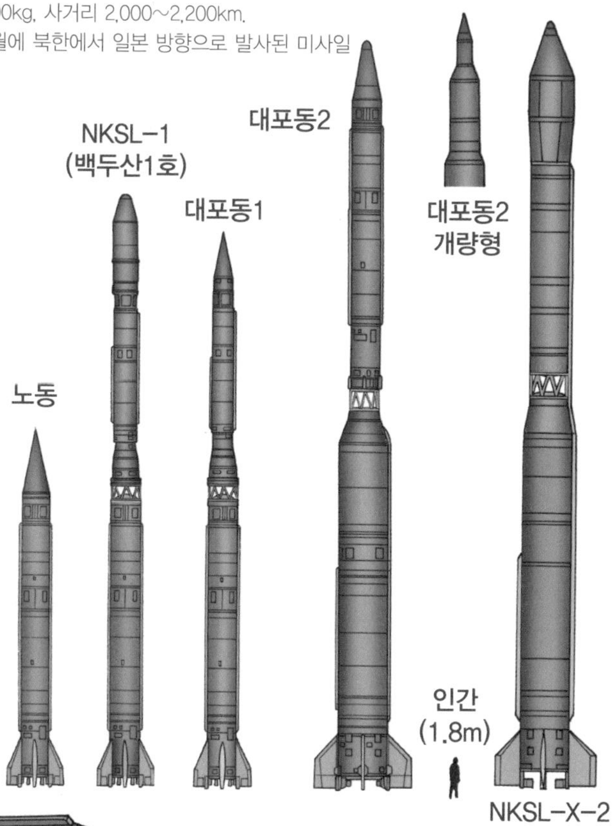
NKSL-1
(백두산1호)
대포동2
대포동1
대포동2
개량형
노동
인간
(1.8m)
NKSL-X-2

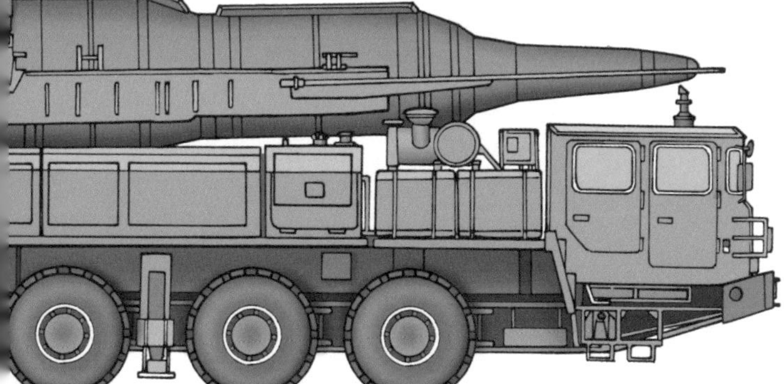

*CEP190m=이것은 최상의 조건에서 측정한 수치로, 실제 CEP는 3,000m라는 설도 있다.

33. 이란의 탄도미사일

이스라엘에 대항하기 위해 개발을 추진

중동지역에서 핵과 탄도미사일의 개발은 이스라엘의 핵 보유에 영향을 받은 바가 컸다. 핵무장한 이스라엘에 대항하는 데는 핵무장 외에 달리 방법이 없다는 논리에서였다.

실제로 이란의 핵 개발은 제4차 중동전쟁을 분기점으로 시작됐다. 그 후 1979년 이슬람 혁명에 의해 일시 중단되었지만, 1984년에는 원자력연구소를 완성시켰으며, 1990년대에는 소량이지만 플루토늄 추출에 성공했다. 그 후에도 착실히 핵 기술을 향상시키고 2009년에는 핵무기로 전용 가능한 저농축 우라늄을 확보하여 머지않아 플루토늄을 생산하는 중수로 개발에 성공했다. 이란은 자국의 핵개발 기술은 무기로 전용하기 위한 것이 아니라고 표명하고 있지만, 국제사회는 그렇게 보지 않고 있다.

이란의 탄도미사일은 구 소련제 SRBM 스커드를 토대로, 북한의 역설계 기술 협력에 의해 발전해 왔다. 현 단계에서는 사거리가 2,000km를 넘는 정도의 IRBM을 보유하고 있지만, 미래에는 사거리 5,500km를 넘는 장거리탄도미사일 개발에 성공할 것으로 전망된다.

● 이란 탄도미사일의 사거리

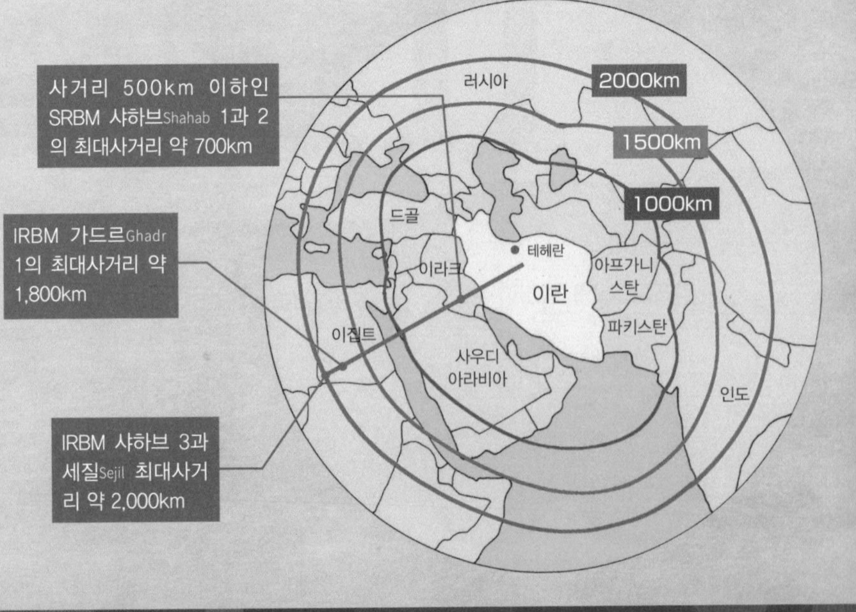
사거리 500km 이하인 SRBM 샤하브Shahab 1과 2의 최대사거리 약 700km
IRBM 가드르Ghadr 1의 최대사거리 약 1,800km
IRBM 샤하브 3과 세질Sejil 최대사거리 약 2,000km
러시아
2000km
1500km
1000km
드골
테헤란
이라크
이란
아프가니스탄
파키스탄
이집트
사우디 아라비아
인도

● 이란의 탄도미사일

샤하브1 및 2 : 샤하브1은 구소련 *스커드B에서 개량된 단탄두식 SRBM. 이란 · 이라크전쟁에서 대량으로 사용되었다. 1단 액체연료로켓으로 사거리 285~330km. 직경 0.89m, 전장 약 11.2m, 최대발사중량 5,860kg, CEP 450m. 샤하브2는 스커드C에서 개량된 미사일로 사거리 300~700km. 직경 0.89m, 전장 약 12.3m, 최대발사중량 6,500kg, CEP 50m.

가드르1 : 2007년 이란 · 이라크전쟁 기념 퍼레이드에서 최초 공개된 미사일로 샤하브3의 발전형으로 알려져 있다(또는 샤하브3 개량형이 가드르일 가능성도 있다).

샤하브3 : 북한의 노동을 토대로 해서 개발된 1단 액체연료로켓으로 A 및 B 버전이 있다(2가지). 원형은 최대사거리 약 1,280km, 직경 1.32m, 전장 약 15.9m, 최대발사중량 15,850kg, CEP 190m. 개량형은 최대사거리 약 2,000km(일설에는 1,800km), 직경 1.2m, 전장 약 16.3m, 최대발사중량 16,250kg, 단탄두식.

세질 : 종래의 미사일과는 다른 이란 독자개발의 2단식 고체연료로켓으로 세질1 및 2가 있다. 세질1은 2008년에 발사 실험에 성공한 초기 모델로 사거리 약 1,930km. 이어서 세질2는 버전업을 도모하여 사거리가 2,000km 이상으로 연장된 모델. 2009년에 발사 실험에 성공했다. 직경 1.5m, 전장 약 19m, 중량 26,000kg, 단탄두식.

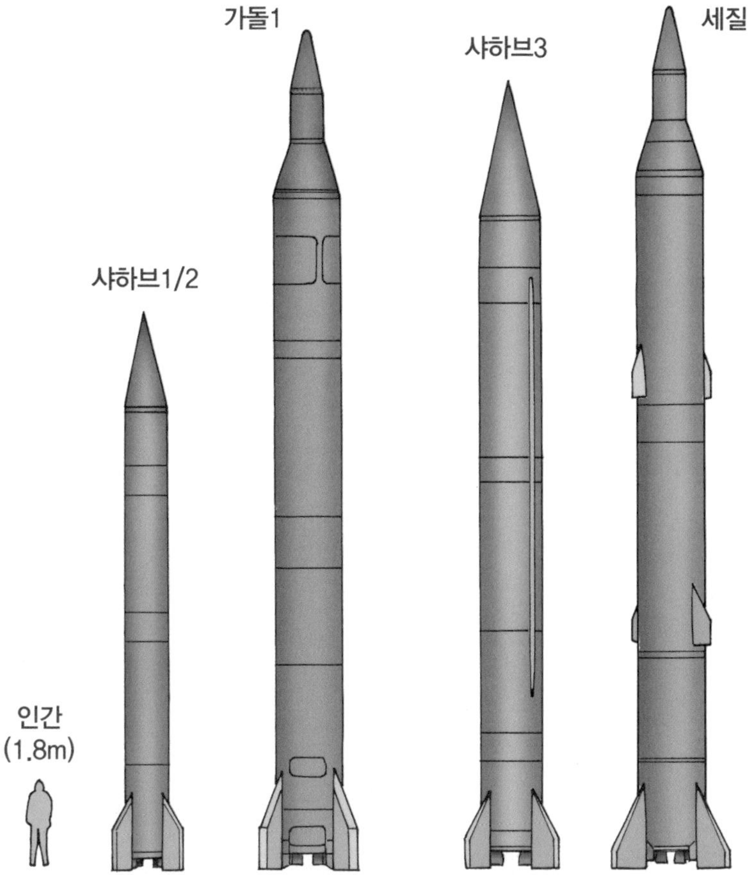
가돌1
세질
샤하브3
샤하브1/2
인간
(1.8m)

*스커드B에서 개량= 개량형이라기 보다는 스커드B의 이란 생산 모델이라고 하는 편이 맞을지도 모른다.

34. 인도와 파키스탄의 탄도미사일

대립관계인 인도와 파키스탄의 탄도미사일

중국을 가상 적국으로 상정하고 핵무장을 추진하면서 탄도미사일을 개발해 온 *인도는 SRBM 프리트비Prithvi 시리즈, IRBM 아그니Agni 시리즈를 보유하고 있다. 한편, 1947년 건국부터 인접국 인도와 대립관계에 있는 파키스탄은 1998년에 *핵실험에 성공하면서 IRBM 샤힌Shaheen 1과 2를 개발했는데 그 뒤에는 중국의 지원이 있었다. 중국은 파키스탄에 핵과 탄도미사일 기술을 제공함으로써 인도를 견제했던 것이다.

● 인도와 파키스탄의 탄도미사일

아그니1 : 민간 인공위성 발사용 로켓 SLV-3의 추진시스템을 전용한 1단식 고체연료로켓. 사거리 500~700km의 SRBM으로 직경 1m, 전장 15m, 중량 약 12,000kg. 관성유도방식으로 페이로드는 약1,000kg, HE 및 핵탄두 탑재.

아그니2 : 아그니1을 1단째, 프리트비를 2단째에 조합시킨 2단식 고체연료로켓. 사거리 2,000~3,000km의 IRBM으로 직경 1m, 전장 20m, 중량 약 16,000kg. 관성유도방식으로 HE 및 핵탄두 탑재.

아그니3 : 사거리 3,000~5,500km의 IRBM으로 직경 2m, 전장 17m, 중량 약 5,500kg. GPS에 의한 종말유도기능이 있는 관성유도장치를 탑재. 이로 인해 CEP는 40m 정도까지 향상됐다. 2단식 고체연료로켓, HE 및 핵탄두 탑재.

샤힌1 : 중국의 수출용 미사일 M-9과 M-11을 토대로 해서 개발된 1단식 고체연료로켓의 SRBM. 최대사거리 약 750km, 직경 1m, 전장 약 12m, 중량 약 9,500kg. 페이로드는 250~500kg. TEL에 의한 이동발사방식으로 2003년부터 실전 배치되었다.

샤힌2 : 중국의 M-18 개발 프로그램을 토대로 파키스탄이 개발한 2단식 고체연료로켓의 IRBM으로 1999년에 최초 발사 실험을 실시했다. 사거리 약 2,500km, 직경 1.4m, 전장 17.5m(19m라는 설도 있다), 중량 약 25,000kg. 페이로드는 1,050kg정도(재돌입체의 중량)으로 알려져 있다. CEP는 50m 정도. 샤힌1과 같이 TEL차량에 의한 이동발사방식으로 2004년부터 배치가 진행됐다.

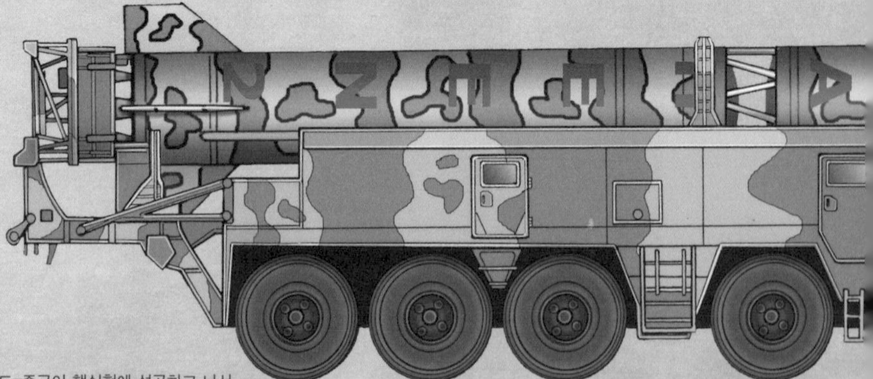

*인도=중국이 핵실험에 성공하고 나서
10년 후인 1974년 5월에 최초의 핵실험을 실시. 6번째 핵보유국이 되었다. 아그니 시리즈는 중국을 사거리 내에 두고 있다.
*핵실험=파키스탄의 핵실험은 북한이 보유한 플루토늄형 원폭의 대리 실험이었다고 하는 설도 있다.

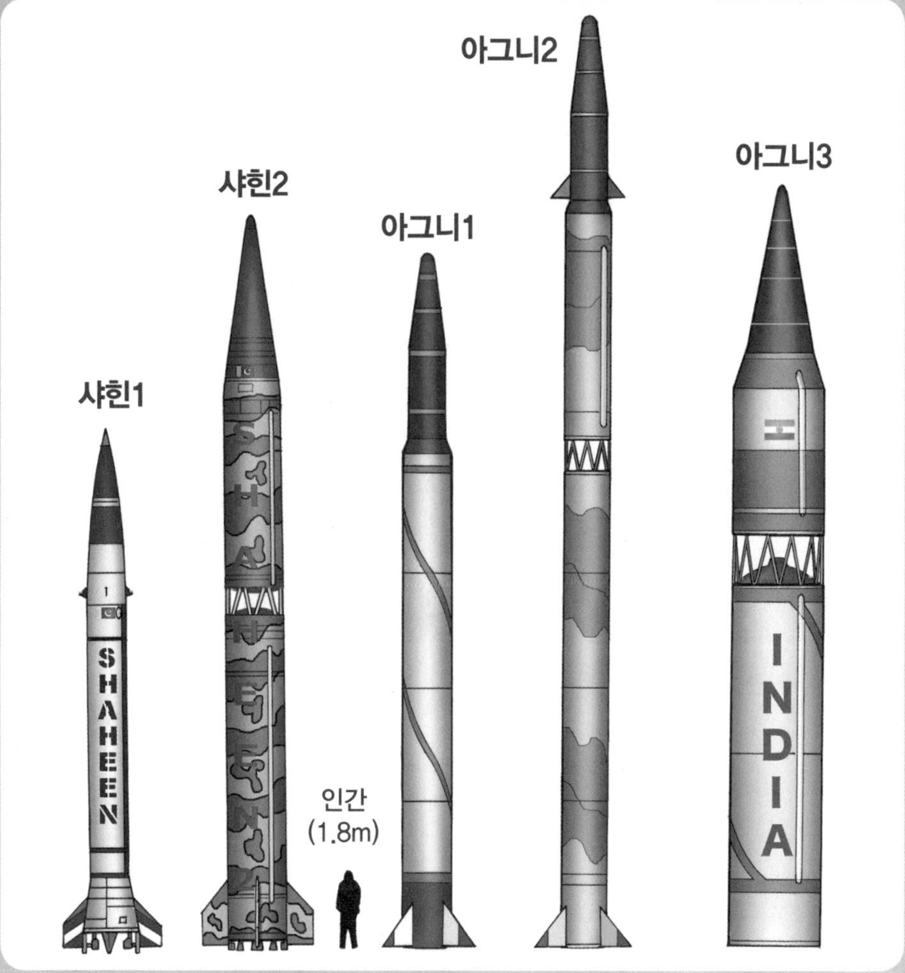
샤힌1
샤힌2
아그니1
아그니2
아그니3
인간
(1.8m)
SHAHEEN
INDIA

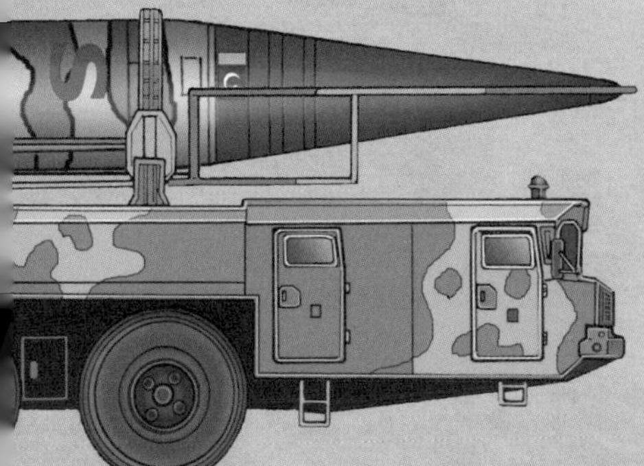

●샤힌2 탑재 TEL

파키스탄의 IRBM 샤힌2는 일러스트와 같이 전용 12륜 전륜구동식 TEL차량에 탑재해서 운용되기 때문에 지형에 의한 운용 제한이 적다. 발사 시에는 미사일에 부하가 걸려서 파손되지 않도록 발사대겸 지지대에 미사일을 직립시켜 발사한다. 샤힌2는 2000년 3월에 파키스탄의 수도 이슬라마바드에서 펼쳐진 군사 퍼레이드에서 최초 공개되었고 2004년부터 실전 배치되었다.

35. ICBM 발사 차량

적의 공격을 받고 반격하기 위한 방법

●철도 이동형 미사일 열차

미니트맨Ⅲ나 피스키퍼에는 어디에서라도 발사할 수 있도록 철도발사방식에 의한 방법이 고려되었고 실제로 일반 철도를 사용한 이동식 미니트맨 계획이 있었다. 이것은 미니트맨의 이동용 컨테이너와 발사기를 겸하는 미사일 론처 차 3량에 발사제어와 지원용 차량 등을 합한 계 11량의 차량으로 전략미사일 발사중대를 편성하고, 3중대에 항공단(제4062이동식미사일항공단)을 편성하는 것이었다. 1960년 12월 시험적으로 부대 운용이 개시되었지만 1962년 2월에 종료되었다. 아래의 일러스트는 피스키퍼의 미사일 열차의 편성. 이와 같은 편성으로 운용될 예정이었지만 계획단계에서 종료되었다. 비슷한 미사일 열차는 소련에서도 개발되고 있었다.

❶❷기관차 ❸연료차 ❹메인터넌스/자재차 ❺세큐리티차 ❻❼❽미사일 발사차 ❾발사제어차 ❿미사일 발사차 ⓫세큐리티차

발사제어차

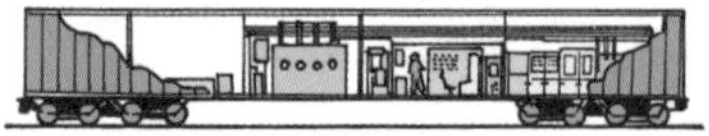

미사일 발사차

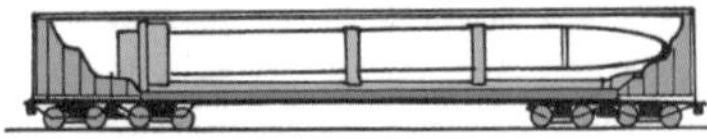

세큐리티차

메인터넌스/자재차

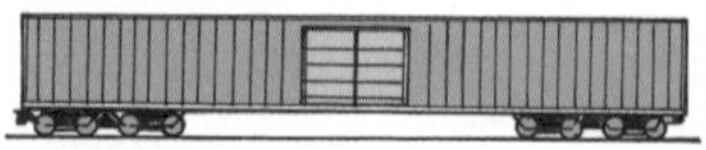

1
2

동서냉전 당시의 ICBM은 사일로 내에 설치되었던 고정발사식이었다. 머지않아 미사일 명중률과 위력이 증가되어 사일로만을 공격할 수 있을 만큼 발전되자 적의 공격을 받고서 어떻게 반격하는가가 큰 문제가 되었다. 적은 최초에 발사시설을 공격해 오기 때문이다.

미국에서는 ICBM에 높은 생존성을 부여하기 위해 철도와 차량에 싣고 이동식 발사대에서 발사하는 방법이 검토되었다.

이렇게 해서 실제로 *철도 이동형 미사일 열차와 이동식 미사일 발사차량이 개발되었지만, 어느 것도 실전 배치되지는 않았다.

*철도 이동형 미사일 열차=유타주와 네바다주에 방공호를 겸한 지하 터널을 5,000개 가까이 파서 내부에 철도를 깔고 미사일을 탑재한 열차를 달리게 하여 소재를 감추고 발사할 때에는 터널 상부의 토사를 제거하고 미사일을 발사한다는 방대한 구상도 있었다(너무 비용이 많이 들기 때문에 계획 중지). *HML=Hardened Mobile Launcher의 약자.

● 이동식 미사일 발사차량 HML

SICBM(소형대륙간탄도탄) 미제트맨을 탑재한 이동발사기 겸 수송차량 HML. 시험 차량이 개발되었지만, 동서냉전의 종결과 함께 전략방침의 재검토 등으로 결국 취소되었다.

미사일 발사부
견인차량

보잉과 제너럴 다이내믹스에서 HML을 개발했지만, 채용된 것은 보잉의 제품이며 미사일 발사기는 유압으로 위아래로 움직여 발사 시 안정을 확보하도록 되어 있다.

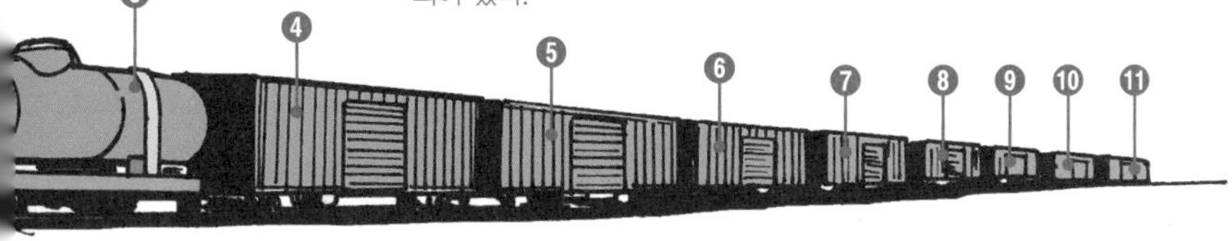
3
4
5
6
7
8
9
10
11

36. 핵무기(1)

핵분열을 이용한 원자탄의 구조

실제로 사용되면 인류를 멸망시킬 뿐 아니라 지구를 파멸시킬 정도의 위력을 가진 것이 핵무기이다. 그 형태는 미사일에서 포탄까지 여러 가지가 있고 위력도 다양하지만, 구조적인 면에서 크게 분류하자면 원자탄, 수소폭탄, 중성자탄의 3가지로 분류할 수 있다. 셋 모두 물질을 구성하는 원자의 핵(양자와 중성자로 구성된다) 구조를 이용한 것이다.

원자탄은 핵분열을 이용하고 있다. 1개의 핵물질(우라늄 또는 플루토늄)의 원자에 중성자를 충돌시키면 2개로 분열하고 그때 2개의 중성자와 32피코와트pW의 에너지를 방출한다. 방출된 중성자는 또 다른 원자에 충돌해서 같은 반응을 반복하고 그 반응이 연쇄적으로 반복됨으로써 방대한 에너지가 방출된다. 이것을 핵분열 연쇄반응이라고 하는데 반응은 100만분의 1초라는 단시간에 일어나고, 방출되는 에너지는 0.45kg의 우라늄 235로 36조 와트 이상이나 된다.

우라늄과 플루토늄은 특정 조건 하에서 일정량이 모이면 자연적으로 핵분열을 일으키는 성질이 있다. 이것이 임계이고 그 양을 임계량이라고 한다. 핵폭탄에는 이 성질을 이용해서 핵물질을 여러 개로 쪼개서 폭탄에 넣어두고 사용 시에 폭약을 사용해서 그것들을 급격히 한 덩어리로 만듦으로써 임계량에 도달시켜 핵분열을 일으키는 것이다.

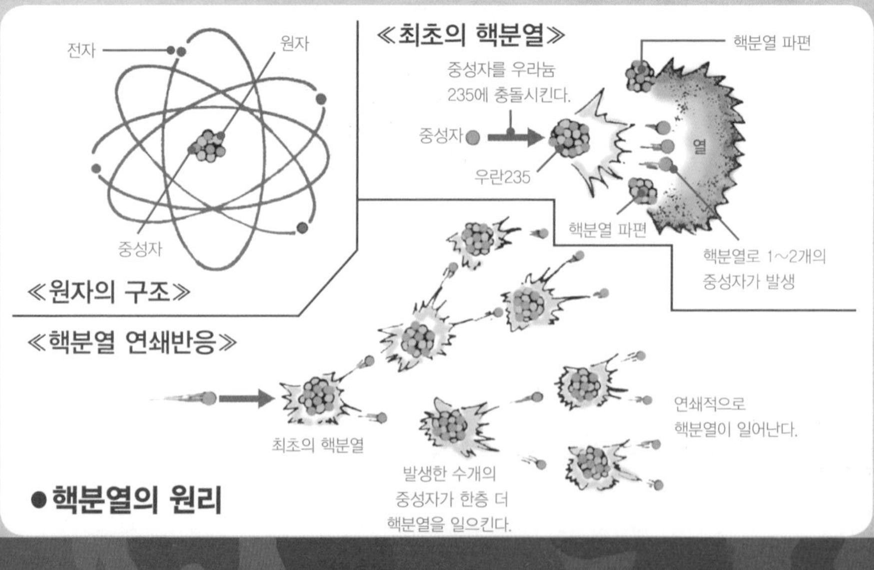

전자
원자
중성자
≪원자의 구조≫
≪최초의 핵분열≫
중성자를 우라늄 235에 충돌시킨다.
중성자
우란235
핵분열 파편
열
핵분열 파편
핵분열로 1~2개의 중성자가 발생
≪핵분열 연쇄반응≫
최초의 핵분열
발생한 수개의 중성자가 한층 더 핵분열을 일으킨다.
연쇄적으로 핵분열이 일어난다.

● 핵분열의 원리

●원자탄의 구조

≪포신형: 리틀보이≫

우라늄235를 사용한 단순한 구조의 원자탄. 폭탄내부의 포신형 관에 임계질량의 반 정도로 나눈 우라늄235를 분리해서 두고, TNT 폭약의 폭발력으로 순간적으로 양자를 일체화함으로써 핵분열을 일으킨다. 히로시마에 투하된 원자탄은 바로 이 타입이었다. .

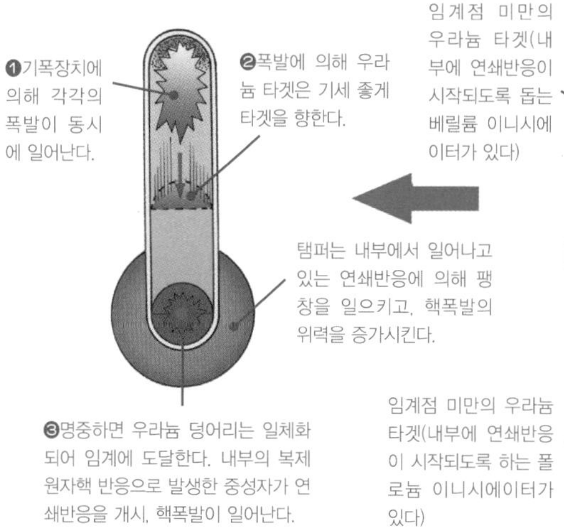
❶기폭장치에 의해 각각의 폭발이 동시에 일어난다.
❷폭발에 의해 우라늄 타겟은 기세 좋게 타겟을 향한다.
탬퍼는 내부에서 일어나고 있는 연쇄반응에 의해 팽창을 일으키고, 핵폭발의 위력을 증가시킨다.
❸명중하면 우라늄 덩어리는 일체화되어 임계에 도달한다. 내부의 복제 원자핵 반응으로 발생한 중성자가 연쇄반응을 개시, 핵폭발이 일어난다.

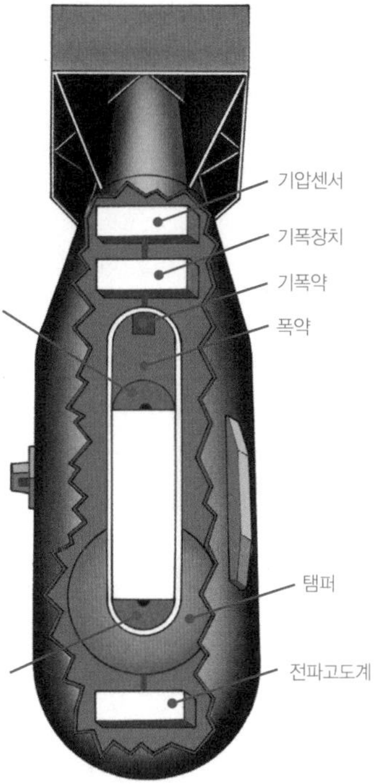
기압센서
기폭장치
기폭약
폭약
임계점 미만의 우라늄 타겟(내부에 연쇄반응이 시작되도록 돕는 베릴륨 이니시에이터가 있다)
탬퍼
임계점 미만의 우라늄 타겟(내부에 연쇄반응이 시작되도록 하는 폴로늄 이니시에이터가 있다)
전파고도계

≪인플로전형 : 팻 맨≫

플루토늄239를 사용한 폭축형 원자탄. 속이 빈 구 형태의 플루토늄239를 중심에 두고 주위를 구 형태의 우라늄 탬퍼로 덮은 다음, 그 주위를 덮는 TNT 폭약을 동시에 폭발시켜 충격파로 급격히 안쪽으로 압축, 응축시킴으로써 임계질량에 도달시켜 핵분열을 일으키는 구조. 이 모델은 나가사키에 투하되었다.

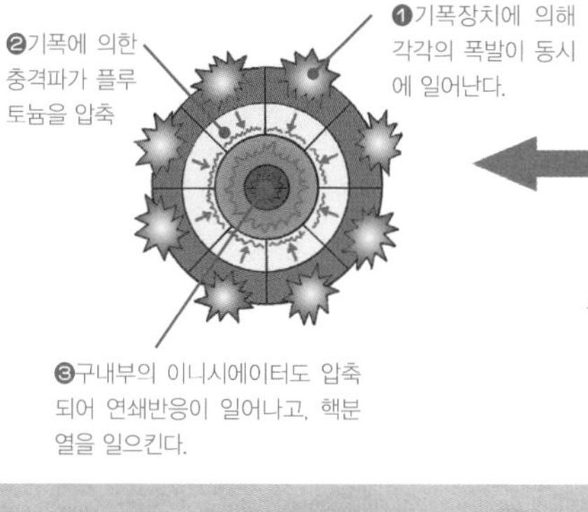
❶기폭장치에 의해 각각의 폭발이 동시에 일어난다.
❷기폭에 의한 충격파가 플루토늄을 압축
❸구내부의 이니시에이터도 압축되어 연쇄반응이 일어나고, 핵분열을 일으킨다.

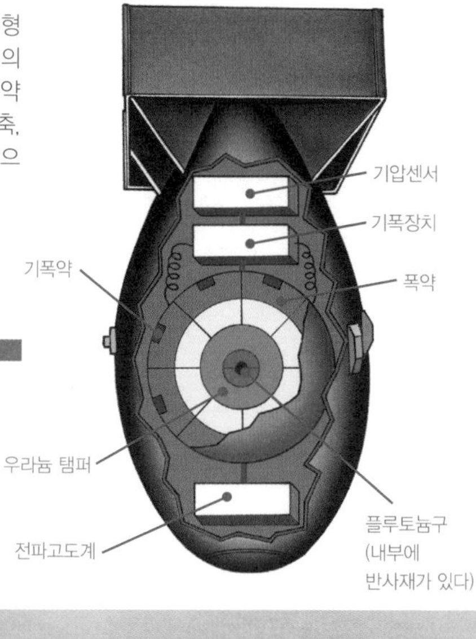
기압센서
기폭장치
기폭약
폭약
우라늄 탬퍼
전파고도계
플루토늄구 (내부에 반사재가 있다)

37. 핵무기(2)

원자탄을 상회하는 수소폭탄의 위력

원자탄은 핵분열을 이용하지만 *수소폭탄은 핵융합을 이용하기 때문에 핵융합폭탄이라고도 불린다. 핵융합이란 원소의 원자핵끼리 융합해서 다른 원소의 원자핵이 되는 작용으로 수소와 같이 가벼운 원소의 융합으로도 무거운 원소의 핵분열 반응을 상회하는 큰 에너지를 발생시킬 수 있다.

핵융합에는 다양한 방법이 고려될 수 있는데 가장 반응시키기 쉽고 실용성이 높다고 여겨지는 것이 중수소와 삼중수소를 이용한 반응(D-T반응)이며, 수소폭탄 외에 일반 핵융합로에서의 이용도 고려되고 있다. 이 반응에서 방출되는 에너지는 핵분열과 비교해서 훨씬 적지만 원자 자체가 작기 때문에 동량의 핵분열 물질을 방출하는 에너지 총량에 비교하면 그 몇 배의 에너지를 얻을 수 있다. 또한 반응에서 방출되는 중성자도 우라늄238의 원자핵을 분열시킬 정도로 높은 에너지를 가지고 있고, 게다가 핵융합 반응에서는 핵분열과 같은 임계질량에 관한 위험이 없다는 장점이 있다.

오늘날 ICBM의 탄두에 탑재되고 있는 것은 수소폭탄으로 수소폭탄을 실용화하고 있는 국가는 미국, 러시아(구 소련), 영국, 프랑스, 중국 뿐이다.

▼핵융합 원리

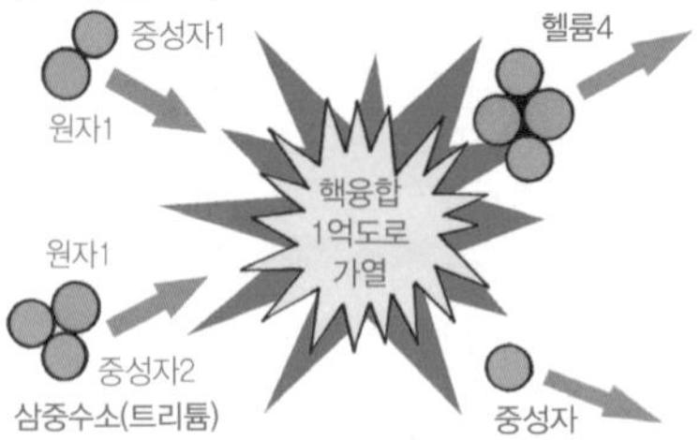
중수소(듀트리움)
중성자1
원자1
헬륨4
핵융합
1억도로
가열
원자1
중성자2
삼중수소(트리튬)
중성자

핵융합 반응을 일으키기 위해서는 섭씨 1억도의 고온이 필요한데, 이를 위해 원자탄의 핵분열 반응에서 나오는 방사선과 초고온, 초고압을 이용한다. 참고로 1g의 중수소와 삼중수소의 핵융합 반응에서는 8톤의 석유를 태운 것과 같은 열량이 발생한다.

▼W88핵폭탄

W88핵폭탄은 트라이던트 미사일의 핵폭탄으로 로스아라모스 연구소에서 개발되었던 열핵탄두(수폭). 핵 최대출력 475K톤. 핵탄두의 구조는 공표되지 않았지만 일러스트는 상상도이다. 직경 0.55m, 전장 1.75m, 중량 360kg 미만으로 알려져 있다.

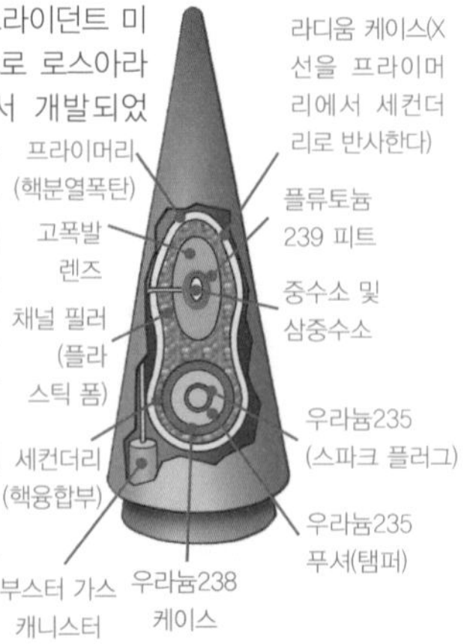
라디움 케이스(X선을 프라이머리에서 세컨더리로 반사한다)
프라이머리(핵분열폭탄)
플류토늄 239 피트
고폭발 렌즈
중수소 및 삼중수소
채널 필러 (플라스틱 폼)
우라늄235 (스파크 플러그)
세컨더리 (핵융합부)
우라늄235 푸셔(탬퍼)
부스터 가스 캐니스터
우라늄238 케이스

*수소폭탄=여기서 말하는 수소란 중수소이며 보통의 수소(원소기호 H)와는 다르다. 수소폭탄(수폭)은 중수소의 열핵반응을 이용하기 때문에 열핵폭탄(열핵무기)라고도 불린다.

●수소폭탄의 구조

일러스트는 텔러-울럼Teller-Ulam형(핵융합 연료의 압축과 가열로 원자탄의 방사에너지를 이용하는 방식)의 수소폭탄 Mark.15 mod.3의 구조. 미국이 1950년대에 개발한 초기형 수소폭탄으로 레드스톤 탄도미사일과 SM-62 스나크 순항미사일의 탄두로 배치된 Mark39의 토대가 되었다.

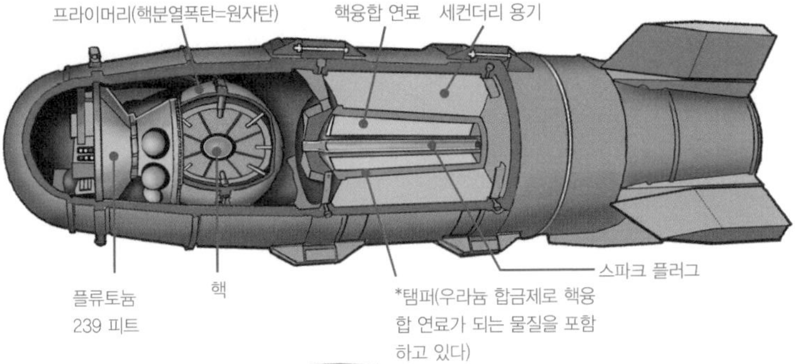
프라이머리(핵분열폭탄=원자탄)
핵융합 연료
세컨더리 용기
스파크 플러그
플루토늄
239 피트
핵
*탬퍼(우라늄 합금제로 핵융합 연료가 되는 물질을 포함하고 있다)

1.

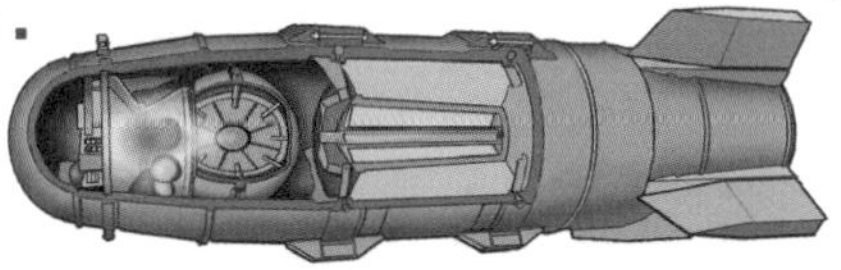

기폭장치(고성능탄약)이 폭발해서 프라이머리(핵분열폭탄)인 핵(플류토늄 등)을 압축한다

2.

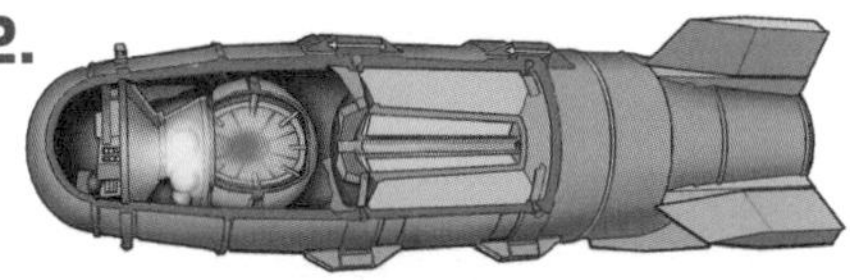

프라이머리가 임계까지 압축되면 핵분열 반응을 시작한다.

3.

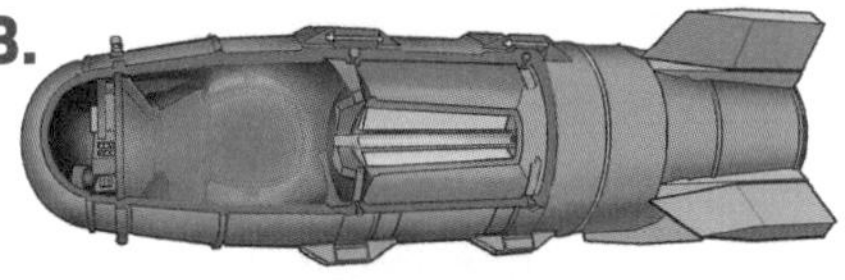

프라이머리의 온도가 수백만도까지 오르고, γ선과 강력한 X선을 방사하면서 세컨더리(핵융합 연료) 외층부 용기와 탬퍼 부분을 가열한다

4.

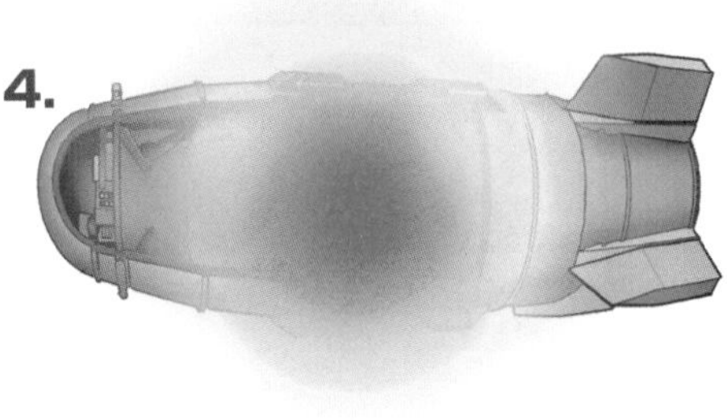

세컨더리 외층부가 고열로 인해 폭발 · 팽창하면서 핵융합 연료와 스파크 플러그부를 압축한다. 그 결과 스파크 플러크가 핵분열을 개시한다. 이를 통해 핵융합 연료의 핵융합이 시작되며, 둥근 모양의 연소체가 생성되어 폭탄이 폭발한다.

*탬퍼=수소폭탄 핵출력(위력)의 대부분은 탬퍼의 핵분열 에너지에 의해 얻어지는 것으로 알려져 있다. 이 부분의 임계질량 문제로 폭탄 크기에 제한이 있었지만, 현재는 임계질량 이상의 핵물질에서 탬퍼를 제조할 수 있게 되었기 때문에 수소폭탄의 파괴력이 증대되고 있다.

38. 핵무기(3)

핵폭발의 파괴력은 어느 정도일까

●핵폭발의 위력과 피해

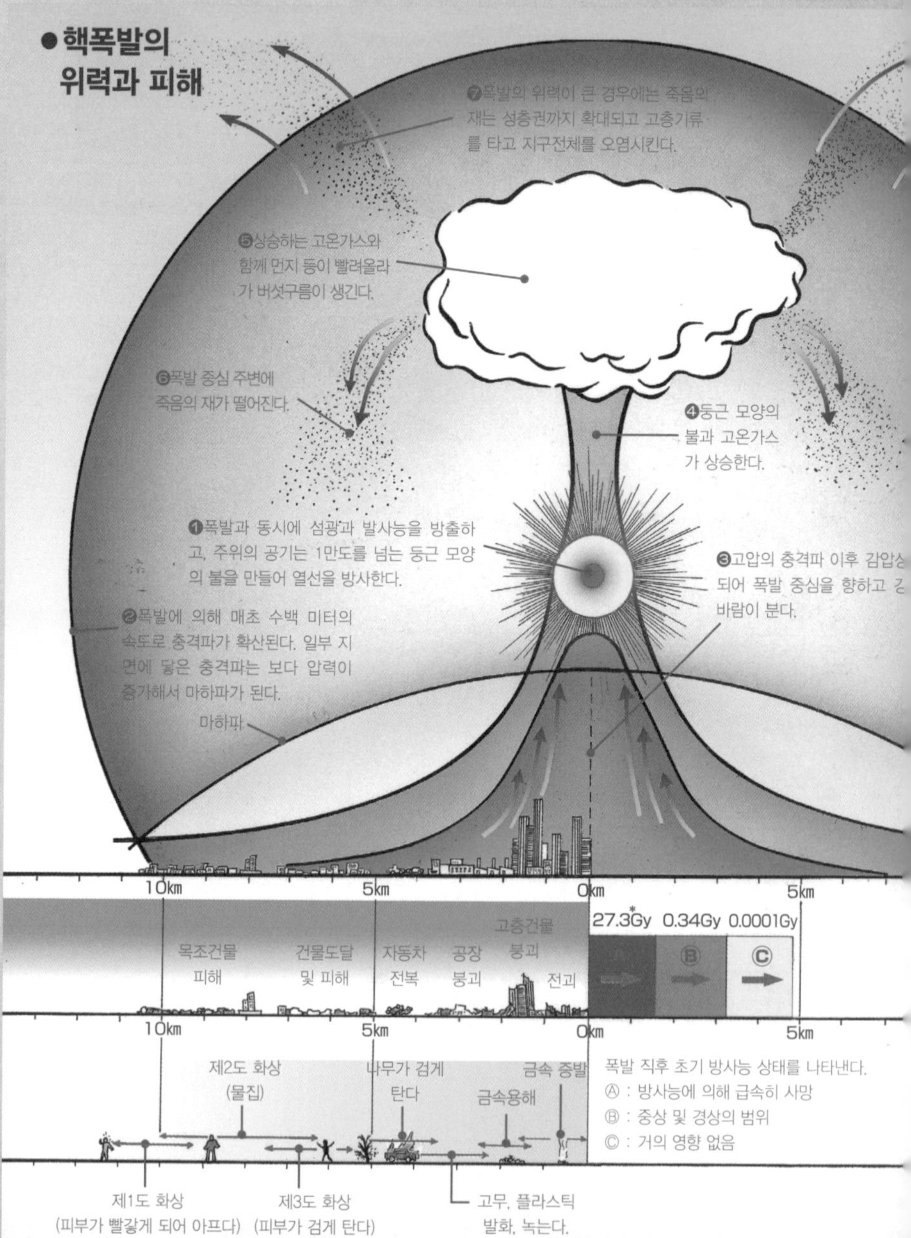
❼폭발의 위력이 큰 경우에는 죽음의 재는 성층권까지 확대되고 고층기류를 타고 지구전체를 오염시킨다.
❺상승하는 고온가스와 함께 먼지 등이 빨려올라가 버섯구름이 생긴다.
❻폭발 중심 주변에 죽음의 재가 떨어진다.
❹둥근 모양의 불과 고온가스가 상승한다.
❶폭발과 동시에 섬광과 발사능을 방출하고, 주위의 공기는 1만도를 넘는 둥근 모양의 불을 만들어 열선을 방사한다.
❸고압의 충격파 이후 감압
되어 폭발 중심을 향하고
바람이 분다.
❷폭발에 의해 매초 수백 미터의 속도로 충격파가 확산된다. 일부 지면에 닿은 충격파는 보다 압력이 증가해서 마하파가 된다.
마하파
10km
5km
0km
5km
27.3Gy
0.34Gy
0.0001Gy
목조건물 피해
건물도달 및 피해
자동차 전복
공장 붕괴
고층건물 붕괴
전괴
Ⓑ
Ⓒ
10km
5km
0km
5km
제2도 화상 (물집)
나무가 검게 탄다
금속 증발
금속용해
제1도 화상 (피부가 빨갛게 되어 아프다)
제3도 화상 (피부가 검게 탄다)
고무, 플라스틱 발화, 녹는다.
폭발 직후 초기 방사능 상태를 나타낸다.
Ⓐ : 방사능에 의해 급속히 사망
Ⓑ : 중상 및 경상의 범위
Ⓒ : 거의 영향 없음

핵폭발의 위력은 무시무시하다. 제2차 세계대전 말기에 *히로시마와 나가사키에 투하된 원자탄조차 수많은 희생자를 발생시켰다. 이후 수소폭탄의 개발 등으로 핵무기의 파괴력은 비약적으로 증대되었으며, 그 위력은 메가톤급(1메가톤은 TNT 폭약 100만톤의 파괴력에 상당)에 도달하여, 일단 핵무기가 사용되면 그 피해를 헤아릴 수 없을 정도이다.

표는 200킬로톤 급의 핵무기가 어느 도시의 상공에서 폭발했을 경우의 피해상황을 나타낸 것이다. 현대의 핵은 그 정도 파괴력이 크지 않은 200킬로톤급으로 이정도 피해를 일으킨다고 상정된다. 게다가 킬로톤에서 메가톤이 되면 폭발은 입체적인 것이 되며, 그 파괴력은 삼승근에 비례해서 10배가 된다. 그러나 10배라고 하더라도 굉장한 것이다. 또한, 핵무기는 열선(고열로 증발, 연소를 일으킨다), 폭풍(충격파에 의한 파괴가 일어난다), 방사능(방사능은 생체조직에 악영향을 주며, 체조직을 직접 파괴하기도 한다)의 3가지 살상력을 가지고 있다.

미국의 핵폭발 실험에서 폭발 후 상승하는 버섯구름. 중심부의 노란색 부분은 둥근 모양의 폭염과 고온의 가스가 상승하고 있는 부분.

※ 왼쪽그림은 200k톤급(미국의 폴라리스A3 또는 소련의 SS-N-16, SS-17에 상당)의 핵무기가 폭발했을 경우를 나타낸다.

*히로시마와 나가사키에 투하된 원자탄=1k톤은 TNT 폭약 1,000톤의 파괴력에 상당한다. 예를 들면 히로시마에 투하된 폭탄의 파괴력은 TNT 폭약 12,500톤으로 12.5k톤이다. *Gy(그레이)=흡수한 방사선 에너지의 총량을 표시하는 단위. 방사선에 의해 1kg의 물질에 1쥬루의 에너지가 흡수될 때의 흡수선량을 1그레이로 한다.

39. 핵무기(4)

중성자탄은 '깨끗'한 핵무기일까?

핵무기 최초의 단계인 원자탄은 강력한 파괴력을 가지고 있지만, 동시에 핵분열 파편이 「죽음의 재」가 되어 광범위하게 확산되기 때문에 용이하게 사용할 수 없었다. 그래서 폭탄의 파괴력은 그대로(또는 그 이상) 둔 채 죽음의 재를 줄이는 것을 목적으로 개발된 것이 수소폭탄이다(그렇다고 하더라도 핵융합을 일으키기 위해서 원폭을 사용하기 때문에 어느 정도 죽음의 재는 발생한다). 그러나 이러한 폭탄은 사용한 지역을 모두 파괴해버리고 장기간에 걸쳐 방사능이 잔류하기 때문에 폭발 직후 그 지역을 활용하거나 군대가 진주할 수 없다.

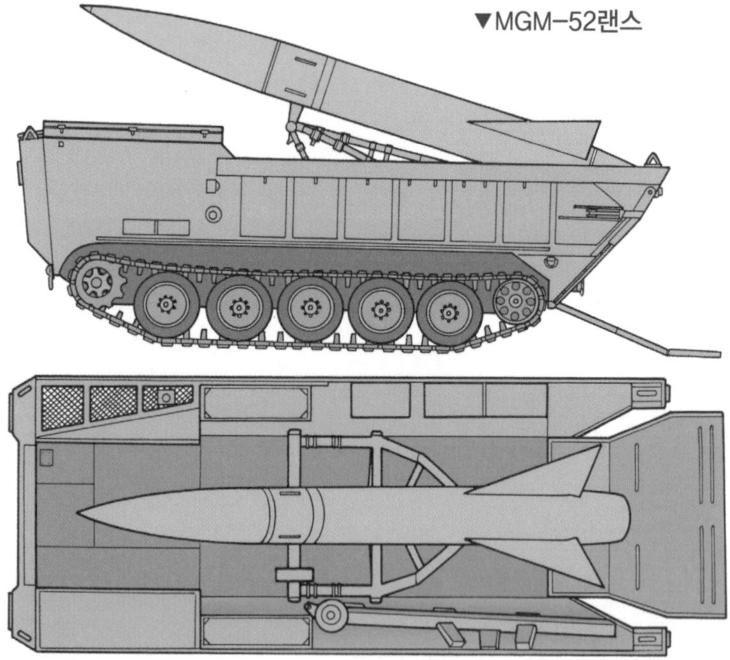

▼MGM-52랜스

미 육군이 1970년대부터 90년대 초반까지 운용했던 액체연료식 SRBM으로, W70 핵폭탄을 탑재할 수 있었는데, 이 탄두는 ER(방사선강화)탄두, 소위 중성자탄이었다. 랜스에는 A형(초기개발형), B형(사거리연장형), C형(생산형)이 있었다. C형은 직경 0.56m, 전장 6.1m, 발사중량 1,290kg, 사거리 125km.

*죽음의 재=방사성 낙하물. 핵무기와 원전폭발사고 등에서 발생한 방사성물질을 포함한 물질. *ER=Enhanced Radiation.

따라서 폭발에 의한 건물 등의 파괴를 가능한 줄이면서 인간만을 살상시키고 방사능도 단기간만 잔류하는 핵무기를 목표로 개발된 것이 중성자탄이었다.

중성자탄은 파괴력과 방사능의 잔류시간을 짧게 하기 때문에 가능한 한 작은 임계량의 핵물질로 핵분열을 일으키고 수소화합물을 융합하도록 되어 있다. 그리고 통상 핵폭탄이 남아있는 탄바 부분을 제거하는(실제로는 크롬과 니켈 등을 사용하고 중성자의 반사를 줄이는 것을 사용하고 있다) 것으로 핵융합에서 방출된 중성자를 그대로 대기 중에 방출하여 생물의 살상력을 높이고 있다. 중성자탄에는 폭풍과 방사열은 폭탄 전체 에너지의 20퍼센트 정도지만 방사선은 80퍼센트에 이른다(이 때문에 방사선 강화형 핵폭탄이라고도 불린다). 투과력이 강한 대량의 중성자선을 방출하는 것으로 인간을 살상시키지만 잔류하는 방사능은 적다. 이 때문에 폭탄을 사용한 지역도 단기간에 활용할 수 있게 되었다. 1980~1990년대는 「깨끗한 핵무기」로 주목받아 중성자탄은 SRBM과 핵포탄으로 배치되었지만, 현재는 배치하는 나라가 없다.

탄도미사일뿐만 아니라 중성자탄을 탄두로 탑재한 핵포탄 W79도 개발되었다. 이것은 위력을 한정시킨 지상발사식 전술핵무기로 203mm(8인치) 곡사포에서 발사되며, 1982~1992년까지 배치되어 있었다. 사진은 1953년 5월에 네바나 핵실험상에서 행해진 핵포탄의 실사 시험 장면으로 280mm M65 캐논포에서 발사된 W9 핵폭탄(핵분열탄두)의 모습이다. 핵포탄이 발사된 것은 이때 한 번뿐으로 중성자탄두 W79가 실제 발사된 일은 없었다.

그럼, 중성자탄의 위력은 어느 정도였을까? 일설에 의하면, 1킬로톤급의 중성자탄(TNT폭약 1,000톤의 위력에 상당)을 지상 120m에서 폭발시키면, 폭발중 심에서 반경 120m 이내의 것은 모두 완전히 파괴된다(인간도 즉사. 하지만 이 이상 떨어진 거리에 있는 건물은 파괴되지 않는다). 반경 800m까지의 인간은 5분 이내에 사망하며, 반경 900m에서는 5분 이상 생존하지만 기능장애를 일으켜서 최대한 버텨도 1주일 이내에 확실히 사망, 거리 1,200m에서는 일부 생존자도 있지만 대부분은 기능장애로 사망한다. 하지만 반경 2,000m 이상의 거리에서는 다소의 피폭은 일어나지만 생명에 영향은 없다고 알려져 있다.

40. 우주공간의 전투(1)

SDI(전략방위구상)의 형태는 지속 변화 중

1980년대 MAD(상호확증파괴)에 의해 핵 균등이 유지되었지만, 당시 미국 대통령이던 로널드 레이건은 이것으로 만족하지 않고, 미국이 우위에 서기 위한 SDI(전략방위구상)를 발표했다. 통칭 「스타워즈계획」으로 불렸던 SDI는 위성궤도에 미사일위성과 레이저위성, 조기경계위성 등을 배치, 이것들과 지상 배치형 요격시스템을 연계시켜 적이 발사한 탄도미사일을 비행 각 단계에서 요격하는 방식으로 미국 본토를 방위하려는 것이었다.

오른쪽 일러스트에서 알 수 있듯, 다양한 요격 및 공격시스템 구상되어 있었는데, 전자레일건이나 X선 레이저를 통한 미사일공격, 적 위성 공격 등을 계획, 각종 개발과 실험이 이루어졌는데, 이것이 실현되었다면 우주공간이 전장이 되었을 것이다 비록 기술적 미성숙으로 실용화에는 이르지 못했으나, 당시 경제적으로 피폐했던 소련이 군비확장을 포기하고, 그 결과로 냉전종결로 이어지는 등의 효과를 거두기도 했다.

*MAD=Mutual Assured Destruction.
*SDI=Strategic Defense Initiative.
*GPALS=Global Protection Against Limited Strike.
*TMD=Theater Missile Defense.
*NMD=National Missile Defense.
*BMD=Ballistic Missile Defense.
*ASAT=Anti-SATillite weapon. 위성공격무기라고도 부른다..

냉전 종식 이후 SDI는 소멸된 것처럼 보였

대기권외
조기경계위성
조기경계위성으로 미사일 발사탐지
우주공간의 거울
지상레이저로 공격
전자전이식 X선 레이저로 요격
궤도순회형 레이저위성으로 요격
부스트단계
대기권
적의 탄도 미사일
잠수함발사 전자전이식 X선 레이저

다. 하지만 걸프전쟁 당시, 탄도미사일의 위협이 높아지면서 GPALS(제한공격 범세계 방호체계)라는 이름으로 부활했으며, 클린턴 대통령 시대에는 TMD(전략미사일방위)란 이름으로 변화했다. 현재는 TMD와 NMD(국가미사일방위)를 통합한 다층적 미사일방위구상이 제안되어 심플하게 MD(미사일방위)로 불리고 있다.

과거의 미국 vs 소련의 우주공간에서의 전쟁은 현재 미국 vs 중국으로 메인 플레이어가 바뀐 전쟁으로 변화하고 있다.

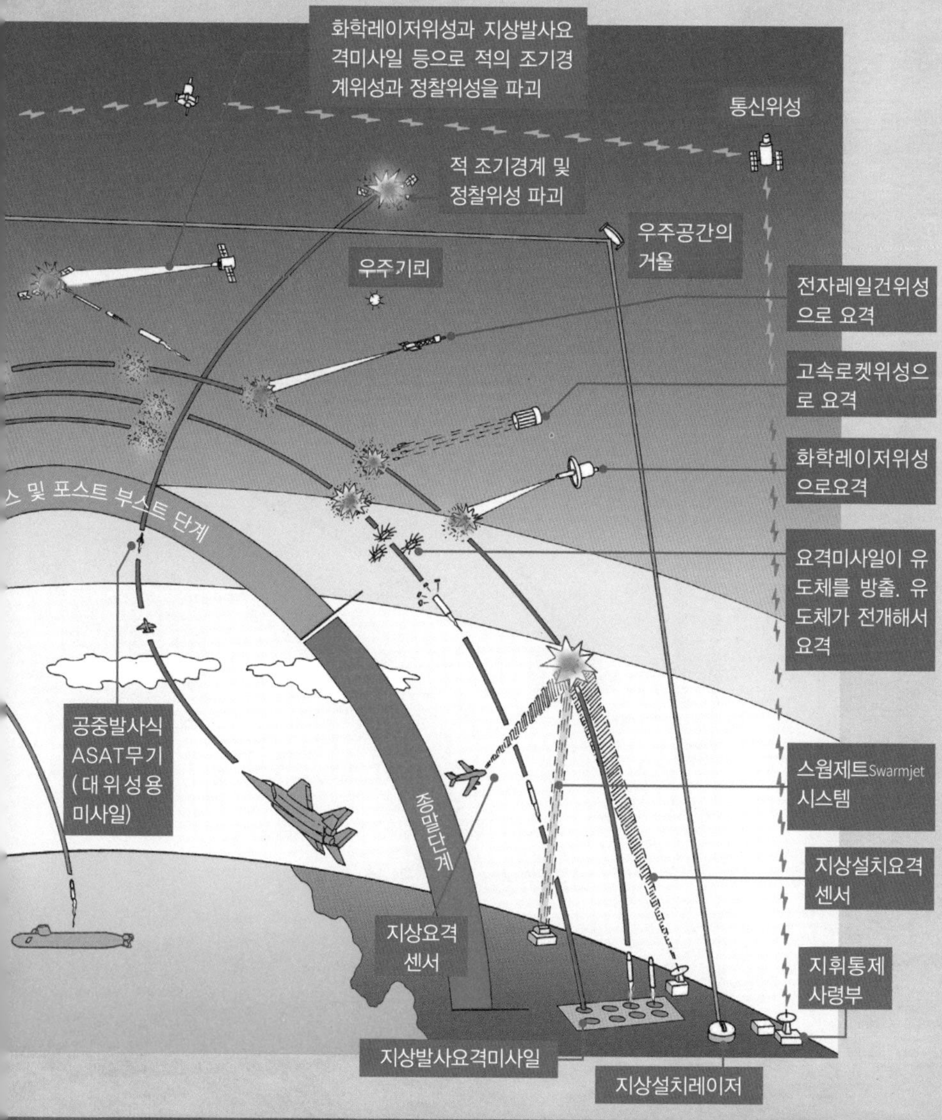
화학레이저위성과 지상발사요격미사일 등으로 적의 조기경계위성과 정찰위성을 파괴
통신위성
적 조기경계 및 정찰위성 파괴
우주공간의 거울
우주기뢰
전자레일건위성으로 요격
고속로켓위성으로 요격
화학레이저위성으로요격
스 및 포스트 부스트 단계
요격미사일이 유도체를 방출. 유도체가 전개해서 요격
공중발사식 ASAT무기 (대위성용 미사일)
종말단계
스웜제트Swarmjet 시스템
지상설치요격 센서
지상요격 센서
지휘통제 사령부
지상발사요격미사일
지상설치레이저

41. 우주공간의 전투(2)

중국이 대 위성 무기 개발에 매진하는 이유는?

현재도 활발히 이뤄지고 있는 중국의 우주 개발은 군사 이용과 일체화되어 있다. 그 목적의 하나로 지구궤도상의 인공위성을 공격하는 ASAT(대위성무기)의 개발을 들 수 있는데, 수상함과 잠수함에서도 발사할 수 있는 대위성용 미사일 개발을 목표로 하고 있는 것으로 보인다. 미국은 자국의 정찰위성에 대해 중국이 대위성무기로 레이더를 조사했던 일 등의 사례를 들어 중국이 우주공간에서도 패권을 잡으려고 하는 움직임을 견제하고 있다.

▼대위성용 미사일

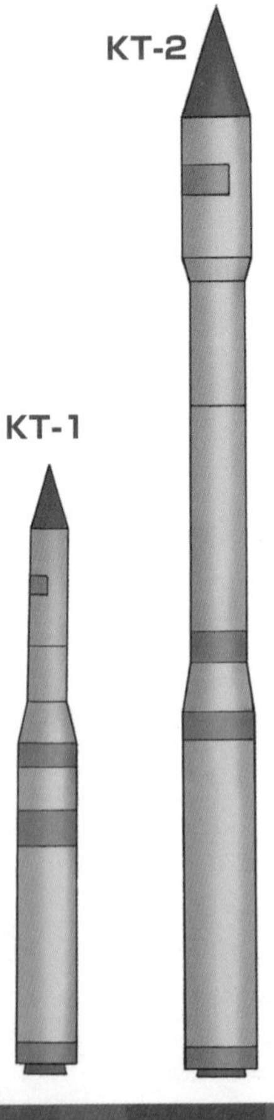
KT-2
KT-1

▼위성의 궤도

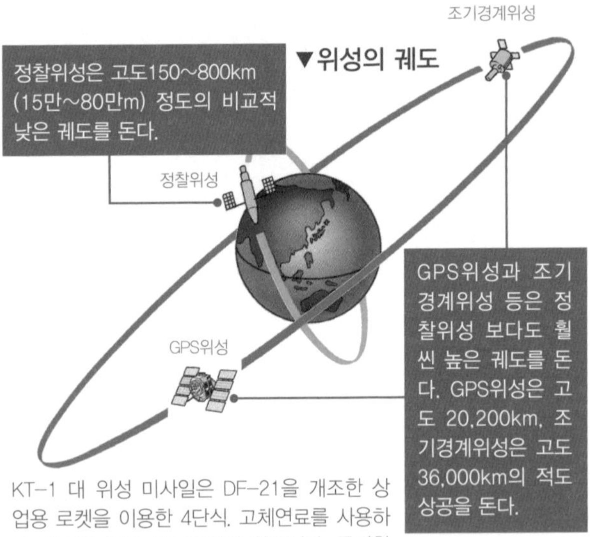
조기경계위성
정찰위성은 고도150~800km (15만~80만m) 정도의 비교적 낮은 궤도를 돈다.
정찰위성
GPS위성
GPS위성과 조기경계위성 등은 정찰위성 보다도 훨씬 높은 궤도를 돈다. GPS위성은 고도 20,200km, 조기경계위성은 고도 36,000km의 적도 상공을 돈다.

KT-1 대 위성 미사일은 DF-21을 개조한 상업용 로켓을 이용한 4단식. 고체연료를 사용하며 12시간 만에 발사준비가 완료된다. 특별한 설비 없이 TEL차량에서 발사가 가능하며 50kg의 탄두를 고도 600km까지 쏘아 올린다. KT-2는 정지궤도나 북극궤도에 300kg의 탄두를, KT-2A은 400kg의 탄두를 각각 쏘아 올릴 수 있다.

▼공중발사 대 위성 미사일

현재 개발 중으로 알려진 공중발사 대 위성 미사일. 미국에서도 1970~80년대에 걸쳐 ASM-135라는 미사일을 개발했지만, 실전 배치는 되지 않았다.

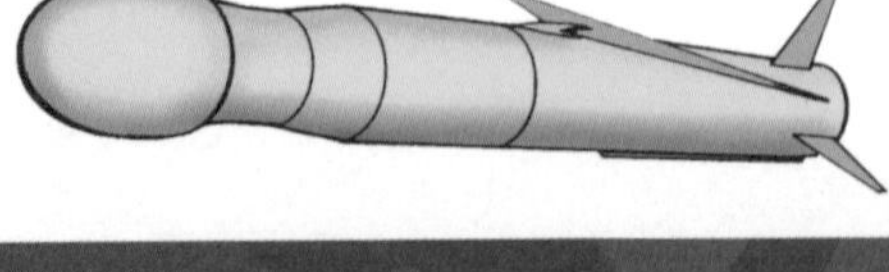

현대의 전투는 조기경계기와 무인정찰기 등의 센서가 해상 · 지상을 감시하고, 통신위성 등의 통신네트워크를 매개로 다양한 정보를 수집해서 효과적으로 전투를 행하게 되었다. 그러나 통신 네트워크 가운데 하나라도 파괴되면 군 조직이 제대로 기능할 수 없게 되는 위험이 있다. 통신위성이 복수 파괴되면 네트워크 기능을 상실하여 데이터 통신을 할 수 없게 되고, GPS위성이 파괴되면 확실한 위치정보를 알 수 없어, 발사한 미사일을 목표에 명중시키기 어려워진다.

미국을 제1의 가장적국으로 한 중국에 있어, 미국의 정보수집기능을 마비시키는 무기를 손에 넣는 것은 전략적으로 큰 의의를 가진다. 중국이 핵무기를 탑재한 탄도미사일의 개발과 함께 ASAT의 개발에 힘을 쏟는 이유가 바로 여기 있는 것이다.

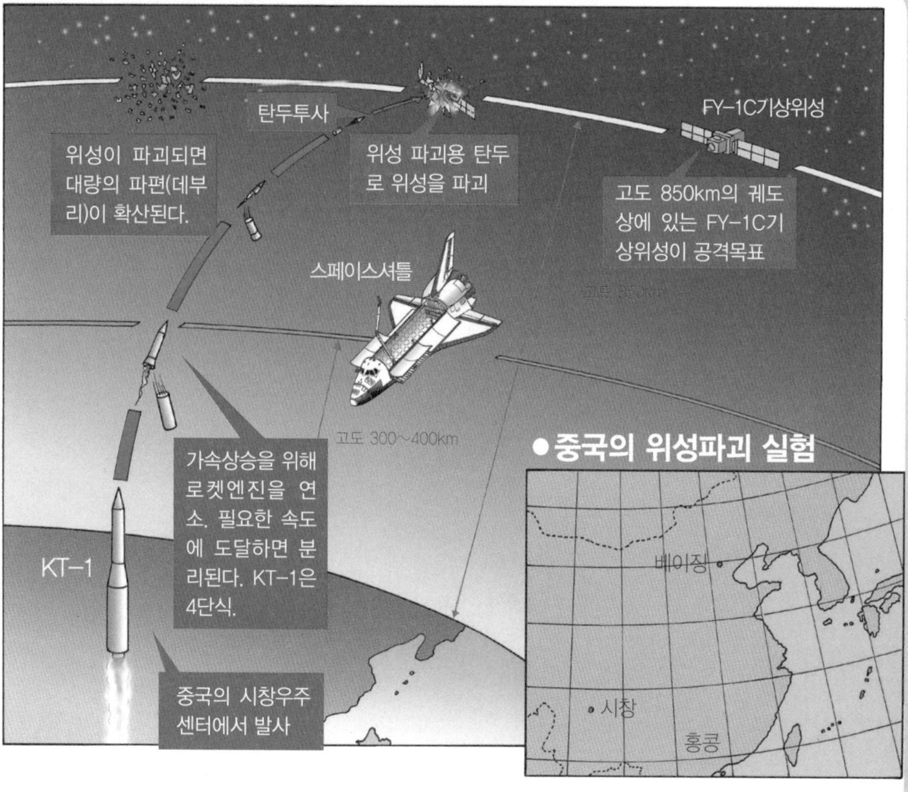

탄두투사
FY-1C기상위성
위성이 파괴되면 대량의 파편(데부리)이 확산된다.
위성 파괴용 탄두로 위성을 파괴
고도 850km의 궤도 상에 있는 FY-1C기상위성이 공격목표
스페이스셔틀
고도 300~400km
가속상승을 위해 로켓엔진을 연소. 필요한 속도에 도달하면 분리된다. KT-1은 4단식.
KT-1
중국의 시창우주 센터에서 발사
●중국의 위성파괴 실험
베이징
시창
홍콩

2007년 1월 11일, 중국은 KT-1으로 궤도를 순회하는 인공위성을 파괴하는 실험을 실시했다. 이 사실은 미국에 의해 명백히 밝혀졌으나, 중국은 어떤 발표도 하지 않았으며, 실험 사실을 인정한 것은 11일이 지난, 22일의 일이었다. 물론 실험 사실 이외에 상세한 내용은 일절 발표하지 않았다. 중국은 2014년에도 같은 실험을 실시했다.

42. 극초음속 활공체

PGS는 ICBM을 초월하는 무기가 될까

냉전시대부터 지금까지 핵무기(특히 ICBM)가 안전보장전략에서 수행해 온 역할은 크지만, 만약 미국과 러시아에서 수차례 반복되어 온 감축조약에 따라 핵무기가 감소된다고 한다면 다음은 무엇이 그 대체 역할을 할 것인가?

현재 미국이 개발을 추진하고 있는 것이 바로 *PGS(전 세계 신속 타격)라 불리는 신형무기다. ICBM처럼 지구상의 어느 장소에도 1시간 이내에 도달 가능하며, 그 위력을 행사할 수 있는 능력을 지닌다고 알려져 있다.

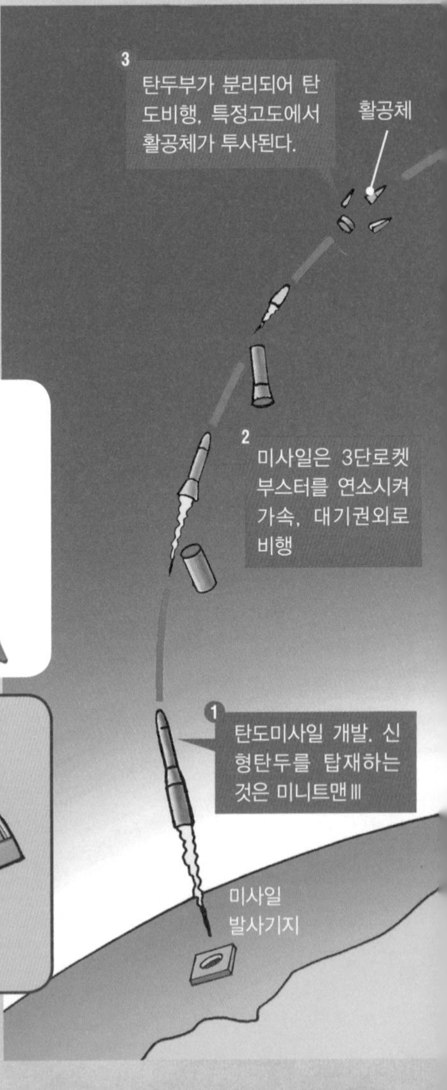
3
탄두부가 분리되어 탄도비행, 특정고도에서 활공체가 투사된다.
활공체
2
미사일은 3단로켓 부스터를 연소시켜 가속, 대기권외로 비행
1
탄도미사일 개발, 신형탄두를 탑재하는 것은 미니트맨Ⅲ
미사일
발사기지

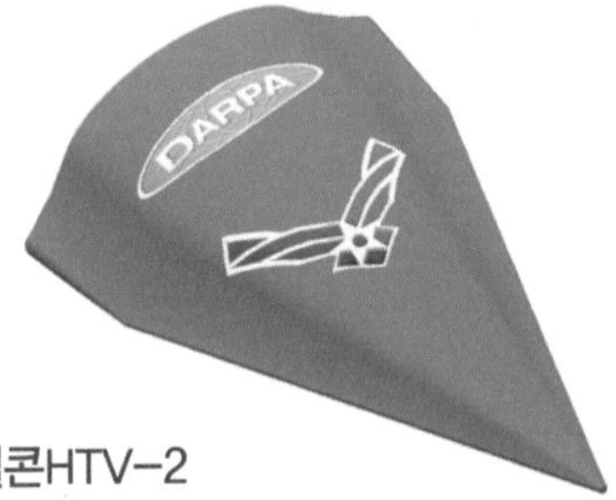
DARPA
▲팰콘HTV-2

▼활공체

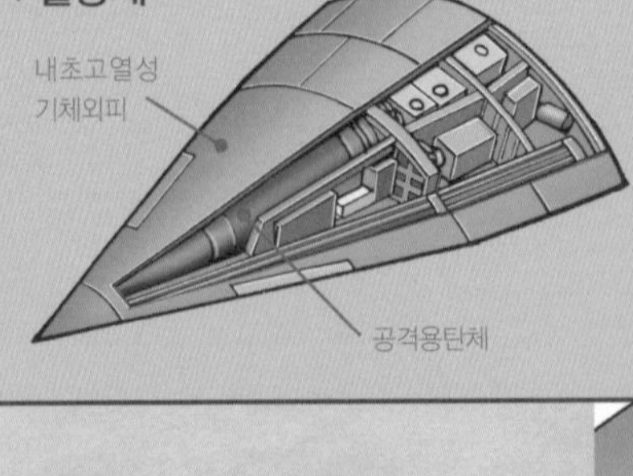
내초고열성
기체외피
공격용탄체

* PGS=Prompt Global Strike.
*HTV=Hypersonic Technology Vehicle.

PGS와 함께 주목받고 있는 것이 초음속순항미사일이다. B-52폭격기로 소정의 지점까지 운반된 후 발사되어 로켓부스터로 마하5 정도까지 가속, 그 후는 스크램제트(램제트의 일종)를 점화하여, 요격이 어려운 마하6 이상의 속도로 비행하는데, 1,000km를 10분 만에 비행하며 목표에 대해 핀 포인트 공격이 가능하다. 사진의 보잉 X-51은 초음속순항미사일 개발을 위한 시험기로 전장 7.9m, JP-7 제트연료를 사용하는 스크램제트엔진 2기가 탑재된다.

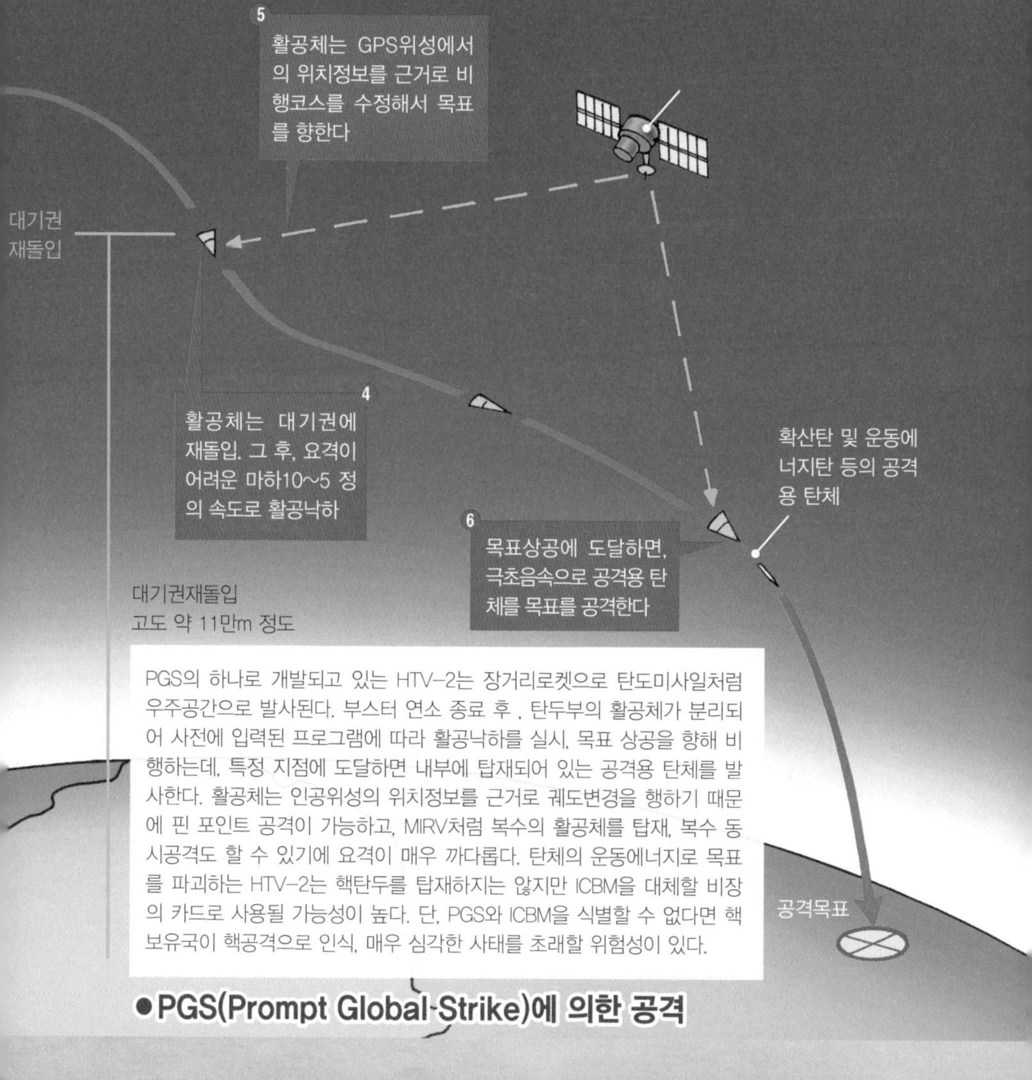
5
활공체는 GPS위성에서의 위치정보를 근거로 비행코스를 수정해서 목표를 향한다
대기권
재돌입
4
활공체는 대기권에 재돌입. 그 후, 요격이 어려운 마하10~5 정의 속도로 활공낙하
확산탄 및 운동에너지탄 등의 공격용 탄체
6
목표상공에 도달하면, 극초음속으로 공격용 탄체를 목표를 공격한다
대기권재돌입
고도 약 11만m 정도
공격목표

PGS의 하나로 개발되고 있는 HTV-2는 장거리로켓으로 탄도미사일처럼 우주공간으로 발사된다. 부스터 연소 종료 후 , 탄두부의 활공체가 분리되어 사전에 입력된 프로그램에 따라 활공낙하를 실시, 목표 상공을 향해 비행하는데, 특정 지점에 도달하면 내부에 탑재되어 있는 공격용 탄체를 발사한다. 활공체는 인공위성의 위치정보를 근거로 궤도변경을 행하기 때문에 핀 포인트 공격이 가능하고, MIRV처럼 복수의 활공체를 탑재, 복수 동시공격도 할 수 있기에 요격이 매우 까다롭다. 탄체의 운동에너지로 목표를 파괴하는 HTV-2는 핵탄두를 탑재하지는 않지만 ICBM을 대체할 비장의 카드로 사용될 가능성이 높다. 단, PGS와 ICBM을 식별할 수 없다면 핵보유국이 핵공격으로 인식, 매우 심각한 사태를 초래할 위험성이 있다.

●PGS(Prompt Global Strike)에 의한 공격

CHAPTER 5

Submarine Launched Ballistic Missiles

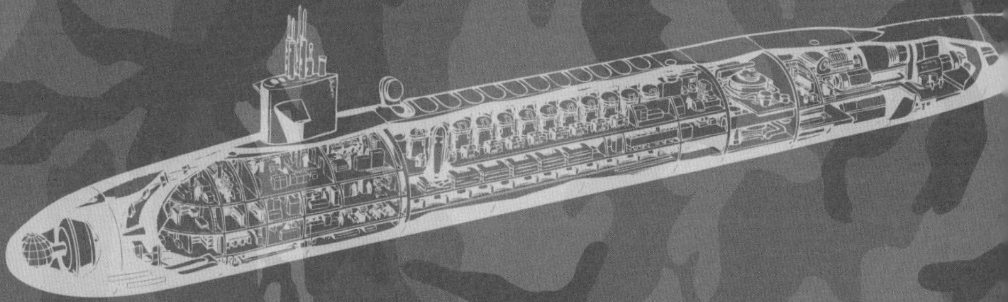

제5장

잠수함 발사 탄도미사일

바다 속에 숨어있어
은밀성이 매우 높은 원자력잠수함과
핵탄두를 탑재한 탄도미사일이 조합되면서
최강의 무기가 탄생했다.바로 세계 강대국의 핵전략을
책임지고 있는 전략원잠의 탄생인 것이다.
이번 챕터에서는 잠수함 개발 탄도미사일의 실태와
미사일 발사 시뮬레이션을 살펴보도록 하자.

01. 잠수함 발사 탄도미사일(1)

발사 플랫폼이 된 잠수함

*SLBM(잠수함 발사 탄도미사일)은 그 이름대로 잠수함을 발사 플랫폼으로 하는 탄도미사일이다. 바다 속에서 장기간 잠항할 수 있고 소재를 탐지하기 어려운 원자력잠수함과 사거리가 길고 파괴력이 큰 핵탄두를 탑재한 탄도미사일이라는 2가지 무기의 조합은 문자 그대로 「최강」이었다. 또한 SLBM은 지상 사일로에 격납되어 있는 ICBM(대륙간탄도탄) 보다도 훨씬 생존성이 높다. 이 때문에 SLBM은 냉전기 미 · 소 핵전략의 일익을 담당해 왔다.

잠수함에서 로켓을 발사하는 아이디어는 이미 제2차 세계대전 도중에 독일 U보트가 A4로켓을 격납한 컨테이너를 예인하여 해상에서 발사하려던 예가 있었다. 물론 이것은 계획 수준에서 끝났지만 세계대전 이후 미국과 소련이 포획한 A4로켓으로 실험하면서 잠수함에서의 발사에 성공했다. 하지만 발사에 시간이 걸리는데다 위험한 액체연료를 사용하는 탄도미사일은 도저히 실전에서 사용될 수 있는 것이 아니었다.

이러한 이유로 미 해군에서는 항공기와 비슷한 구조인 순항미사일을 잠수함에 탑재하여 운용하려 했는데, 그 결과로 레귤러스 I / II 가 개발되었다. 1954년에 실전 배치가 되었지만, 수중에서는 발사할 수 없었고, 해상에서도 발사준비에 시간이 걸리는 데다 즉응성이 전무하다는 문제점이 있어 또 다시 잠수함 발사 탄도미사일의 개발을 시도하게 되었다.

1955년 미국에서는 국방장관이 신형 중거리탄도미사일 주피터를 해군과 육군이 공동으

미 해군의 원자력잠수함 SSGN-587 「핼리버트」에서 발사된 레귤러스 순항미사일. 미사일 직경 140cm, 전장 10.1m, 중량 4,670kg, 사거리 925km. 탄두는 W5 또는 W27 핵탄두. 속도와 사거리가 향상된 레귤러스 II 도 개발되었지만, 폴라리스의 완성으로 취소되었다.

*SLBM=Submarine Launched Ballistic Missile. 잠수함 발사방식의 탄도미사일은 사거리에 제한이 없는 SLBM으로 불린다.

SSBN-601 「로버트 E. 리」에서 발사된 폴라리스A3 미사일. 미 해군에서는 FBM(함대탄도미사일)으로 불렸다. 폴라리스는 영국해군에도 공급되어 레졸루션급 전략원잠에서 1990년대 중반까지 운용되었다.

로 개발하는 것을 지시, 해군은 액체연료를 사용하는 이 미사일을 당시의 최신예인 원자력잠수함에 탑재하려고 했다. 그러나 여러 가지 문제로 단독으로 고체연료 로켓을 개발하게 되었고, 이것이 미 해군 최초의 잠수함 발사 탄도미사일 폴라리스 탄생으로 이어졌다. 개발은 록히드(현 록히드 마틴)에서 담당했으며 *폴라리스A-1의 원형이 된 AX모델이 수중에서의 발사실험에 성공한 것은 1960년 4월이었다.

잠수함에서 탄도미사일을 운용한다고 한다면 과연 어떤 조건이 필요할까? 우선, 미사일은 고체연료로켓를 사용하는 편이 좋다. 액체연료 로켓은 위험하고 취급에 손이 많이 가며 미사일 내부에 연료와 산화제를 충전해 둔 채로 보관하기가 어렵기 때문이다. 또한, 잠수함에서 발사할 경우 미사일이 발사관 내에 있는 단계에서 부스터에 점화하는 일은 사고를 일으키기 쉽고 매우 위험하다. 이 때문에 여러 가지 방법으로 미사일을 발사관에서 발사한 후에 부스터에 점화하는 것이 바람직하다.

지표가 될 것이 거의 없는 망망대해에서 발사하는 것이기 때문에 긴 사거리와 정확한 항법시스템이 필요하게 된다. 또한 전략무기인 탄도미사일을 운용하기 위해서는 플랫폼이 되는 잠수함도 장기간 잠항할 수 있어야 하므로 원자력잠수함 외에는 다른 선택지가 없었다. SLBM은 이러한 전제조건이 만족되면서 가장 생존성이 높고 최강이라고도 할 수 있는 무기로 탄생했던 것이다.

*폴라리스A1=이 미사일을 탑재할 예정이었던 조지워싱턴급 전략원잠은 1959년 12월에 취역했지만, 개발일정 등의 문제로 실제 미사일을 장비한 것은 1960년 11월 이후의 일이었다.

02. 잠수함 발사 탄도미사일(2)

SLBM에 맞춰 대형화한 미 해군의 전략원잠

미 해군에 최초로 배치된 SLBM 폴라리스 A-1에는 MIT/GE/휴즈사가 협동으로 개발한 관성항법시스템이 탑재되었으며, 잠수함에는 GE에서 만든 Mk.80 화기관제장치가 장비되었다. 폴라리스A-1은 5척의 조지워싱턴급에 탑재되었지만, 사거리를 연장한 보다 강력한 폴라리스A-2가 1962년 6월에 실전배치, 미국의 2번째 전략원잠인 이선 앨런급에 탑재되었다. 이선 앨런급은 처음부터 전략원잠으로 개발된 잠수함으로, 사실 조지워싱턴급은 탄도미사일을 탑재를 위해 스킵잭급 공격원잠을 급히 개조한 것이었다.

폴라리스A-2에 이어서 A-3가 개발되어 1970년대에는 사거리를 단숨에 3,000km이상 연장한 트라이던트C-4가 등장한다. 그리고 트라이던트C-4를 탑재하기 위해 미국의 원잠 중에서 최대의 크기를 자랑하는 전략원잠 오하이오급이 건조되어 1981년부터 이 미사일을 탑재하고 작전임무를 시작했다. 현재 동급(9번함 이후)은 1990년부터 실전 배치된 트라이던트D-5를 탑재하고 있다. 이것은 사거리가 12,000km로 연장되고 명중률도 향상된 모델로, CEP는 약 90m로 알려져 있다.

● 미국의 전략원잠

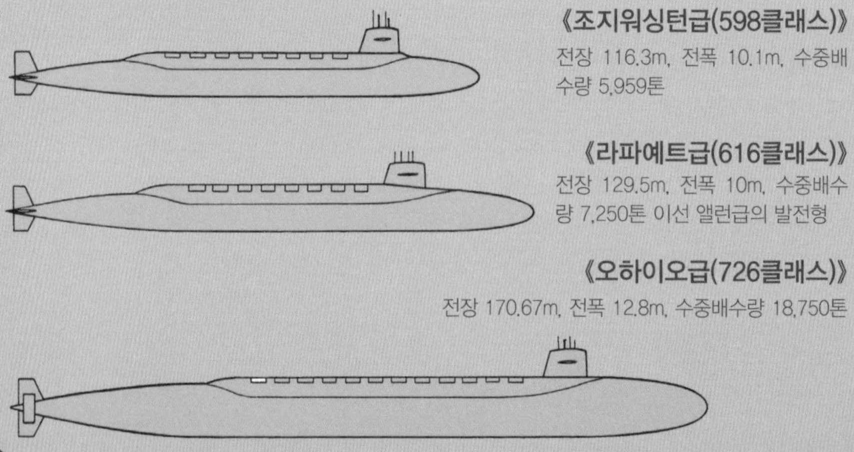
《조지워싱턴급(598클래스)》
전장 116.3m, 전폭 10.1m, 수중배수량 5,959톤
《라파예트급(616클래스)》
전장 129.5m, 전폭 10m, 수중배수량 7,250톤 이선 앨런급의 발전형
《오하이오급(726클래스)》
전장 170.67m, 전폭 12.8m, 수중배수량 18,750톤

● 미국의 SLBM

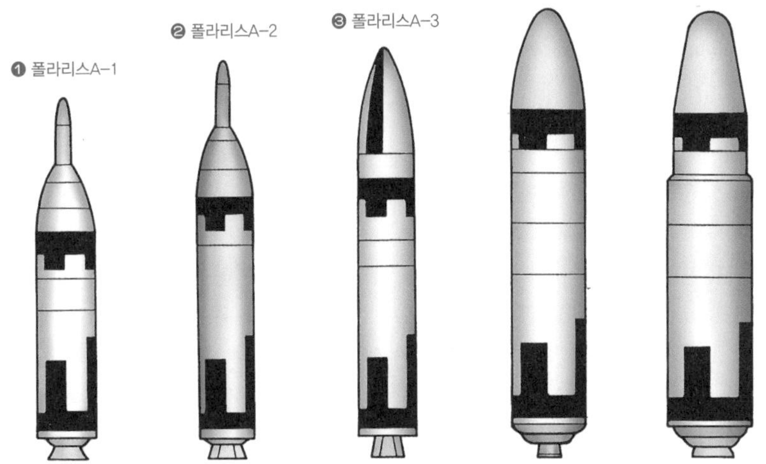
❶ 폴라리스A-1
❷ 폴라리스A-2
❸ 폴라리스A-3
❹ 포세이돈C-3
❺ 트라이던트C-4

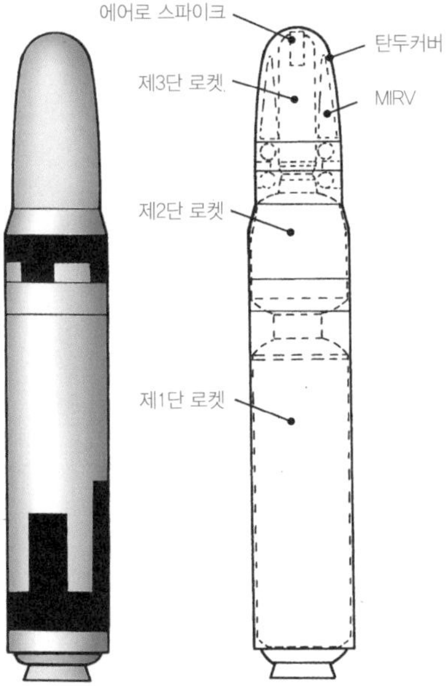
❻ 트라이던트D-5
에어로 스파이크
제3단 로켓
제2단 로켓
제1단 로켓
탄두커버
MIRV

❶ 폴라리스A-1 : 고체연료 2단식에 탄두는 Mk.1 재돌입체에 넣었던 W-74-Y1 단탄두로, 600kt 위력의 수소폭탄. 직경 137cm, 전장 8.7m, 중량 13,100kg, 사거리 약 2,200km. 조지워싱턴급 5척에 탑재되었지만 배치기간은 짧았다.

❷ 폴라리스A-2 : A-1의 발전형으로 고체연료 2단식. 800kt 위력의 W-74-Y2탄두를 탑재한 단탄두식으로 CEP는 1,200m. 사거리가 2,800km로 연장되면서 전장도 9.45m가 되었다. 중량 14,700kg.

❸ 폴라리스A-3 : 보다 소형이면서 정밀도가 높은 관성항법장치를 장비하면서, 페이로드가 늘어나 200kt 위력의 W58탄두가 수납된 Mk.2형 RV를 3기가 탑재된다. 탄두는 MIRV가 아니라 목표 주변에 산개하는 방식의 MRV. 사거리는 4,630km이며 CEP는 900m.

❹ 포세이돈C-3(UGM-73) : 폴라리스보다 커지면서 때문에 발사관도 교체되었다. 사거리는 최대 5,930km로 폴라리스A-3와 비슷하지만 CEP는 550m로 향상되었다. 탄두에 MIRV를 채용, 50kt의 W68 핵탄두를 장착한 Mk.3 재돌입체 10기를 탑재. 직경 188cm, 전장 10.39m, 중량 29,200kg.

❺ 트라이던트C-4(UGM-96A) : 포세이돈C-3의 사거리 연장을 위해 개발된 미사일로 1979년부터 배치. 천문항법유도기능을 가진 유도장치를 채용. 고체연료 3단식으로 사거리는 7,400km, CEP도 380m로 향상되었다. 전장 10.36m, 직경 188cm, 중량 33,113kg.

❻ 트라이던트D-5(UGM-133A) : C-4의 개량형으로, 1990년부터 실전 배치. 고체연료 3단식으로 최대 사거리 약 12,000km, CEP는 90m 전후로 알려져 있다. 475kt 위력의 W88 핵탄두를 14기 탑재 가능하지만, 모스크바조약 준수를 위해 4~5발로 제한되어 있다. 전장 13.41m, 직경 211cm, 중량 58,968kg.

03. 잠수함 발사 탄도미사일(3)

러시아의 SLBM 중에는 액체연료식도 있다?!

러시아(구소련)에서 SLBM의 개발은 IRBM(중거리탄도미사일)에서 시작되어 이동발사식 중거리탄도미사일 스커드에서 개량된 SS-N-4(R-11M)가 최초였다. 이 미사일은 1959년에 디젤잠수함 골프급에 탑재되었고 후에 호텔급에도 탑재되어 러시아 최초의 탄도미사일 원잠이 실전 배치하게 되었다. 그러나 수상에서만 발사할 수 있었기 때문에 수중발사가 가능한 SS-N-5가 개발되고 이후 탄도미사일이 차례차례 개발되었다. 소련의 SLBM은 미국의 고정연료미사일뿐만 아니라 잠수함에서 운용이 어렵다고 여겨지는 액체연료미사일도 사용되고 있는 것이 흥미롭다.

소련 붕괴 후 여의치 않은 러시아 해군이지만 현재 제4세대에 상당하는 신형 전략미사일 잠수함의 취역과 함께 신형미사일 R-30의 배치가 2013년부터 시작되었다.

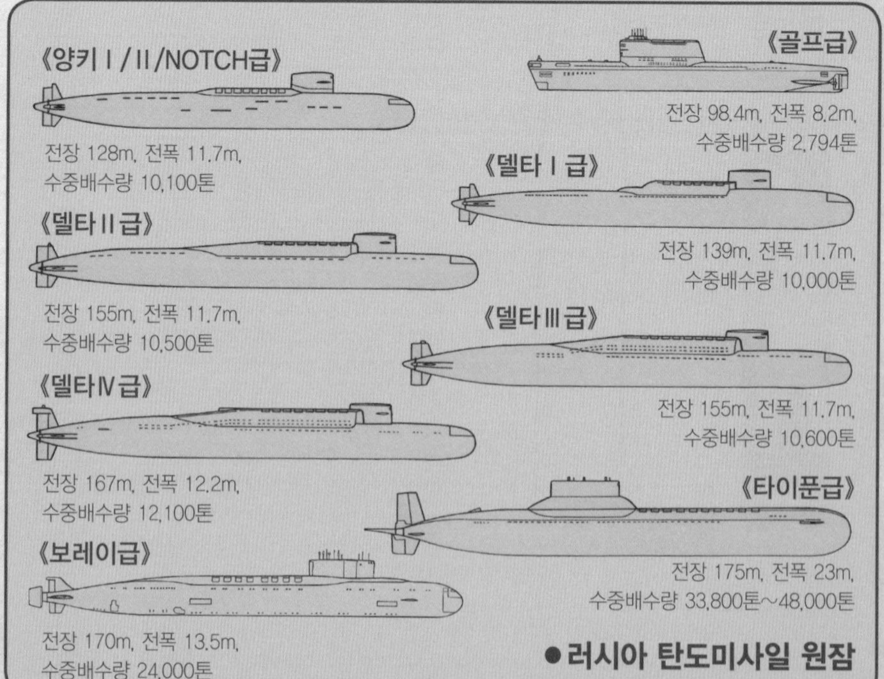
《양키 I / II /NOTCH급》
전장 128m, 전폭 11.7m,
수중배수량 10,100톤
《골프급》
전장 98.4m, 전폭 8.2m,
수중배수량 2,794톤
《델타 I 급》
전장 139m, 전폭 11.7m,
수중배수량 10,000톤
《델타 II 급》
전장 155m, 전폭 11.7m,
수중배수량 10,500톤
《델타 III 급》
전장 155m, 전폭 11.7m,
수중배수량 10,600톤
《델타 IV 급》
전장 167m, 전폭 12.2m,
수중배수량 12,100톤
《타이푼급》
전장 175m, 전폭 23m,
수중배수량 33,800톤~48,000톤
《보레이급》
전장 170m, 전폭 13.5m,
수중배수량 24,000톤
●러시아 탄도미사일 원잠

●러시아 잠수함 발사 탄도미사일

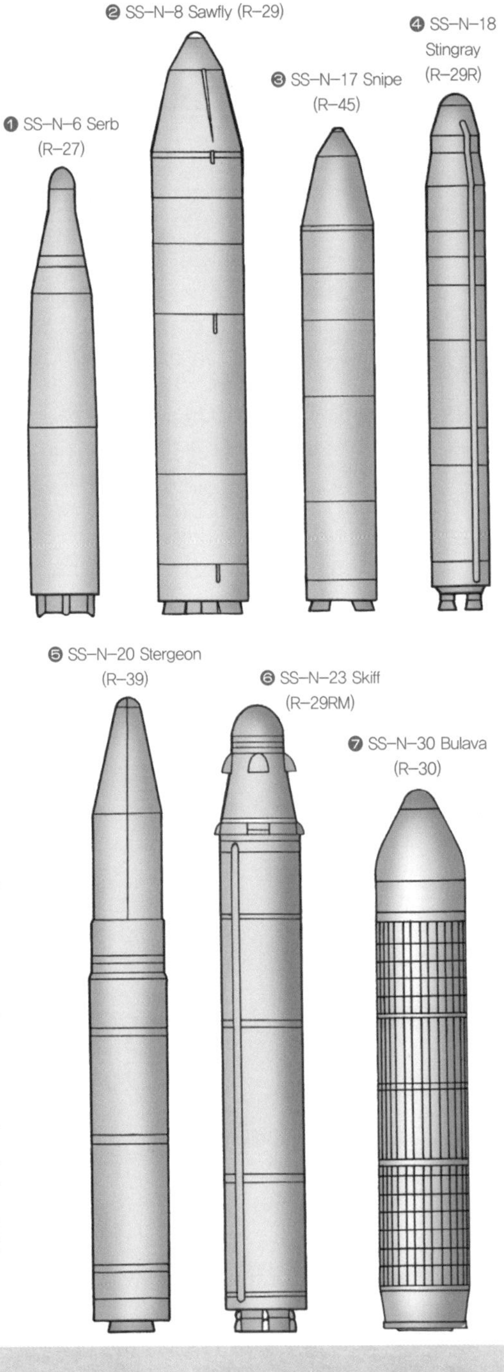
❶ SS-N-6 Serb (R-27)
❷ SS-N-8 Sawfly (R-29)
❸ SS-N-17 Snipe (R-45)
❹ SS-N-18 Stingray (R-29R)
❺ SS-N-20 Stergeon (R-39)
❻ SS-N-23 Skiff (R-29RM)
❼ SS-N-30 Bulava (R-30)

❶ SS-N-6 Serb (R-27) : 제3세대의 SLBM으로 탄두부의 재돌입체와 사거리의 차이에 따라 모드1~3가 있다. 공격목표는 비행장 등의 소프트 타겟. 전장 9.65m, 최대 사거리 약 3,000km.

❷ SS-N-8 Sawfly (R-29) : 천문항법 유도기능을 지닌 관성유도시스템이 사용된 소련 최초의 SLBM. 액체연료 2단식으로 전장 14.2m, 사거리 7,80km(모드1), 9,100km(모드2). 델타 I / II에 탑재.

❸ SS-N-17 Snipe (R-45) : 고체연료를 사용하여 PBV를 탑재한 소련 최초의 SLBM. 전장 11.06m, 사거리 3,900km. 양키 II에 탑재.

❹ SS-N-18 Stingray (R-29R) : 델타 III에 탑재된 5세대 SLBM으로 소련 최초의 MIRV 탑재형. 전장 15.6m, 사거리 6,500km(모드1/3), 8,000km(모드2).

❺ SS-N-20 Stergeon (R-39) : 타이푼급에 탑재된 제6세대 SLBM. MIRV 탄두를 탑재. 전장 18.0m, 사거리 8,300km.

❻ SS-N-23 Skiff (R-29RM) : 소련 최초의 액체연료 3단식의 SLBM으로 MIRV 탄두를 탑재. 전장 16.8m, 사거리 8,300km. 1985년부터 배치, 델타IV급에 탑재되었다.

❼ SS-N-30 Bulava (R-30) : RT-2PM2 토폴M을 개량한 최신형. 유도에는 천문항법 및 *GLONASS를 사용. 전장 11.5m(탄두부 제외), 사거리 8,000~10,000km. 2013년에 취역한 전략원잠 보레이급에 탑재.

*GLONASS=GLObal Navigation Satellite System.

04. 잠수함 발사 탄도미사일(4)

제1장 개인휴대무기
제2장 대공미사일
제3장 공중발사미사일
제4장 탄도미사일
제5장 잠수함발사 탄도미사일

미·소 이외에 SLBM을 보유한 국가는?

현재 미국과 러시아 이외에 전략원잠을 보유하고 SLBM을 개발 · 운용하고 있는 국가는 *프랑스와 *영국, 중국 뿐이다.

현 단계에서는 보유하고 있지는 않지만 인도가 적극적으로 SLBM의 개발을 추진하고 있으며, 이미 6번째 원잠 보유국이 되었다.

●중국의 잠수함 발사 탄도미사일과 잠수함

1960년대 최초의 탄도미사일 DF-1을 개발한 이래 지속적으로 액체연료식 미사일을 개발해 온 중국이지만, 1980년대 중반부터 고체연료식 미사일 개발을 진행하게 되었다. 이로 인해 1960년대 후반에는 연구 · 개발을 시작했던 중국 최초의 SLBM JL-1(쥐랑-1)도 실용화에 큰 진전이 있었다. 플랫폼이 되는 원잠도 1970년대부터 운용되고 있는 091급 공격원잠을 베이스로, 개발된 전략원잠 092급(샤급)이 1987년에 취역했다. 샤급은 JL-1을 12기 탑재했다가 방사능 누출 등의 문제로 1척의 건조에 그쳤는데, 샤급의 후속이 된 것이 094급 전략원잠(진급)으로 JL-2(쥐랑-2 : 육상형인 DF-3를 개조)를 탑재하고 중국의 핵 억지력 보유를 목표로 하고 있다.

일러스트는 진급의 내부배치도(미국 국방성이 발표한 도표를 근거로 작성한 상상도). 12기의 탄도미사일 발사관을 장비하고 있다. 일러스트에는 JL-1을 탑재하고 있지만 JL-2를 탑재한다. JL-2는 JL-1보다 직경이 60cm, 전장도 2m정도 더 크다. 고체연료 3단식으로 사거리는 8,000km 이상으로 알려져 있다. 진급은 093급 공격원잠의 선체를 연장하여 개발된 전략원잠이다. 2004년 1번함이 진수되었으며, 현재까지 3척이 취역했다. 전장 137m, 배수량 12,000톤.

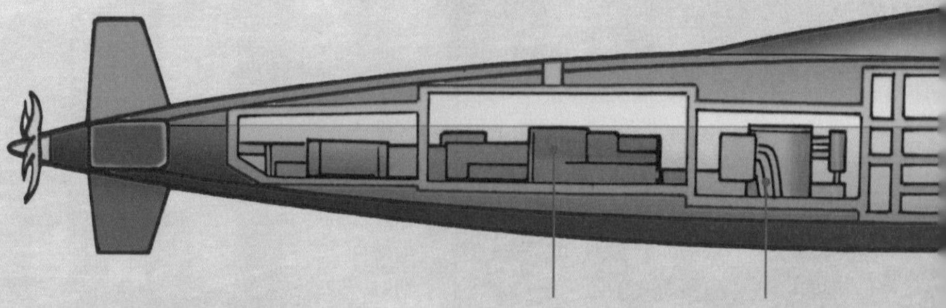
기계실
원자로

*프랑스=탄도미사일은 지하 사일로 발사식과 잠수함 발사식의 2가지를 보유하고 있었는데 1990년대부터는 잠수함 발사식만 운용하고 있다.

*영국=프랑스와 같이 잠수함 발사식 탄도미사일을 보유. 뱅가드급 전략원잠 4척을 운용 중이며, 1척(16기의 트라이던트D5를 탑재)이 임무를 상시 수행하고 있다.

●독자 노선을 걷는 프랑스의 잠수함 발사 탄도미사일

프랑스는 미국의 「핵우산」하에서의 안전보장을 거부하고 독자적 방위노선을 걸어왔다. 1960년에는 프랑스령 알제리아의 사막에서 최초의 핵실험을 실시하고, 1971년에는 MSBB M-1 탄도미사일이 프랑스 최초의 전략원잠인 『르 르두터블』에 탑재되어 임무를 수행했다. 그 후 M-2, M-4A/B, M-45가 배치되어 2010년에 취역한 사진의 『르 테리블』에는 신형미사일 M-51이 탑재되어 있다. M-51은 MIRV 방식으로 110킬로톤의 핵탄두를 가진 재돌입체 TN75를 6~10기 탑재. 직경 230cm, 전장 12m, 중량 56톤, 사거리 8,000~10,000km.

▼M-51

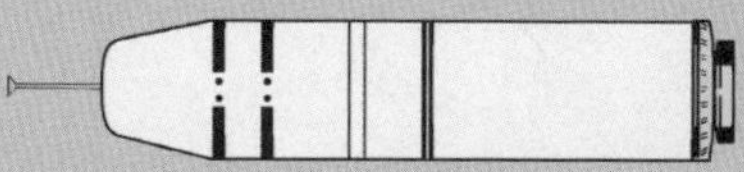

▼샤급(092급 원자력잠수함)

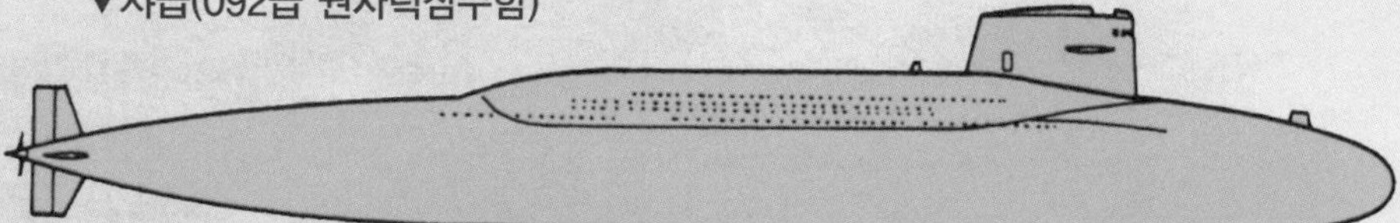

▼진급(094급 원자력잠수함)

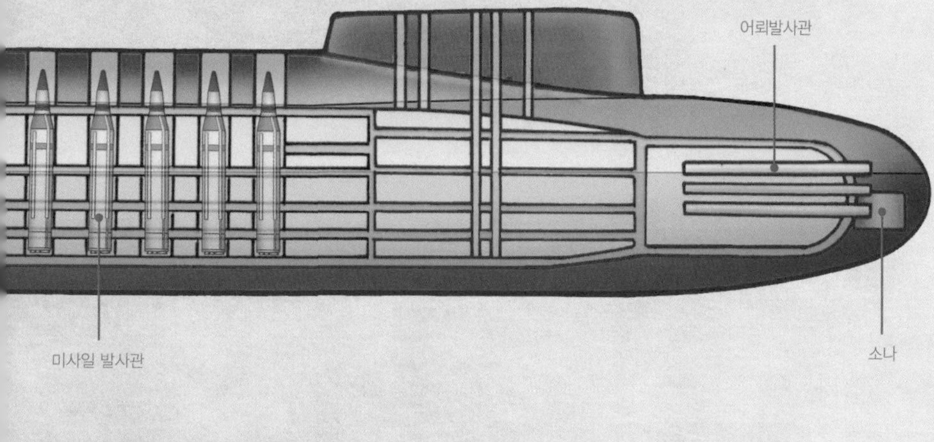
어뢰발사관
미사일 발사관
소나

05. SLBM 발사(1)

수중의 원잠이 긴급행동명령을 수신하다

「전략미사일을 상시 발사 가능한 상태에 두고 자기 위치가 탐지되지 않도록 은밀하게 바다 속을 잠수하며 명령을 기다린다. 한번 발사명령을 받으면 주저하지 않고 미사일을 발사하는 것」이 미국 전략원자력잠수함과 그 승조원에 부여된 임무이다. 그 전략원잠의 중추부는 함의 최고지휘관인 함장이 위치하는 전투정보실이다.

[1] 오하이오급 전략원잠의 전투정보실

조타장치콘솔
통신실은 이 안에 있다
주배수제어콘솔
발사관제패널
함장용 작업대 및 관제판
공격용잠망경
수색용잠망경

오하이오의 전투정보실(지휘/관제센터)

[2] ELF안테나를 예인해서 항행한다

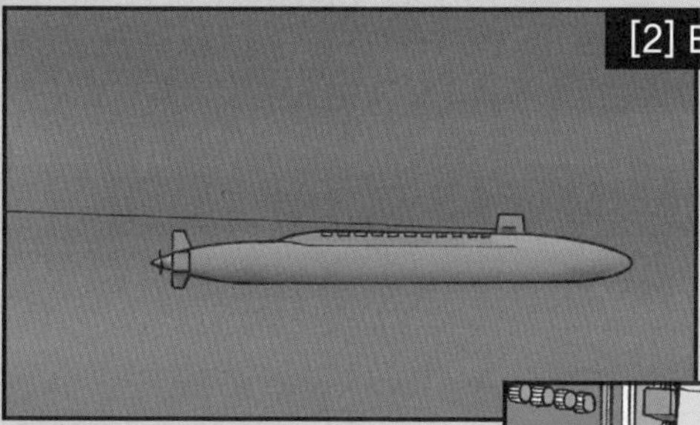

전략원잠이 잠수하는 것은 수면 아래 300m 또는 그 이상의 심도이다. 이 정도의 심도가 되면 통상 잠수함의 통신에 사용되는 *VLF(초장파)로는 통신이 도달하지 않는다. 그래서 *ELF(극초장파)가 사용되지만 수심 300m의 해저에 있는 잠수함에서 통신을 완전히 수신하기란 어렵다.

[3] 통신실, *EAM(긴급행동명령)을 수신한다

초계임무 수행 중이던 전략원잠이 사령부로부터 발신된 명령을 수신했다(통상 통신은 본국의 사령부로부터 송신되는 일방통신으로 잠수함은 자신을 감시하고 있는 적성국에 알려지지 않도록 교신을 하지 않는다). 통신은 EAM(긴급행동지령)으로 함내에 즉각 제1비상경계태세가 발령된다. 이것은 미사일 발사명령일 경우 최단시간에 발사할 수 있도록 하기 위함이다.

LOCKED
LOCKED

통신실의 금고

사용하는 암호해독용 코드표는 금고 속에 보관되어 있다. 금고는 이중 보안시스템이 채용되어 2인의 담당사관이 각각 알고 있는 암호를 맞추지 않으면 열 수 없는 구조다.

[4] 암호화된 통신을 해독한다

수신된 통신내용은 프린트되어 통신사관으로부터 암호해독을 담당하는 사관에게 전달된다(통신은 적에게 수신되는 것을 상정해서 암호화되어 있다). 통신문의 암호해독은 2명의 담당사관이 실시한다.

*VLF=Very Low Frequency. 주파수 3~30kHz의 전파. *ELF=Extremely Low Frequency. 주파수 3Hz~3kHz의 전파. *EAM=Emergency Action Message.

06. SLBM 발사(2)

명령을 수신한 원잠이 발사준비에 들어간다

[5] 발사명령이 진짜일까? 담당사관이 확인

담당사관이 암호를 해독하면 명령이 진짜인지 아닌지 발령소의 함장용 작업대에서 확인이 이루어진다(냉전시대에는 인접한 특별실에서 확인했다). 확인은 함장, 부장, 암호해독 담당사관 2명 등 4명이 실시한다. 국가의 운명이 달린 전략무기인 만큼 복수의 인원이 체크하는 것이다.

ELF(극초장파) 통신문은 수신에 시간이 걸리기 때문에 숫자와 알파벳을 조합한 극히 짧은 문장이다. 또한, 해독한 통신문도 코드화되어, 발사 명령은 각함 고유의 코드로 되어 있다. 확인은 통신과 함내 특별실의 명령서 코드를 맞추어 보는 방식으로 이뤄진다.

[6] 함내 전투배치 명령

발사명령이 진짜라는 것이 확인되면 함장은 미사일 발사키를 휴대하고 승조원에게 전략미사일 발사명령을 수신한 것을 설명하고 함내에 전투배치가 발령된다. 승조원은 담당하는 부서에 배치되며, 각 부서의 책임자인 사관은 발령소에 집합하여 함장으로부터 상황설명을 듣는다. 또한, 함 내는 구획별로 불의의 사고에 대비하여 수밀문으로 폐쇄 · 차단된다.

전투배치가 발령됨에 따라 미사일 발사준비가 개시된다. 미사일 발사관제센터와 발사관실에는 미사일 기술병들이 미사일에 데이터를 입력하거나 발사관을 미사일 발사 가능한 상태로 하는 등 발사준비를 하고, 소화반과 응급복구반은 불의의 사고에 대비한다. 한편, 함장은 매뉴얼을 보면서 발사준비를 진행한다. 이 때 함장의 명령을 부장이 정확하게 복창하고 전달한다. 미사일 발사에는 함의 최고 책임자인 함장과 부장의 동의가 필요하도록 규정되어 있어 복창하는 것을 합의한 것으로 간주하는 것이다.

[7] 함장이 매뉴얼에 따라 발사준비를 명령

[8] 미사일 제어 모니터 패널

발사관에 수납되어 있는 미사일은 언제라도 발사할 수 있도록 해야 한다. 이를 위해 발사관의 내부는 공조장치에 의해 온도와 습도가 일정하게 유지되고, 미사일의 품질이 저하되지 않도록 되어 있다. 발사관실에 설치된 미사일 제어 모니터 패널은 2명 1조의 팀으로 상시 감시되고 있다.

[9] 미사일 발사관실에서의 발사준비

미사일 발사관은 2개의 기술팀(4명 1조의 관리반 2개)에 의해 관리되고 있다. 1팀은 12기의 발사관 보수 · 점검을 담당, 미사일 발사 시에는 전기조작으로 컨트롤되는 발사관의 기압과 압축공기의 압력 등을 모니터할 뿐이지만 비상시에는 자체 수동 작업으로 컨트롤한다.

전략미사일의 발사는 통상 수심 20m 정도의 수중에서 실시한다. 이를 위해 잠수함을 발사 심도까지 부상시켜 발사에 대비하고 함을 수평으로 유지한다. 이러한 잠수함의 움직임은 함장의 명령에 따라 행해지지만 실행하는 것은 함의 조종을 담당하는 조타원들이다.

❶플레인즈맨(함의 상하운동을 조작) ❷헬름즈맨(함의 방향을 조작) ❸잠타사관(잠항 지시를 내린다) ❹잠항사관(주배수 제어콘솔을 조작한다)

4
3
1
2

[9] 미사일 발사관실에서의 발사준비

07. SLBM 발사(3)

그리고 미사일 발사 트리거를 당긴다

[11] 미사일 발사관제센터, 준비작업에 들어간다

미사일 발사관제센터에서는 함장의 명령에 따라 발사준비를 실시한다. 발사제어콘솔을 조작하는 것은 미사일 기술병으로, 미사일 관제사관은 이를 지휘 · 감시한다. 이들은 콘솔을 조작, 발사관의 상태를 조정하거나 미사일에 좌표 등의 데이터를 입력하며, 진행상황을 발령소에 보고한다. 미사일을 발사하는 트리거를 당기는 것 또한 이들의 일이다. 데이터 입력과 미사일 자이로를 안정화시켜 준비를 마치기까지는 15~20분 정도가 걸린다.

[12] 미사일 발사관제콘솔

미사일 발사관제센터의 주요한 장치가 발사관제콘솔이다. 콘솔은 ❶미사일 발사제어콘솔과 ❷미사일 관제콘솔이라는 2개의 장치로 구성되어 있다. ❶은 미사일을 발사 가능하게 하는 발사관 작동스위치가 있고, 각 관에 각각의 발사용 키를 꽂지 않으면 가동되지 않는다. ❸미사일 발사용 트리거를 수납하는 보관고

1
2
3

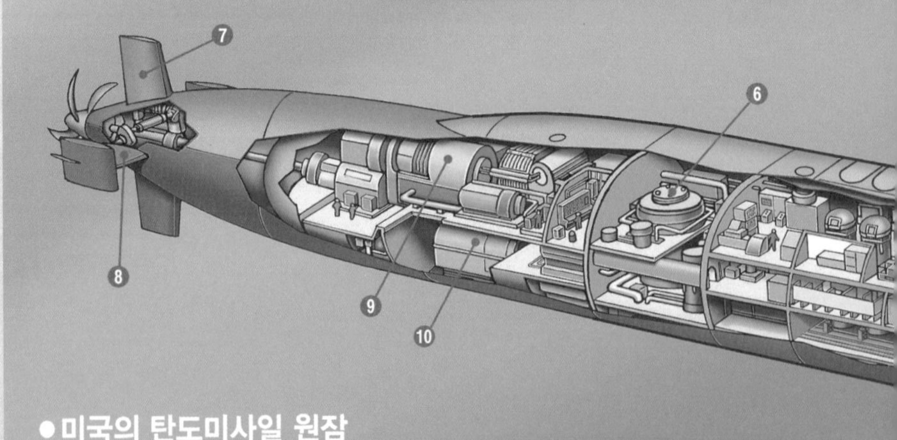

7
6
8
9
10

● 미국의 탄도미사일 원잠

수중배수량 18,750톤, 전장 170.67m,
전폭 12.8m, 수중최대속력 20노트 이상, 승조원 155명

①소나실 및 통신실 ②발령소 ③항법센터 ④미사일 발사관 해치 ⑤미사일 제어장치 ⑥원자로 ⑦종타 ⑧횡타 ⑨발전기 ⑩터빈 및 감속기 ⑪미사일 발사관 ⑫SLBM(트라이던트D5) ⑬미사일 발사관제센터

[13] 미사일 발사관용 키를 보관고에서 꺼낸다

미사일을 발사하는 데는 발사용 키가 필요하다. 키는 발사명령을 확인한 후에 함장이 휴대하는 발사관제함용과 미사일 발사관제센터의 발사관제콘솔용(이 키는 1~24번까지 발사관마다 있다)의 2종류가 있다. 전자는 특별실의 보관고, 후자는 발사관제센터의 보관고에 보관되어 있다. 발사관제센터 보관고의 암호는 배치된 미사일 관제사관밖에 모르며 2명이서 함께 보관고에서 꺼낸다.

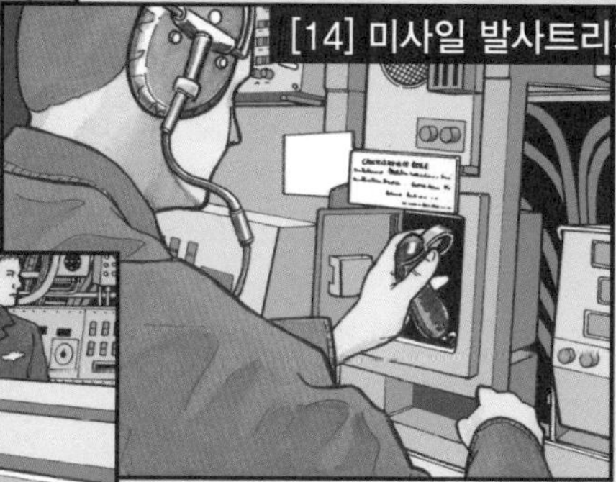

[14] 미사일 발사트리거

미사일 발사에는 발사회로를 제어하는 발사트리거가 필요하다. 이것도 발사관제센터의 보관고(키의 본과고와는 별도)에 보관되어 있다.

[15] 함장, 발사관제판에 키를 꽂는다

발사관제센터와 각 부서에서 준비완료 보고가 들어오면 함장은 미사일 발사회로를 작동시켜 발사관제판에 발사용 키를 꽂는다. 이렇게 하여 전략 핵 미사일의 발사 준비가 완료됐다.

[16]「발사」명령으로 트리거를 당긴다

발령소에서 발사명령에 맞춰 미사일 관제사관이 트리거를 당기면 미사일이 발사된다.

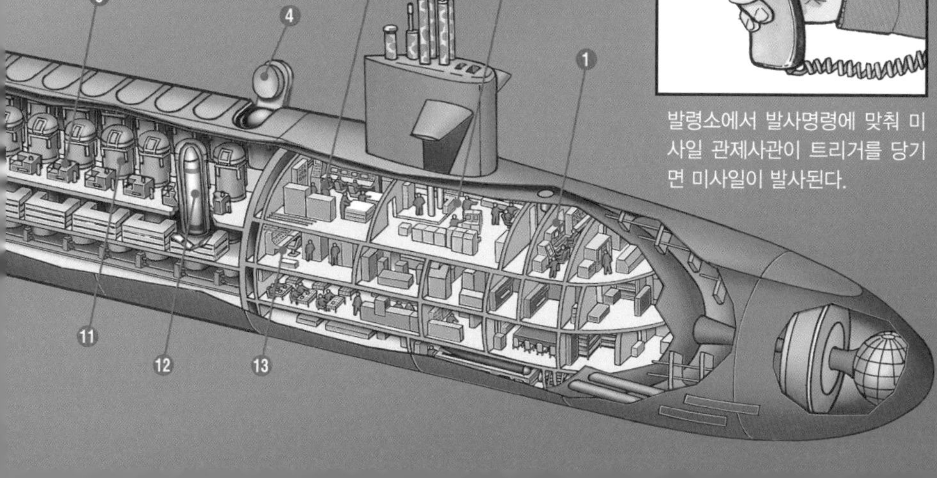
5
4
3
2
1
11
12
13

08. SLBM 발사(4)

잠수함에서 미사일이 발사된다

[17] 미사일 명중의 열쇠를 쥔 항법센터

장기간 바다 속에 잠수하고 있는 전략잠수함에 있어서 자신의 위치를 파악하는 일이 중요하고, 그 일을 행하는 것이 항법센터다. 오하이오급의 경우, 장비된 항법용 각종 전자장치가 디지털화 되어(D-5) 크게 작업능력이 향상되었다. 종래의 *SINS(함정용 관성유도시스템)로는 아무래도 오차가 발생하므로 GPS 등의 항법시스템이 도입되어 항법 정밀도가 증가했다. 자함의 위치를 보다 정확히 알 수 있게 되면서, 미사일에도 정확한 위치데이터를 입력할 수 있어 명중률도 향상되었다.

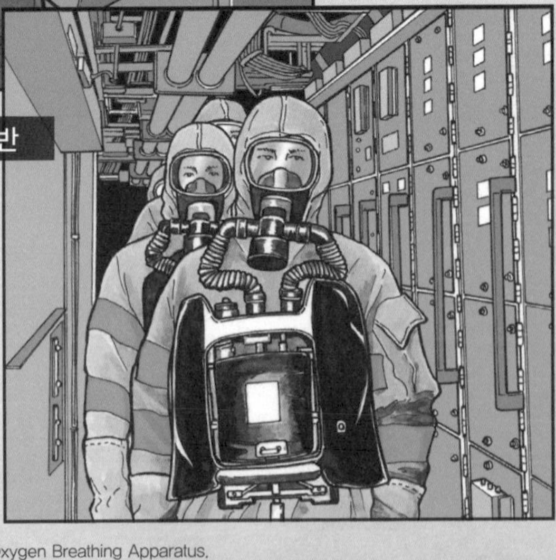

[18] 대기하는 소화반

미사일 발사 시 함내(특히 발사관실)는 불의의 사고에 의한 화재와 침수 등에 대비하여 소화반과 응급복구반이 대기하고 있다. 소화반은 산소마스크와 방화복을 착용하고 만일의 상황에 대비한다. 그들이 착용하고 있는 산소마스크는 *OBA산소공급시스템(통상의 연기 등에는 사용할 수 있지만 독성이 강한 가스에는 사용할 수 없다). 이 장치는 함 내에서 화재가 발생했을 경우 다른 승조원들도 사용한다.

*SINS=Ship's Inertial Navigation System. *OBA=Oxygen Breathing Apparatus.

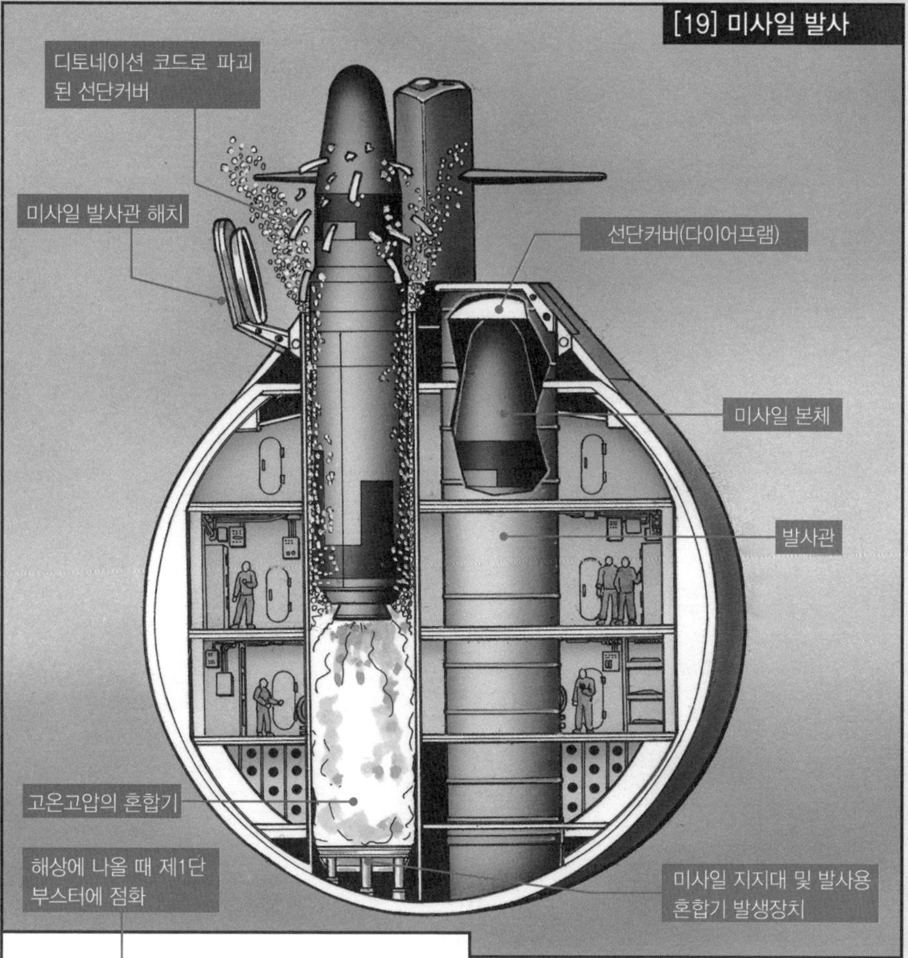
[19] 미사일 발사
디토네이션 코드로 파괴된 선단커버
미사일 발사관 해치
선단커버(다이어프램)
미사일 본체
발사관
고온고압의 혼합기
해상에 나올 때 제1단 부스터에 점화
미사일 지지대 및 발사용 혼합기 발생장치

고압공기와 증기의 혼합기에 의해 발사관으로부터 발사된 미사일

미사일은 발사관에 수납(내부는 온도, 기압 등이 일정하게 유지되어 있다)되어 발사관 해치(중량이 8톤도 있고 폐쇄에 약 2초가 걸린다)를 열더라도 해수가 발사관 안쪽으로 침입하지 않도록 유리섬유로 된 선단커버(다이어프램)로 덮여 있다. 발사관 바닥에 설치되어 있는 가스 발생기가 미사일을 발사시킨다(발생한 고압공기는 미사일을 수중에서 보호하는 역할도 한다). 이 때 선단커버는 *디토네이션 코드로 폭파 · 제거된다 발사관에서 콜드 런치방식으로 발사된 미사일은 수중을 상승, 해상에 나온 시점에서 제1단 부스터가 점화되어 비행을 개시하며, 미사일은 약 1분 간격으로 발사된다.

*디토네이션 코드=도폭선. 폭약이 장치된 케이블.

09. SLBM 발사(5)

미사일이 수중에서 공중으로 날아오른다

잠항 중인 전략미사일 원자력잠수함에서 탄도미사일을 발사할 때에는 발사관이 파괴되지 않도록 콜드 런치방식이 사용되며 발사 시에는 압축공기가 사용되는 것이 정설이었다. 하지만 실제로는 어떤 식으로 압축공기를 사용해서 쏘아 올리는지는 거의 설명된 바가 없었다. 여기서는 그 발사원리를 설명하고자 한다.

오하이오급 원잠에서 발사된 트라이던트D-5. 해면으로 나온 제1단 부스터에 점화, 상승을 시작하고 있다.

●잠수함 미사일 발사시스템

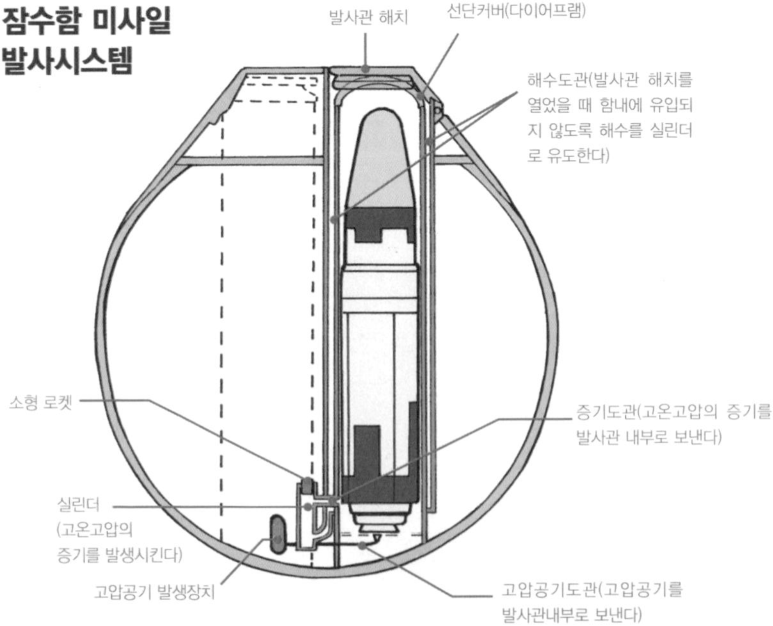
발사관 해치
선단커버(다이어프램)
해수도관(발사관 해치를 열었을 때 함내에 유입되지 않도록 해수를 실린더로 유도한다)
소형 로켓
증기도관(고온고압의 증기를 발사관 내부로 보낸다)
실린더 (고온고압의 증기를 발생시킨다)
고압공기 발생장치
고압공기도관(고압공기를 발사관내부로 보낸다)

●미사일 발사

미사일은 발사관 해치를 열었을 때 유입되는 해수와 고압공기 발생장치의 압축공기의 힘으로 발사관에서 사출된다.

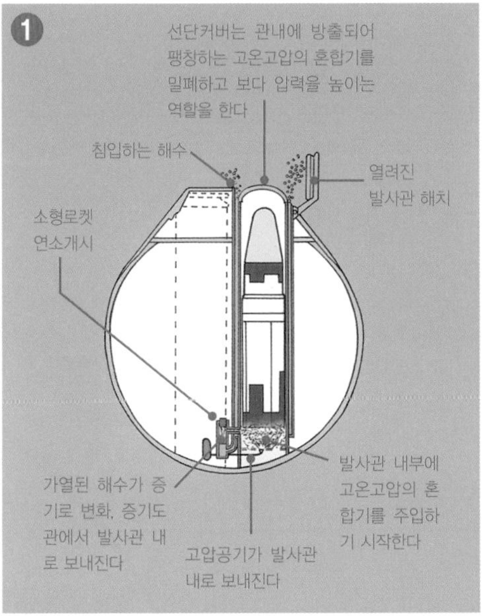
1
선단커버는 관내에 방출되어 팽창하는 고온고압의 혼합기를 밀폐하고 보다 압력을 높이는 역할을 한다
침입하는 해수
열려진 발사관 해치
소형로켓 연소개시
가열된 해수가 증기로 변화. 증기도 관에서 발사관 내로 보내진다
고압공기가 발사관 내로 보내진다
발사관 내부에 고온고압의 혼합기를 주입하기 시작한다

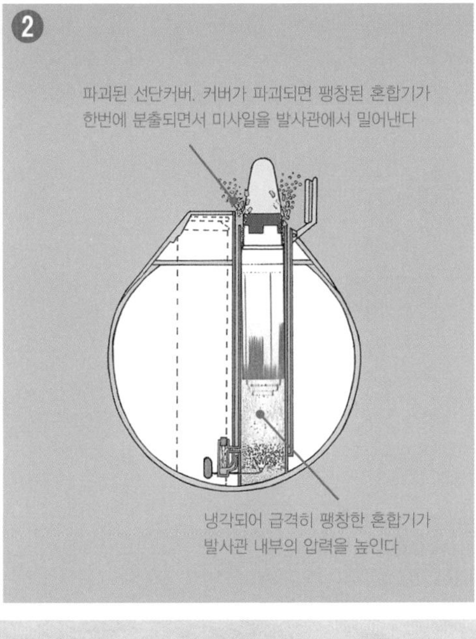
2
파괴된 선단커버. 커버가 파괴되면 팽창된 혼합기가 한번에 분출되면서 미사일을 발사관에서 밀어낸다
냉각되어 급격히 팽창한 혼합기가 발사관 내부의 압력을 높인다

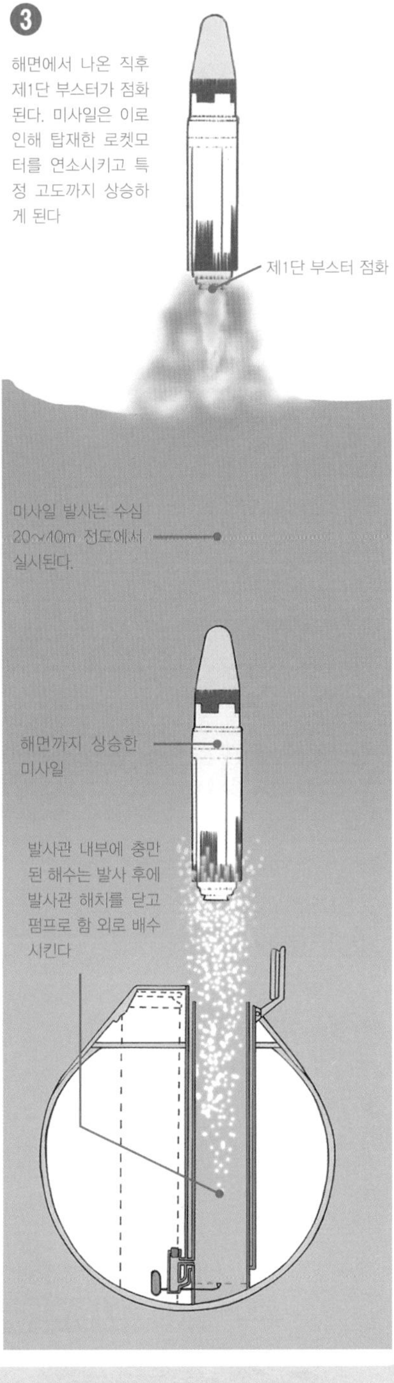
3
해면에서 나온 직후 제1단 부스터가 점화된다. 미사일은 이로 인해 탑재한 로켓모터를 연소시키고 특정 고도까지 상승하게 된다
제1단 부스터 점화
미사일 발사는 수심 20~40m 정도에서 실시된다.
해면까지 상승한 미사일
발사관 내부에 충만된 해수는 발사 후에 발사관 해치를 닫고 펌프로 함 외로 배수시킨다

10. SLBM 발사(6)

탄도미사일이 목표를 향해 비행한다

오하이오급 전략원잠에 탑재된 미사일은 트라이던트D-4 또는 D-5이다. 모두 3단 고체연료식의 미사일로 MIRV 탄두에는 8개 정도의 핵탄두가 장비되어 있다. 미사일은 관성유도방식으로 비행하지만 탑재하는 시스템에는 천체를 관측하여 자신의 위치를 확인하는 천문항법유도기능이 설치되어 있다.

이것은 스타 트래커라 불리는 천문항법장치로 비행 중에 특정한 별을 관측해서 보이는 방향과 각도를 기준으로 현재 미사일의 위치를 계산, INS가 계산한 위치와 비교한다. 양쪽의 수치가 다른 경우 스타 트래커가 산출한 현재 위치를 기점으로 INS의 위치 데이터를 수정하여 명중률을 향상시키는 동작을 한다. 이를 통해 미국의 SLBM은 육상에서 발사하는 ICBM보다 높은 명중률을 얻을 수 있었다.

원자력잠수함과 핵탄두를 탑재한 탄도미사일의 조합은 최강이다. 게다가 발사된 미사일이 대기권 외에 도달, 재돌입해서 날아오는 탄두는 마하 20이상의 초고속으로 낙하하기 때문에 격추는 거의 불가능에 가깝다. 일러스트는 SLBM의 대표라 할 수 있는 트라이던트D-5의 비행 경로. 천문항법유도기능이 탑재되어 있어, 명중률은 CEP 90m 전후로 알려져 있다. 거기다 명중률 향상을 위해 GPS 장비도 계획되어 있지만 아직까지 실용화되진 않았다.

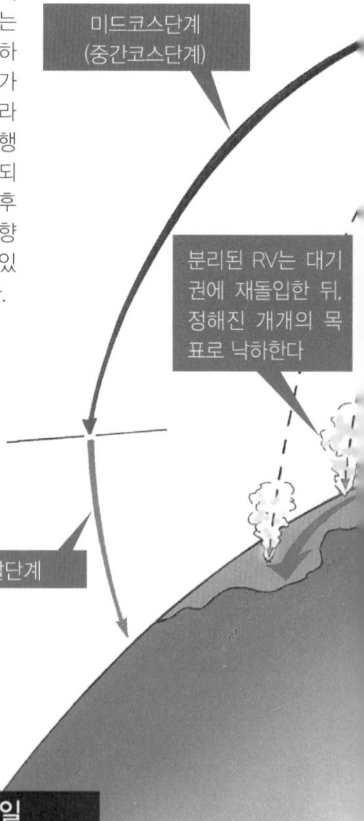
미드코스단계
(중간코스단계)
분리된 RV는 대기권에 재돌입한 뒤, 정해진 개개의 목표로 낙하한다
종말단계

[20] 잠수함 발사식 탄도미사일 (MIRV탄두장비)의 비행경로

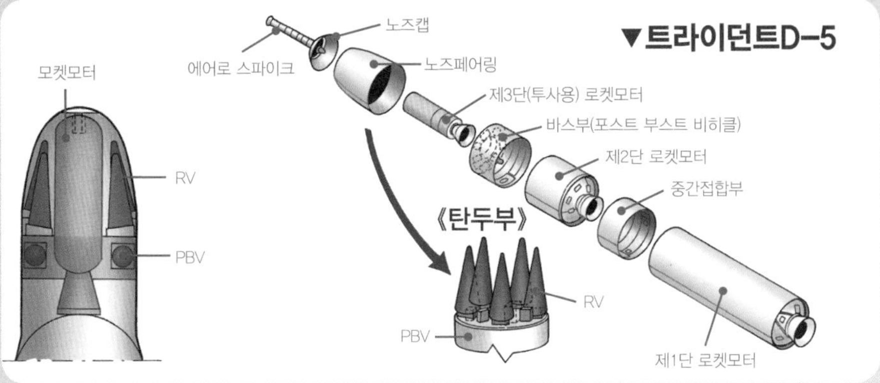
▼트라이던트D-5
모켓모터
RV
PBV
에어로 스파이크
노즈캡
노즈페어링
제3단(투사용) 로켓모터
바스부(포스트 부스트 비히클)
제2단 로켓모터
중간접합부
《탄두부》
RV
PBV
제1단 로켓모터

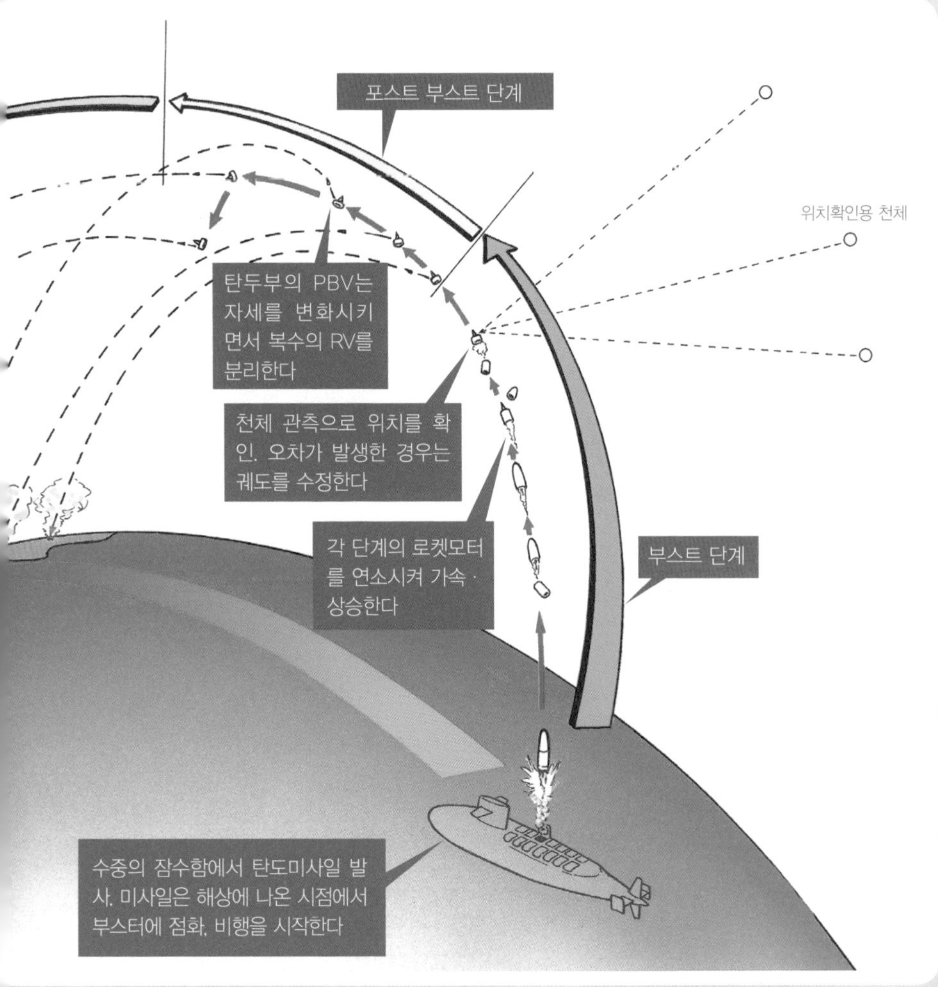
포스트 부스트 단계
위치확인용 천체
탄두부의 PBV는 자세를 변화시키면서 복수의 RV를 분리한다
천체 관측으로 위치를 확인. 오차가 발생한 경우는 궤도를 수정한다
각 단계의 로켓모터를 연소시켜 가속·상승한다
부스트 단계
수중의 잠수함에서 탄도미사일 발사. 미사일은 해상에 나온 시점에서 부스터에 점화, 비행을 시작한다

도해 세계의 미사일 · 로켓 병기

초판 1쇄 인쇄 2017년 6월 20일
초판 1쇄 발행 2017년 6월 25일

저자 : 사카모토 아키라
번역 : 유병준, 김성훈

펴낸이 : 이동섭
편집 : 이민규, 오세찬, 서찬웅
디자인 : 조세연, 백승주
영업 · 마케팅 : 송정환,
e-BOOK : 홍인표, 안진우, 김영빈
관리 : 이윤미

㈜에이케이커뮤니케이션즈
등록 1996년 7월 9일(제302-1996-00026호)
주소 : 04002 서울 마포구 동교로 17안길 28, 2층
TEL : 02-702-7963~5 FAX : 02-702-7988
http://www.amusementkorea.co.kr

ISBN 979-11-274-0777-3 03390

이 도서의 국립중앙도서관 출판예정도서목록(CIP)은
서지정보유통지원시스템 홈페이지(http://seoji.nl.go.kr)와
국가자료공동목록시스템(http://www.nl.go.kr/kolisnet)에서 이용하실 수 있습니다.
(CIP제어번호:CIP2017012252)
*잘못된 책은 구입한 곳에서 무료로 바꿔드립니다